Zu diesem Buch

Der Eingang zum Teilchenzoo befindet sich in Professor Waloscheks Arbeitszimmer auf dem Gelände des Forschungszentrums DESY in Hamburg. Dort steigt der Besucher in ein glänzendes Shuttle und gleitet hinab in die Mikrowelt. Während er ihr immer näher kommt, schrumpft er, wird so klein wie ein Atom und erreicht schließlich, Quantensprünge vollführend, die «Endstation Zoo». Links geht es zur Wiese aller Wechselwirkungen, rechts zum Elektromagnetischen Garten, geradeaus zum Quarkrevier...

So geschieht's dem Leser dieses Buches: Bei seinem Rundgang durch die Welt der kleinsten Teilchen in Begleitung des erlauchten Professors und seiner charmanten, äußerst wißbegierigen Besucherin Barbara spaziert er von einem Wunder zum nächsten und interagiert – «wechselwirkt», wie der Physiker sagt – mit Elektronen, Neutrinos, Quarks und anderen schrägen Gestalten.

Attraktionen bietet dieser Zoo *en masse* – Vorgänge, die unsere herkömmlichen Kategorien und Denkgewohnheiten auf den Kopf stellen. Und doch bilden all diese verrückten unsteten und kurzlebigen Phänomene die elementarste Ebene unserer materiellen Welt, einer Welt, die so stabil erscheint, daß wir mit einiger Berechtigung erwarten dürfen, auch beim nächsten Schritt auf festem Boden zu bleiben.

Pedro Waloschek, 1929 in Dresden geboren, hat an der Universität Buenos Aires Physik studiert. Seit 1952 ist er in der Teilchenforschung tätig, unterrichtete an den Universitäten Bologna und Bari und war von 1968 bis 1994 einer der leitenden Wissenschaftler beim Deutschen Elektronen-Synchrotron (DESY) in Hamburg. In den letzten Jahren hat er sich zunehmend der allgemeinverständlichen Darstellung seines Fachgebietes gewidmet. Sechs Bücher, darunter «Die Welt der kleinsten Teilchen» (zusammen mit Oskar Höfling), viele Artikel in Zeitungen und Zeitschriften wie auch seine Beiträge zur Lehrerfortbildung zeugen von dieser Tätigkeit.

Pedro Waloschek

Besuch im Teilchenzoo

Vom Kristall zum Quark

Mit Illustrationen
von Jutta Waloschek

Rowohlt

rororo science
Lektorat Jens Petersen

Die Verantwortung für Handlung und Dialoge
liegt ausschließlich beim Autor und
nicht bei den in diesem Buch erwähnten oder
«auftretenden» Persönlichkeiten.

Originalausgabe
Lektorierung Barbara Hoffmeister
Veröffentlicht im Rowohlt Taschenbuch Verlag GmbH,
Reinbek bei Hamburg, April 1996
Copyright © 1996 by Rowohlt Taschenbuch Verlag GmbH,
Reinbek bei Hamburg
Umschlaggestaltung Barbara Hanke
Mit 85 Illustrationen von Jutta Waloschek
sowie 96 Grafiken und 9 Tabellen des Autors
Physikerporträts: Copyright © 1996 by Jutta Waloschek
Satz Sabon (Linotronic 500)
Gesamtherstellung Clausen & Bosse, Leck
Printed in Germany
1690-ISBN 3 499 19741 3

Inhalt:

1
Begegnung und Empfang

«Würdest du bitte das Gespräch annehmen? Es ist eine Künstlerin am Apparat, die sich anscheinend auch für Philosophie interessiert – und sie möchte von dir eine Auskunft.»

«Na gut», antworte ich. Heike legt den Hörer nieder, wodurch die Kunstphilosophin mit mir verbunden ist.

 *«Ich möchte gern wissen, welches wohl die kleinste, ja die allerkleinste Einheit für die Zeit ist»*, fragt eine helle Stimme am anderen Ende der Leitung.

Sofort fällt mir die «Attosekunde» ein, wie sie in jedem Physikbuch beschrieben wird: ein Millionstel eines  Millionstels einer Millionstel Sekunde. Zur Sicherheit schlage ich schnell in der DIN-Norm nach, Nummer 1301, Teil 1, und berichtige mich: Es gibt eine noch kleinere Einheit, die zwar nicht gesetzlich, aber doch erlaubt ist (was immer der Gesetzgeber darunter versteht), die wenig bekannte «Yoctosekunde», die noch eine Million mal kleiner ist. Niemand kann sich etwas darunter vorstellen.

Habe damit wohl meine Pflicht erfüllt – denke ich blauäugig und bin sogar stolz darauf. Irrtum! Eine Wortlawine geht auf mich nieder. Barbara, so heißt die Stimme am anderen Ende – will mit meiner Zeiteinheit einen ihrer Vorträge über Ästhetik für Mediziner schmücken. Und deshalb gleich die nächste Frage:

«Was messen Sie denn überhaupt mit dieser Minizeiteinheit?»

Hier muß ich erst laut überlegen. «Das Schnellste, was wir Physiker uns vorstellen können, ist das Licht, und das Kleinste ist vielleicht etwa einen Attometer groß (hier gilt die gleiche Millionenarie wie bei der Attosekunde). Das Licht würde also diese Strecke in…»

Bleistift und Papier müssen her. «…tja, ich komme auf drei Tau-

sendstel eines Yoctometers, also doch eine noch kürzere Zeit.» Ich bin
selbst darüber erstaunt – aber Barbara findet es ganz normal.

«Wieso können Sie sich denn nichts Schnelleres als das Licht vorstellen? Fehlt es Ihnen da an Fantasie?»

«Ich glaube nicht, daß es so etwas gibt. Nach allen bis jetzt durchgeführten Experimenten bewegt sich nichts schneller als das Licht. Natürlich meine ich hier nur wiederholbare und verifizierbare Experimente, denn nur solche können wir nach den von Galileo Galilei eingeführten Grundsätzen anerkennen. Dies gilt jedenfalls im Bereich der Naturwissenschaften. Ich könnte Ihnen auch ein einfaches Beispiel hier bei uns zeigen, mit dem wir tagtäglich bestätigen, daß Teilchen nicht schneller als Licht fliegen, selbst wenn wir sie noch so stark beschleunigen, also ihre Bewegungsenergie erhöhen.»

«Sehr seltsam. Und was sind dann diese superschnellen Tachyonen, die doch angeblich schneller als das Licht fliegen?»

Ich muß erst tief Luft holen. «Dieser Begriff stammt aus seriösen theoretischen Spekulationen im Rahmen der Relativitätstheorie, hat aber mit den vielen Teilchen, die wir tatsächlich in der Natur beobachten, nichts zu tun. Das Thema wurde von Science-fiction-Autoren aufgegriffen, weil diese Tachyonen sehr sonderbare Eigenschaften haben. Skrupellose Geschäftemacher haben dann versucht, in langfristig angelegten Werbeaktionen Geldgeber für vollständig irrsinnige Projekte anzulocken. So konnte man zum Beispiel 15 000 Schweizer Franken auf ein Konto überweisen, um einen kleinen Apparat zu kaufen, der die Leistung der Heizung eines Hauses auf ein Vielfaches erhöhen sollte, und zwar mit Tachyonenenergie aus dem Vakuum im Weltall. Keines dieser Geräte wurde je funktionsfähig ausgeliefert! Mit einem höheren Betrag durfte man sogar Aktionär der Gesellschaft werden. Um es kurz zu halten: Mit diesen Tachyonen möchte ich nichts zu tun haben!»

«Schade», meint Barbara etwas traurig. *«Es wäre ja so schön gewesen – Energie fast gratis aus dem All, diesmal vielleicht sogar ohne Umweltprobleme! Darf ich aber trotzdem an die rasenden Tachyonen glauben?»*

«Natürlich. Dort, wo unser Wissen aufhört, müssen wir wohl oder übel glauben. Nur Geld sollten Sie für Tachyonenenergie nicht gleich ausgeben. Und ich könnte Ihnen Kopien meiner Unterlagen und Texte darüber zuschicken – vielleicht überzeugt Sie das dann.»

Auf diese Art komme ich zu Barbaras Adresse – das Gespräch hat mich neugierig auf sie gemacht –, und sie gibt mir auch gleich ihre Telefonnummer.

«Aber die Gedanken sind doch schneller als das Licht», stammelt sie nun trotzig in den Hörer.

«Falsch. Das ist nur der Eindruck, den wir manchmal beim Denken haben – natürlich nicht immer... In Wirklichkeit handelt es sich beim Denken um relativ langsame physikalische und chemische Vorgänge im Gehirn, deren Geschwindigkeit man sogar messen kann.»

«Müssen Sie denn immer alles so genau messen und wissen? Was halten Sie denn zum Beispiel von Intuition und Fantasie?»

«Sehr viel! Die werden besonders bei Forschern und Entwicklern sehr geschätzt. Durch Intuition werden oft Zusammenhänge erkannt, bei denen die exakte Logik versagt oder viel zu langsam ist. Und daß man Fantasie beim Ausdenken neuer Experimente oder bei der Entwicklung von Theorien braucht, ist ja wohl einleuchtend. Das menschliche Gehirn hat eben doch hervorragende Fähigkeiten!»

«Aber in Ihrem Institut wird doch hoffentlich nicht fantasiert! Oder?»

«Wir beschäftigen uns mit dem Bau großer Apparaturen, mit denen dann Wissenschaftler aus aller Welt ihre Forschungsarbeiten durchführen. Dabei braucht man sehr wohl Fantasie! Aber eben im guten Sinne – denn die Ergebnisse dürfen natürlich nicht aus der Fantasie stammen, sie müssen aus den Messungen abgeleitet werden.»

Nach einer Stunde habe ich nicht nur diese, sondern einige Dutzend weitere Fragen beantwortet, einige Dutzend Fragen selbst gestellt und ergiebig Antwort erhalten – auch auf Fragen, die ich gar nicht gestellt habe.

Rundgang durchs Forschungszentrum

Bald darauf erscheint Barbara persönlich bei mir: eine zierliche Brünette mit schulterlangem Haar. Sie trägt Jeans und einen eleganten Kaschmir-Blazer – und ist noch viel charmanter, als ich sie mir am Telefon vorgestellt hatte. Ein Zeichenblock und einige Stifte zeugen von ihren künstlerischen Neigungen. Ihre Ausbildung hat sie an mehre-

Barbaras Eindrücke im unterirdischen HERA-Tunnel in Hamburg mit den beiden Speicherringen, einer für Protonen (oben) und einer für Elektronen (unten)

ren Kunsthochschulen absolviert, wie sie mir stolz erzählt, und sie widmet sich der Malerei, dem Zeichnen und dem Schreiben. Außerdem macht sie Wandbehänge aus Textilien. Barbara freut sich über alles, redet weiterhin selbstbewußt und etwas aggressiv auf mich ein. Hin und wieder hört sie aber auch andächtig zu. Sie erinnert sich dann an jedes gesprochene Wort. Sie hätte Schauspielerin sein können, so imposant ist ihr Gedächtnis (wie ihr ganzes Auftreten).

Wir machen eine Runde durch meine Arbeitsstätte, das Forschungszentrum DESY in Hamburg, und Barbara staunt über die komplizierten Meßapparaturen, groß wie Einfamilienhäuser, und über den sechs Kilometer langen Tunnel unter dem Volkspark, in dem die langen Magnete der beiden HERA-Speicherringe installiert sind. Über eine Unmenge technischer Leckerbissen muß sie Erklärungen ertragen.

« Ist ja super, eure bunte und für mich völlig mysteriöse Welt! » meint Barbara nach unserer Besichtigung und sieht mich mit ihren großen

Augen an: «*Ein unheimlicher Fahrstuhl, der gleich acht Stockwerke nach unten fährt – statt nach oben! Das ist ja ein auf den Kopf gestelltes Hochhaus. Am Ende dann die riesige Halle mit dem Experiment und der unendlich lange Tunnel. Niemand würde das in der Hamburger Unterwelt vermuten! Selbst das Fußballstadion und die Trabrennbahn im Volkspark sehen klein dagegen aus. Warum ist denn die HERA-Anlage so tief unter der Erde versteckt?*»

«Zu verstecken braucht man sie nicht. Es gibt da nichts Geheimes, und man kann sogar alles fotografieren. Der unterirdische Bau bringt eben einige Vorteile. So dient zum Beispiel das umgebende Erdreich als Abschirmung für die beim Betrieb entstehende Strahlung. In Genf gibt es eine Anlage, die über fünfzig Stockwerke tief unter den Jurabergen gebaut wurde. Sie ist die größte der Welt und heißt LEP. Der Ringtunnel hat 27 Kilometer Umfang und gehört zum Forschungszentrum CERN. Dort ist das Fahrstuhlfahren nach unten noch viel eindrucksvoller!»

«*Toll! Und wozu das Ganze?*»

«Hier bei HERA zum Beispiel werden die ‹Quarks› untersucht», antworte ich ohne große Hoffnung auf Verständnis, «die berühmten Quarks, und zwar durch den Beschuß mit schnellen Elektronen, die nicht weniger berühmt sind. Beide Arten von Teilchen sind am Aufbau unserer Körper und der übrigen weniger wichtigen Materie unserer Welt beteiligt.»

«*Und was heißt denn eigentlich DESY, HERA, LEP und CERN? Sind das Abkürzungen?*»

«Also: DESY steht für ‹Deutsches Elektronen-Synchrotron›, das ist der erste große Teilchenbeschleuniger, der in Hamburg gebaut wurde. HERA kommt von ‹Hadron-Elektron-Ring-Anlage›: Protonen und Elektronen werden hier beschleunigt, die Protonen gehören zu den ‹Hadronen›, also zu den ‹harten Teilchen›. LEP kommt von ‹Large Electron-Positron-Collider› und CERN vom ursprünglichen Namen dieses europäischen Gemeinschaftsprojektes: ‹Conseil européen pour la recherche nucléaire›. Alles klar?»

«*Gibt es noch mehr solche Anlagen auf der Welt?*»

«Ja, es wäre eine lange Liste. Die höchste Teilchenenergie (das ist sehr wichtig für uns Physiker) erreicht der TEVATRON; er wird im FERMILAB in der Nähe von Chicago (USA) betrieben. Mit HERA und LEP haben wir dann die drei wichtigsten beisammen.»

Aber Barbara will nun noch mehr wissen.

Wir suchen uns einen gemütlichen Sitzplatz im DESY-Eingangs-foyer. Es ist etwas laut, und wir müssen unsere Lehnsessel eng aneinander rücken, um uns zu verstehen. Aber man inhaliert hier so richtig den Geist der Institution. Barbara genießt es eine Weile in Ruhe. Einige der Vorbeigehenden grüßen mich freundlich – auch auf italienisch und französisch. Auch ein flottes «Hallo, Walo» ist gelegentlich zu hören.

«Angenehm informell geht es hier wohl zu – find ich gut! Und sehr elegant sind Ihre Kollegen auch nicht!»

«Das stimmt. Man legt hier keinen großen Wert auf Kleidung; und vielen sieht man auch an, daß sie gerade eine Nachtschicht hinter sich haben. Praktisch muß alles sein, wie meine Weste mit ihren vielen Taschen…»

Ich erkläre nun Barbara, daß es Zeiten gab, in denen Teilchen mühsam eingefangen wurden, oder etwas genauer ausgedrückt: man hat ihre Spuren sichergestellt. Man kletterte auf Berggipfel oder ließ Ballons aufsteigen, um einige wertvolle Exemplare zu ergattern, die dann in aller Ruhe im Labor begutachtet werden konnten. Das war Ende der vierziger Jahre, also nach dem Zweiten Weltkrieg. Ich war damals noch Student und habe mit zwei Kollegen in den Anden, in 5300 Meter Höhe, die Spuren einiger sogenannter Pi-Teilchen eingefangen und ins Labor an der Universität Buenos Aires gebracht. Man bewunderte uns sehr, und wir durften darüber eine Arbeit schreiben, die dann sogar in Deutschland veröffentlicht wurde.

«Eigentlich recht viel Aufwand, um einige winzige Teilchen zu beobachten! – Übrigens: Wieso gibt es denn hoch oben mehr Teilchen als hier unten bei uns?»

«Die Erde wird von Teilchen getroffen, die im Weltall durch Kraftfelder sehr stark beschleunigt wurden. Sie verursachen Kernzertrümmerungen und andere Reaktionen in der oberen Atmosphäre. Dabei entstehen sehr viele Arten von Teilchen, die aber meist sehr schnell zerfallen oder beim Zusammenstoß mit anderen Luftatomen abgebremst werden und somit wieder verschwinden. Deshalb kann man in höheren Lagen Teilchen beobachten, die dann am Erdboden gar nicht mehr auftreten. So einfach ist das!

Aber schon lange vor unseren kosmischen Exkursionen hatten

große Physiker – unsere Vorbilder – einige sehr wichtige Teilchen auf der Erde entdeckt. Angefangen hat das alles Ende des 19. Jahrhunderts mit den heute allgemein bekannten Elektronenteilchen, aus denen ja der Strom in den Leitungen besteht wie auch der dünne Strahl, der in unseren Fernsehgeräten das Bild auf den Schirm zeichnet.

Heute haben wir regelrechte ‹Legebatterien›, etwa wie hier unser DESY und der CERN in Genf, in denen Millionen dieser Teilchen, selbst der seltsamsten Art, erzeugt und gezüchtet werden. Große Physikerteams untersuchen sie, publizieren Hunderte von Abhandlungen darüber, und viele junge Physiker machen damit ihre Diplom- oder Doktorarbeit. Die Gruppe, in der ich tätig war, hatte etwa vierhundert Mitglieder.»

Ich beuge mich vor und flüstere Barbara ins Ohr: «Die vielen Leute, die an uns vorbeigehen, gehören fast alle zu diesen Teams. Es sind Physiker, Ingenieure und vor allem Universitätsstudenten. Sie kommen aus den verschiedensten Ländern der Welt. Man hört hier relativ selten Deutsch!»

Irgendwie komme ich bei dieser ersten Annäherung auf einen brisanten Gedanken. Vielleicht könnte Barbara die erste sein, die meinen Teilchenzoo besucht! Es ist mir klar, daß wir uns gut verstehen würden – auf meine Nase kann ich mich verlassen. Außerdem würden wir zusammen sogar in die enge Transportkabine passen, was natürlich ein fast ausschlaggebendes praktisches Detail darstellt. Ob aber Barbara auch mitmachen würde?

Sie unterbricht abrupt meine Gedankengänge.

«Und wie verständigen sie sich bei diesem Sprachdurcheinander, etwa in einem technischen Esperanto? Dies ist wohl so etwas wie der Turmbau zu Babel – nur eben nach unten, was es wohl nicht weniger kompliziert macht!»

Zurück in der Wirklichkeit antworte ich etwas konfus:

«Wir haben eine besondere Sprache, das internationale Brenglisch, ‹broken English›, ein gebrochenes Englisch, das alle Kollegen halbwegs gut beherrschen, allerdings mit recht unterschiedlicher Aussprache. Wissenschaftliche Seminare und Publikationen sind fast ausschließlich auf Brenglisch. Aber sehr oft benutzen wir unter uns auch Computersprachen, wie zum Beispiel das traditionelle FORTRAN, die FORmula TRANslation, oder die modernere C-Sprache und ähnliches.

Kommunikationsprobleme haben wir eigentlich kaum – oder sagen wir, nur dann, wenn wir sie absichtlich hervorrufen.»

«Und was soll das Ganze überhaupt, was ergibt sich denn im Endeffekt aus solch aufwendigen Forschungsarbeiten?»

«Daraus entsteht neues Wissen über die Gesetze der Natur und über den Aufbau der Materie. Dies fließt dann als Grundlage in die anderen Sparten der Naturwissenschaften und in die Technologie der Zukunft. Nur so können neue Ideen verwirklicht werden, an die man ja vorher, also ohne diese Grundlagen, gar nicht denken konnte. Die Laserstrahlen, die in jedem CD-Player eingesetzt werden, oder die seltsamen Hologramme auf unseren Scheckkarten, das sind alles moderne Anwendungen neuer Erkenntnisse. Es gäbe heute kein elektrisches Licht, keine Elektromotoren und kein Fernsehen, wenn man im 19. Jahrhundert nicht diese Art von Grundlagenforschung betrieben hätte. Das ist doch klar!»

Dabei überlege ich, wie ich das mit dem Besuch im Teilchenzoo wohl einfädeln könnte... Wieder ernüchtert mich Barbara:

«Und wie sind Sie zu einem Job auf diesem Gebiet gekommen?»

«Nachdem ich in Argentinien meine ersten Pi-Teilchen auf recht abenteuerliche Art eingefangen hatte, war ich davon so begeistert, daß ich mein Ingenieurstudium aufgab, auf Physik umsattelte und danach praktisch mein ganzes Leben weiter nach solchen und anderen winzigen Bestandteilen der Materie fahndete. Nach einigen Jahren Wanderschaft durch verschiedene Institute hatte ich schließlich als ausgewachsener Physiker das Glück, in so etwas wie Teilchenfabriken (den schon erwähnten Legebatterien) zu arbeiten, zuerst als Gast in SACLAY, südlich von Paris, dann am CERN in Genf und seit 1968 bei DESY in Hamburg. In diesen Forschungszentren konnte man viele der Teilchen, die mich so sehr interessierten, fast nach Wunsch erzeugen und untersuchen.»

«Aber was hinter dem steckt, was ihr da mit euren kleinen Teilchen und gigantischen Apparaturen treibt, um neues Wissen zu ergründen, das bleibt wohl für die meisten Menschen ein Buch mit sieben Siegeln!»

«Ja, die technischen Details sind sicher sehr verwirrend. Dagegen ist es relativ einfach, die wichtigsten Ergebnisse, die bis jetzt auf diesem Gebiet erreicht wurden, halbwegs anschaulich zu verstehen.»

Jetzt ist wohl der Moment für meinen Plan gekommen, denke ich und füge etwas schüchtern hinzu:

«Darf ich Ihnen das beweisen und Sie vielleicht einmal durch meinen Teilchenzoo führen?»

Ich fühle mich dabei wie ein Primaner, der einer Mitschülerin seine Briefmarkensammlung zeigen will... Aber Barbara ist begeistert, und glitzernde Sternchen leuchten in ihren neugierigen Augen auf.

«Ich habe in meinem Zimmer alles dafür vorbereitet», sage ich mit etwas mehr Mut – und es klingt doch ein bißchen albern.

Wir stemmen uns aus unseren bequemen Sitzen, und ich nehme Barbara vorsichtig am Arm, führe sie erst einen langen Gang entlang, mit vielen nichtssagenden graugrünen Türen, und dann eine Treppe hinauf bis zu meinem Zimmer.

«Dies ist das sogenannte DESY-Laborgebäude, in dem sich zwar kaum Labors, aber die Büros vieler meiner Kollegen befinden.»

«Sieht ja ein bißchen nach Krankenhaus aus!»

«Das Türen- und Wändestreichen war das letzte Mal so teuer, daß wir gebeten wurden, nichts mehr dranzukleben. Früher sah es viel fröhlicher aus.» Hin und wieder ist aber eine Tür offen, und einige Zimmer lassen das Durcheinander wissenschaftlichen Arbeitens, aber auch einen Sinn für Humor erkennen, den sich manche Kollegen bewahrt haben.

Auch in meinem kleinen Arbeitsraum herrscht das komplette Chaos. Regale mit Ordnern und Büchern bis zur Decke, rundherum überfüllte Schreibtische, mehrere Computer und in der Mitte, genau zwischen den beiden Fenstern, als harmloses Lichtpult zur Betrachtung von Dias getarnt, mein kleines Heiligtum: der Eingang zum Zoo. Er ist mit einer großen, von hinten beleuchteten Milchglasscheibe abgedeckt, wie man es zum Ansehen von Dias und Filmen ja wirklich braucht. Niemand würde ahnen, was sich dahinter verbirgt. Andächtig stehen wir davor, und ich überlege fieberhaft, wie ich Barbara nun den Einstieg in den Teilchenzoo schmackhaft machen kann. Es ist schließlich das erste Mal, daß ich es jemandem zumute.

«Ich möchte nicht, daß man uns jetzt unterbricht», flüstere ich und schließe die Zimmertür von innen ab. «Wer nun kommt, wird glauben, ich sei nicht da – was ja oft genug der Fall ist.»

«Eigentlich leide ich an Klaustrophobie!» meint Barbara in einem etwas mahnenden Ton.

«Schade, dann müssen Sie sich jetzt eben zusammennehmen!»

Ich kurble noch die Jalousetten vor den beiden Fenstern fast ganz herunter. Genau gegenüber liegt nämlich das sechsstöckige Gebäude der DESY-Theoretiker. Und die wären zwar sicher mit dem einverstanden, was ich über die Teilchen erzähle, würden aber vielleicht gegen meine neuartige Einführungsmethode Einwände erheben.

Ein Blick von hoch oben

Wir setzen uns vor den beleuchteten Tarn-Diabetrachter, Barbara rechts und ich links. Nun mache ich mich daran, den großen weißen Deckel langsam abzuheben.

«Voilà – der Eingang», so meine theatralische Parole. «Wir werden jetzt alles herausfinden, was mit den kleinsten Bausteinen der Materie zu tun hat. Es ist ordentlich zusammengestellt, und zwar so, daß es auch jeder, der mit Physik überhaupt nichts im Sinn hat, verstehen kann, also auch Sie als Kunstphilosophin.» Dabei beugen wir uns über das nun weit offenstehende Loch und versuchen, etwas darin zu erkennen.

Es ist, als würden wir durch die Ladeluke eines Flugzeugs nach unten sehen oder durch den Glasboden eines dieser Boote in der Karibik, die es erlauben, Fische und Korallen am Meeresboden zu betrachten. Erinnerungen werden wach. Unten, tief unten, weit entfernt, scheint es nur undurchdringlichen Dunst zu geben.

«Der Nebel soll unser mangelhaftes Wissen über die Natur versinnbildlichen. Wir Menschen können sicher nur einen winzigen Teil der Welt um uns begreifen und beschreiben», erläutere ich. «Und wir Physiker sind da recht bescheiden geworden. Trotzdem konnten wir uns das wenige, was wir darüber wissen, schon ganz schön nützlich machen», füge ich rechtfertigend hinzu.

In der Mitte erscheint ein kleiner grünlicher Fleck. Ich zeige darauf.

«Das ist wohl alles, was wir heute vom Aufbau der Materie wissen; dies ist unser Teilchenzoo – oder besser: es sind seine Umrisse. Mit einem besonderen Vergrößerungsglas werden wir auch noch einige Details erkennen.»

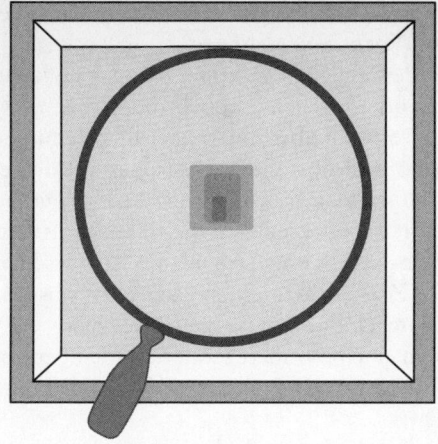

Meine Begleiterin sieht mich mit fragendem Blick an.

Ich hole aus einer Schublade eine große Lupe, mit der Barbara nun nochmals die Tiefe erkundet. Es handelt sich um eine Digitallupe besonderer Bauart. Sie hat einen Bedienungsknopf, mit dem man die Vergrößerung in Zehnerschritten steuern kann.

Barbara drückt mehrere Male auf den Vergößerungsknopf.

«Ich sehe in dem grünen Fleck jetzt kleine Pünktchen, die hin und her zappeln, und viele kleine Blitze. Aber alles sehr verschwommen. Scheinen ja recht aktive Kerlchen zu sein, Ihre Teilchen da unten. Und was sind denn das für seltsame Gebäude? Kleine Tempel? Laufen da vielleicht auch Menschen rum? Verstehe ich nicht, gehört denn das alles in Ihren Zoo?»

«Ja, das ist genau der Zoo, den ich Ihnen zeigen möchte.»

«Sie meinen: Flohzirkus. Aber ich möchte Sie oder Ihre kleinen Teilchen nicht etwa beleidigen! So wiesel-lebendig habe ich mir das Ganze nicht vorgestellt!» meint mein Gast.

«Wir Physiker verstehen unsere Teilchen nicht gerade als tote Materie – obwohl ich etwas Bedenken habe, sie als ‹lebende Wesen› anzusehen. Tot sind sie sicher nicht, wenn man alles, was sich bewegt und verändert, als lebendig betrachtet – was aber gemäß dem Verständnis der Biologen doch nicht ganz stimmen kann. Das Leben im üblichen Sinne fängt erst bei den Zellen an!

Jedenfalls werden Teilchen geboren, oder sie entstehen, sie können sich umwandeln oder sterben, zappeln oder ruhen, sich vermehren, etwas wie Blitze von sich abstrahlen oder in sich aufnehmen, sich gegenseitig anziehen und abstoßen oder sogar vernichten. Und einige scheinen sich (solange man sie in Ruhe läßt) nie zu verändern, als ob sie ewig zu leben hätten – oder jedenfalls viel länger als unser Planetensystem. Es ist also doch recht naheliegend, die Welt der kleinsten Teilchen als einen großen Zoo zu betrachten oder als etwas sehr Ähnliches.» Und darauf möchte ich Barbara neugierig machen.

«Ich werde nun eine besondere Abdeckplane über unseren Zoo ziehen, um Ihnen erst einmal in Ruhe zu erklären, was darunter alles vor sich geht.»

Unter der Tischplatte habe ich die Kommandoschalter meiner Anlage versteckt. Ich taste erst etwas herum und drücke dann auf einen Knopf. Es klickt und surrt. Der zapplige und blitzende Zoo verschwindet langsam von links nach rechts – wie ein Tennisplatz, wenn es zu regnen beginnt.

Auf der Plane habe ich einige Musterteilchen und Konturen eingezeichnet, die das Ganze etwas übersichtlicher machen sollen. Sie entsprechen genau dem darunterliegenden Zoo.

«Dies ist ja kein Krimi, und Sie brauchen den Mörder oder die Pointe der Geschichte nicht selbst herauszufinden. Deshalb sehen Sie hier gleich, um was es eigentlich geht.»

Es ist eine Art Grundriß oder Plan des Teilchenzoos.

«Die äußere Umrandung ist der Zaun der Gegend, die ich ‹Wiese aller Wechselwirkungen› genannt habe. Sie umfaßt alle Teilchen und Vorgänge, die wir Physiker brauchen, um die Welt um uns herum mit nur einigen grundlegenden Theorien zu beschreiben. Dies war vor etwa 1960 noch gar nicht möglich», fange ich an zu dozieren. «Es gibt bis heute kein einziges Ergebnis eines Experiments im atomaren Bereich, das man mit diesen Theorien nicht beschreiben und erklären könnte, obwohl viele Forscher intensiv nach Widersprüchen suchen! Man muß zwar noch viele Annahmen und gemessene Naturkonstanten in die Theorien eingeben – aber alles in allem ist es recht befriedigend.»

«*Sehr anspruchsvoll. Dann müßte hier ja auch die Kraft erklärt wer-*

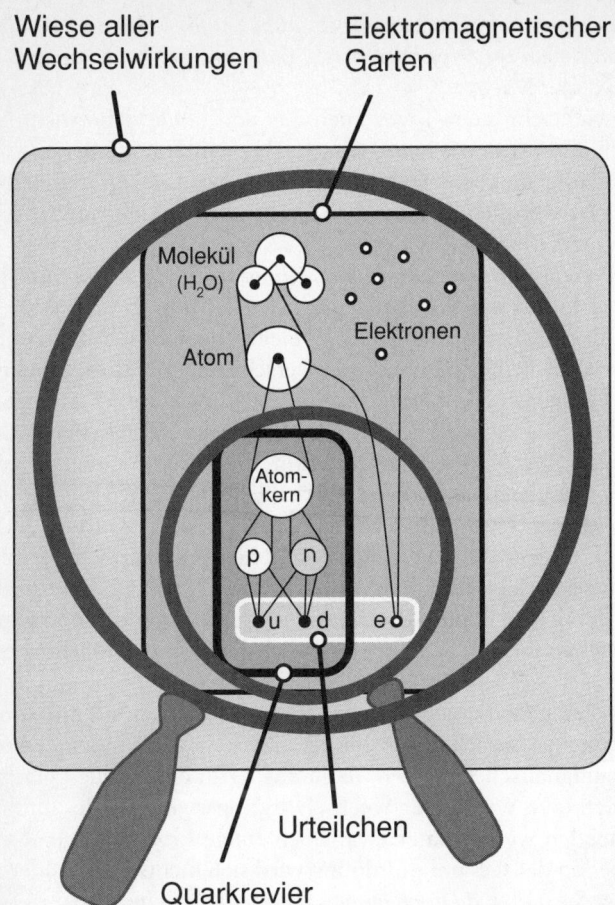

Wiese aller Wechselwirkungen

Elektromagnetischer Garten

Molekül (H₂O)

Atom

Elektronen

Atom-kern

p n

u d e

Urteilchen

Quarkrevier

Überblicksdiagramm des Teilchenzoos, wie es auf die Abdeckplane gezeichnet ist und von Barbara mit zwei besonderen Lupen betrachtet wird. Es zeigt, wie einfach die Materie, die wir sehen und fühlen können, aus immer kleineren und schließlich sogar aus nur drei Urbausteinen aufgebaut ist, die hier als u, d und e bezeichnet sind.

den, die verursacht, daß ein Apfel vom Baum fällt, und so ähnliche Dinge, die man im Physikunterricht mal lernen sollte», meint Barbara mit fragender Miene.

«Ja, vielleicht eines Tages auch das und noch vieles mehr – eben wirklich alles, was wir heute wissen. Das würde ich Ihnen ja gern genauer erläutern! Aber jetzt sehen wir uns erst das Diagramm näher an: Einen relativ großen Teil der Wiese habe ich als ‹Elektromagnetischen Garten› bezeichnet.»

«Ein recht extravaganter Name. Klingt nach Hochspannung im Paradies – ist wohl was Gefährliches…»

«Nein, im Gegenteil. Das Wort ‹elektromagnetisch› beinhaltet für uns Physiker die Darstellung vieler verschiedener Naturerscheinungen (unter anderem Elektrizität, Magnetismus und Optik) in einer einzigen, sehr erfolgreichen Theorie: der Theorie der elektrischen Ladungen und Kräfte. Wir sind recht stolz darauf, und ich könnte Ihnen sehr viel darüber erzählen. Dies ist auch der bestgehegte Bereich unseres Zoos.»

Eine kleine Gegend dieses Elektromagnetischen Gartens habe ich nochmals abgegrenzt. Die Teilchen sind hier um einen weiteren Faktor Zehntausend kleiner. Ich hole also eine zweite Lupe aus der Schublade. Dieser Bereich ist in meinem Diagramm dunkler gefärbt und von einer hohen schwarzen Mauer umgeben; ich habe ihn «Quarkrevier» genannt.

«Nun haben wir eine erste Übersicht des Zoos vor uns und somit die drei Bereiche, die ich Ihnen hintereinander zeigen möchte: erst den Elektromagnetischen Garten, dann das darin enthaltene Quarkrevier und zuletzt die Wiese aller Wechselwirkungen, die ja alles umfaßt. Ist das klar? Ich werde später zwar noch einige Erweiterungen hinzufügen, aber an der Gesamtanordnung wird sich nichts mehr ändern.»

«Aber Sie haben da noch einiges mehr eingezeichnet!»

«Stimmt, im Elektromagnetischen Garten sind noch ein Molekül, ein Atom und einige Elektronen dargestellt. Das Molekül (es handelt sich um ein einfaches Wassermolekül aus zwei Atomen Wasserstoff und einem Atom Sauerstoff, also H_2O) steht hier stellvertretend für die vielen tausend verschiedenen Moleküle, die in der Natur vorkommen. Das gezeigte Atom dagegen ist eines der nur etwa hundert Arten, die man heute kennt. Jede Atomart charakterisiert ein chemisches Element – also eine Substanz, die man mit den Mitteln der Chemie nicht weiter

Element	Symbol	Nr.	Element	Symbol	Nr.	Element	Symbol	Nr.
Actinium	Ac	89	Holmium	Ho	67	Radon	Rn	86
Aluminium	Al	13	Indium	In	49	Rhenium	Re	75
Americium	Am	95	Iridium	Ir	77	Rhodium	Rh	45
Antimon	Sb	51	Jod	I	53	Rubidium	Rb	37
Argon	Ar	18	Kalium	K	19	Ruthenium	Ru	44
Arsen	As	33	Kobalt	Co	27	(Rutherfordium	Rf)	104
Astat	At	85	Kohlenstoff	C	6	Samarium	Sm	62
Barium	Ba	56	Krypton	Kr	36	Sauerstoff	O	8
Berkelium	Bk	97	Kupfer	Cu	29	Scandium	Sc	21
Beryllium	Be	4	Lanthan	La	57	Schwefel	S	16
Blei	Pb	82	Lawrentium	Lr	103	(Seaborgium	Sg)	106
Bor	B	5	Lithium	Li	3	Selen	Se	34
Brom	Br	35	Lutetium	Lu	71	Silber	Ag	47
Cadmium	Cd	48	Magnesium	Mg	12	Silicium	Si	14
Calcium	Ca	20	Mangan	Mn	25	Stickstoff	N	7
Californium	Cf	98	Meitnerium	Mt	109	Strontium	Sr	38
Cäsium	Cs	55	Mendelevium	Mv	101	Tantal	Ta	73
Cer	Ce	58	Molybdän	Mo	42	Technetium	Tc	43
Chlor	Cl	17	Natrium	Na	11	Tellur	Te	52
Chrom	Cr	24	Neodym	Nd	60	Terbium	Tb	65
Curium	Cm	96	Neon	Ne	10	Thallium	Tl	81
Dysprosium	Dy	66	Neptunium	Np	93	Thorium	Th	90
Einsteinium	Es	99	Nickel	Ni	28	Thulium	Tm	69
Eisen	Fe	26	(Nielsbohrium	Ns)	107	Titan	Ti	22
Erbium	Er	68	Niob	Nb	41	Uran	U	92
Euporium	Eu	63	(Nobelium	No)	102	Vanadium	V	23
Fermium	Fm	100	Osmium	Os	76	Wasserstoff	H	1
Fluor	F	9	Palladium	Pd	46	Wismut	Bi	83
Francium	Fr	87	Phosphor	P	15	Wolfram	W	74
Gadolinium	Gd	64	Platin	Pt	78	Xenon	Xe	54
Gallium	Ga	31	Plutonium	Pu	94	Yterbium	Yb	70
Germanium	Ge	32	Polonium	Po	84	Yttrium	Y	39
Gold	Au	79	Praseodym	Pr	59	Zink	Zn	30
Hafnium	Hf	72	Promethium	Pm	61	Zinn	Sn	50
(Hahnium	Ha)	105	Protaktinium	Pa	91	Zirkon	Zr	40
(Hassium	Hs)	108	Quecksilber	Hg	80			
Helium	He	2	Radium	Ra	88			

Liste der Elemente mit ihrem chemischen Symbol (Formelzeichen) und ihrer Ordnungszahl (bis zum Element 109). In Klammern die Anfang 1996 noch nicht endgültig festgelegten Namen.

zerlegen kann, zum Beispiel Sauerstoff, Wasserstoff, Kohlenstoff, Eisen, Gold oder Uran. Hier an der Wand hängt eine Liste der heute anerkannten Namen der Elemente mit ihrem chemischen Symbol und ihrer Ordnungszahl, über deren Sinn wir uns noch eingehend unterhalten werden.»

«Ich habe in den Zeitungen von einem hundertelften Element gelesen, das erst Ende 1994 entdeckt wurde. Kennt man also heute schon hundertelf Elemente?»

«So ist es. Einige Atomkerne des Elements 111 wurden in einem großen Forschungszentrum in Darmstadt, der Gesellschaft für Schwerionenphysik (GSI), erzeugt und nachgewiesen, und zwar beim Zusammenstoß beschleunigter Nickelkerne mit Wismutkernen – eine recht komplizierte Prozedur. Das neue Element 111 wird einstweilen Eka-Gold genannt. Und kurz zuvor, im November 1994, war im selben Institut das Element 110 entdeckt worden. Auch andere Elemente zwischen dem Uran, das die Ordnungszahl 92 trägt, und dem Element 111 wurden schon nachgewiesen, die Elemente 107, 108 und 109 übrigens auch bei der GSI in den Jahren 1981 bis 1984. All diese Elemente zerfallen sehr schnell in andere, sie sind also nicht stabil.»

Nun zurück zu unserem Zoo. Moleküle sind jeweils aus mehreren Atomen aufgebaut und haben sehr unterschiedliche Formen. Die Atome dagegen kann man sich wie kleine runde Kügelchen vorstellen. Sie bestehen aus einer Wolke sehr leichter Elektronen, die um einen viel kleineren Kern in ihrer Mitte herumschwirren. Der Kern beinhaltet fast die gesamte Masse des Atoms. Das sind also die Bausteine, aus denen unsere Körper und all die vielen Substanzen, die uns umgeben, im wesentlichen aufgebaut sind.

«Und das Quarkrevier? Es liegt ja auch im Elektromagnetischen Garten. Hat das eine besondere Bedeutung?» fragt Barbara.

«Natürlich. Alles, was sich im Quarkrevier befindet, hat zwar auch mit dem Elektromagnetischen Garten zu tun, also mit Elektrizität und mit elektrischen Kräften, aber hier bei den Quarks geht es viel ernster zu. Sie werden nämlich von unvorstellbar starken Kräften fest zusammengehalten, um schließlich die Atomkerne zu bilden. Diese Kräfte sind besonderer Art und wirken ganz anders als die elektromagnetischen Kräfte.

Im Quarkrevier finden wir in meinem Schema ganz oben zuerst einen

Musteratomkern, der die Kerne der verschiedenen Atome vertritt, die es in der Natur gibt.»

«Erkenne ich das richtig: Alle Atome haben einen Kern, und jede Atomart einen anderen?»

«Und deshalb sind auch diese Kerne und ihr Inhalt Bestandteile unseres Körpers und der Materie, die uns umgibt.»

«Dann sind die Atome also nicht das, wofür der griechische Philosoph Demokrit sie hielt: nämlich ‹atomos›, unteilbar?!»

«Nein, das gilt schon lange nicht mehr – und es kommt noch viel schlimmer!»

Gleich unter dem Atomkern habe ich ein «Proton» (p) und ein «Neutron» (n) eingezeichnet, die man gemeinsam auch «Nukleonen» nennt, die Teile des Atomkerns («nucleus» auf lateinisch). Aus ihnen sind alle Atomkerne aufgebaut. Das einfachste Atom ist das des Elements Wasserstoff. Es besteht aus nur einem Proton und einem um ihn herum kreisenden Elektron.

Die Hauptbausteine der Nukleonen wiederum sind dann genau die berühmt-berüchtigten «Quarks», die ich hier einzeln zeige, obwohl sie einzeln noch nie beobachtet wurden. Sie tragen die Namen «u» und «d» und sind kleiner als ein Tausendstel des Durchmessers eines Nukleons. Also kleiner als etwa ein Attometer.

«Und was bedeutet u und d?»

«Das bezieht sich auf eine bestimmte Eigenschaft, Isotopenspin genannt, die wir aber hier nicht brauchen werden. Sie wird durch ein Pfeilchen dargestellt, das für Quarks nur entweder nach oben (up) oder nach unten (down) zeigen kann. Daher das u und das d.»

Neben dem gefährlichen Quarkrevier habe ich noch ein kleines Elektron (e) zur Schau gestellt, um die wichtigsten Urbausteine der Materie zu zeigen, nämlich die zwei Quarks und das Elektron. Ich habe sie alle drei hell umrandet.

«Wie ich Ihnen noch genauer zeigen möchte (wenn wir dann den Zoo tatsächlich besuchen, wie ich hoffe), besteht ein sehr großer Teil der wahrnehmbaren Materie, die uns umgibt, wirklich nur aus diesen drei Urteilchen. So einfach und elegant ist die Welt aufgebaut!»

«Das ist doch sehr erstaunlich», meint Barbara. *«Kann man das als normaler Mensch, ich meine, als Nichtphysiker, eigentlich glauben, geschweige denn verstehen?»*

«Gute Frage. Noch in den sechziger Jahren war es unmöglich, das Durcheinander in der Teilchenphysik vernünftig darzustellen. Erst als die Physiker selbst die Zusammenhänge besser begriffen hatten, gelang es ihnen auch, alles so zu formulieren, daß es im Prinzip für jeden verständlich sein kann. Solch ein Verarbeitungsvorgang braucht eben immer eine gewisse Zeit, ja sogar einige Jahrzehnte. Bei anderen Themen, wie etwa bei der Bewegung der Erde um sich selbst und um die Sonne oder beim elektrischen Strom in den Leitungen, ist das schon längst gelungen – obwohl es am Anfang wohl auch nicht einfach erschien. Mit den kleinsten heute bekannten Teilchen sind wir jetzt soweit. Man kann sie verständlich darstellen. Man kann zum Beispiel den Aufbau der Materie, die uns umgibt, sehr anschaulich mit u- und d-Quarks und Elektronen erklären!»

«Kann man sich denn darauf verlassen, daß dies die kleinsten Teilchen sind?»

«Überhaupt nicht! Es ist durchaus möglich, daß man eines Tages noch kleinere Bausteine der Materie entdeckt. Aber dadurch wird das, was wir jetzt darüber wissen, nicht überholt, sondern erweitert.»

«Und wie klein sind all diese winzigen Teilchen überhaupt?»

«Die kleinsten sind so klein, daß wir ihre Abmessungen nicht bestimmen können. Aber genau der Unterschied zwischen groß und klein ist der Schlüssel zum Verständnis der Materie. Ich werde jetzt einmal den Atomkern des Wasserstoffs, also das Proton, als Vergleichsobjekt benutzen und Ihnen zeigen, wie groß dann alle anderen Teilchen und auch wir Menschen sind.»

Größenvergleich:

Mensch	1 000 000 000 000 000
Molekül	größer als 20 000
Atom	10 000 bis 20 000
Atomkern	1 bis 5
Proton	1
Quark	kleiner als 0,001
Elektron	kleiner als 0,001

International anerkannte
Einheitenvorsätze

Vorsatz	Zeichen		Faktor
Yocto	y	= z / 1000	10^{-24}
Zepto	z	= a / 1000	10^{-21}
Atto	a	= f / 1000	10^{-18}
Femto	f	= p / 1000	10^{-15}
Pico	p	= n / 1000	10^{-12}
Nano	n	= µ / 1000	10^{-9}
Mikro	µ	= m / 1000	10^{-6}
Milli	m	= 1 / 1000	10^{-3}
Zenti	c	= 1 / 100	10^{-2}
Dezi	d	= 1 / 10	10^{-1}
Deka	da	= 1 × 10	10^{1}
Hekto	h	= 1 × 100	10^{2}
Kilo	k	= 1 × 1000	10^{3}
Mega	M	= k × 1000	10^{6}
Giga	G	= M × 1000	10^{9}
Tera	T	= G × 1000	10^{12}
Peta	P	= T × 1000	10^{15}
Exa	E	= P × 1000	10^{18}
Zetta	Z	= E × 1000	10^{21}
Yotta	Y	= Z × 1000	10^{24}

Ich hole aus einer der zwanzig Taschen meiner Weste einen Notizblock hervor und mache eine Liste.

«*Ein Elektron hätte ich mir größer vorgestellt, aber wie groß ist denn Ihr Vergleichsproton in normalen Einheiten nun wirklich?*» fragt Barbara.

«Der Radius des Protons beträgt etwas weniger als ein Femtometer, kurz fm, eine Längeneinheit, die wir früher ‹Fermi› nannten, zur Ehrung des berühmten italienischen Physikers Enrico Fermi. Sie beträgt genau tausend Attometer. Ein Femtometer entspricht also einem Meter, fünfzehnmal durch zehn geteilt. Wir schreiben das gern als ‹zehn hoch minus fünfzehn›: 10^{-15}.»

«*Das sagt mir gar nichts! Ihre Attos und Yoctos habe ich viel lieber!*»

«Okay, ich werde die ‹Zehnhoch› nicht benutzen. Aber dann sollte ich Ihnen eine Liste der international benutzten Vorsätze mitgeben – damit wir uns immer richtig verstehen. Der Vorsatz Kilo zum Beispiel für Kilogramm (1 kg = 1000 Gramm) ist Ihnen sicher geläufig!»

«*Und was würde ein Physiker denn als groß und klein bezeichnen?*»

«Die sehr wichtige Grenze zwischen groß und klein, also zwischen unserer normalen Welt und der Teilchenwelt, in der ganz andere Gesetze gelten, liegt etwa bei den Molekülen, also zwischen Nano- und Picometer.»

«*Und seit wann erforscht man diese kleinen Teilchen?*»

«Geschichtlich gesehen wurden die Teilchen etwa ihrer Größe nach untersucht. Das ergibt sich zwangsläufig: Die dazu nötigen Instrumente – man kann sie mit Mikroskopen vergleichen – wurden nämlich im Laufe der Zeit immer besser, und man konnte immer kleinere Details ‹auflösen›.»

Was die Moleküle und Atome betrifft, stammt sehr viel unseres Wissens aus dem 19. Jahrhundert. Erst 1911 gelang es dann, die Atomkerne klar zu identifizieren Die Elektronen haben eine Sonderstellung. Sie wurden gegen Ende des 19. Jahrhunderts in vielen Laboratorien eingehend untersucht, und man wußte um 1900 schon sehr viel über sie.

Die Neutronen als Bausteine der Atomkerne wurden 1920 vorgeschlagen, und erst 1932 gelang es, ihre Existenz experimentell zu bestätigen. Daß alle Atomkerne Protonen enthalten, war schon früher angenommen worden.

Die 1964 eingeführten Quarks werden seit 1974 von den Physikern als wirklich existierende Urbausteine der Materie allgemein anerkannt. Jedes Nukleon, also sowohl das Proton als auch das Neutron, ist aus drei «Hauptquarks» aufgebaut, die auch «Valenzquarks» genannt werden. Sie sind in einer «Klebesuppe» eingebettet, die sie fest in einer Art Gummiblase zusammenhält. Als Klebeteilchen dienen hier sogenannte «Gluonen» (englisch «glue», Klebstoff). Das Proton enthält also neben der «Suppe» (die etwa die Hälfte des Protons ausmacht) immer zwei u-Quarks und ein d-Quark, das Neutron dagegen zwei d-Quarks und ein u-Quark, wie es im Plan des Quarkreviers auch angedeutet ist.

«Dies war also ein kurzer Überblick. Ist das okay?»

Barbara begutachtet nach wie vor mein Diagramm.

«Überblick ist gut! Jetzt möchte ich aber noch mal Ihre zappligen Teilchen sehen!»

Wieder fummle ich unter der Tischplatte herum, betätige einen Knopf, und die Abdeckplane mit den Zeichnungen schiebt sich langsam weg. Die Teilchen und Blitze in ihrer nebligen Umgebung werden sichtbar. Aber die schattenartigen Umrisse der verschiedenen Gebiete des Zoos haben für Barbara jetzt wohl eine ganz andere Bedeutung!

«Wäre eigentlich schön, das aus der Nähe zu sehen. Sagten Sie nicht, wir könnten das alles besuchen?»

«No problem!» antworte ich begeistert. «Jetzt werde ich Ihnen meine Geheimnisse erklären: Die glänzende Röhre, hier, gleich unter der Luke, durch die wir jetzt zum Zoo hinuntersehen, ist eigentlich eine Transportkabine. Mit ihr, genauer, in ihr können wir bis zum Zoo hinabsteigen.»

Barbara macht ein verdutztes Gesicht.

«Würden Sie wirklich mitkommen? Es ist eine ziemlich lange Reise bis nach unten, und wir müssen uns dabei auch in Liliputaner verwandeln.»

Jetzt wird Barbara ernst. *«Schon wieder ein Fahrstuhl nach unten! Aber hier scheint es mir noch viel tiefer zu gehen als bei HERA oder bei LEP – und die Kabine ist noch viel enger… Ob wir da je wieder zurückkommen werden?»*

«Sie werden doch nicht etwa schlappmachen?» frage ich besorgt.

«Haben Sie vielleicht einen Schnaps?»

«Klar! Aber wir müssen noch fünf Minuten warten. Auf dem DESY-Gelände gelten die Regeln der Universität Hamburg: Alkohol darf da erst nach 17 Uhr verabreicht werden.»

Deshalb habe ich einen Flachmann mit dem inspirierenden Geist (bis zur richtigen Zeit) zwischen Büchern und Ordnern versteckt und eine große Digitaluhr mit Kalender davor plaziert.

«Dann müßte ich aber zu Hause Bescheid sagen. Darf ich mal kurz telefonieren?» fragt Barbara. Ich wähle auf meinem altmodischen Telefon die Null, checke den Amtston und gebe ihr den Hörer in die Hand. Sie wählt und wartet – während es wohl läutet.

Während sie noch spricht, nutze ich die Zeit, um mit einem Handy unseren Besuch im Zoo bei mehreren Freunden und Bekannten anzukündigen.

Nun erzählen wir uns einiges aus unserem Leben, und nach dem zweiten Korn beschließen wir, das Experiment zu wagen.

«Und Sie können nun ruhig Walo zu mir sagen…»

Reise mit Energie und Masse

Es ist 17 Uhr 30 geworden, und Barbara gelingt es mühsam, sich durch die Luke in die glänzende Röhre zu zwängen. Sie muß sich dann noch auf einer Seite ganz klein machen, um für mich genügend Platz zu lassen. Besorgt taxiert sie den Umfang meines Bauches. Nach einigem Drücken und Hinundherschieben bin ich endlich am richtigen Platz.

Ein schrilles Pfeifen ertönt.

«Der Bordcomputer ist nur für einen Passagier programmiert! Vielleicht können wir ihn überlisten.»

Es klappt. Der Pfeifton verstummt. Endlich sind wir soweit.

«CLOSE UP!» sage ich mit computerverständlicher Deutlichkeit, und die Röhre wird automatisch oben und unten dicht gemacht. Zum Glück hat Barbara keinerlei Berührungsängste, das wäre sonst jetzt recht peinlich. Und sie hat ihre Klaustrophobie wohl mit ihrer Neugier verdrängt.

«REMOVE EARTH!» lautet mein nächster Befehl.

Geräusche setzen ein, die alles andere als vertrauenerweckend sind. Man kann kaum ein Wort verstehen. Dagegen gibt es nicht die geringste Erschütterung. Unsere Röhre scheint sich gar nicht zu bewegen.

«Das dauert jetzt eine gute halbe Stunde – aber es gibt nicht mehr lange soviel Krach!» erkläre ich sachkundig und laut.

«*Ha-be be-schlos-sen, mein Le-ben in Ih-re Hän-de zu le-gen!*» stammelt Barbara genauso laut, aber recht pathetisch.

«Es geht los! Jetzt brauchen wir nur noch etwas Geduld!» erwidere ich – und gebe den nächsten Befehl: «GET ZOO!»

Dann wird es mäuschenstill. Durch ein kleines Fenster am oberen Ende der Kapsel sehen wir, wie sich die Einstiegsluke entfernt, erst ganz langsam, dann immer schneller. Es entsteht eine erholsame Ruhepause, die Barbara mit leiser Stimme unterbricht:

«*Wir scheinen ja ganz stillzustehen. Bewegen wir uns denn überhaupt?*»

«Die Entfernung zwischen uns in der Kapsel und meinem Büro wird immer größer. Es ist nämlich egal, wer sich von wem weg bewegt. Für uns ist es weniger anstrengend, wenn wir am selben Ort bleiben; deshalb habe ich es so organisiert. Aber bei jedem Klick schrumpfen wir auf ein Zehntel unserer Größe – auch dies, ohne es zu merken! Natürlich nur so lange, bis wir die richtige Größe für den Zoobesuch erreicht haben.»

Einige Minuten nach dem Start hören wir ein erstes Klicken.

«Etwas unheimlich. Aber wenn ich an Ihre Tabelle mit den Größenvergleichen denke, müssen wir uns wohl etwa elf- oder zwölfmal hinunterklicken, um zu den Atomen zu gelangen, soll jeder Klick einer Null entsprechen.»

«Gut aufgepaßt!»

Gespannt warten wir auf den nächsten Klick, der auch tatsächlich stattfindet. Dann unterbricht Barbara wieder die Stille:

«Die Teilchen Ihres Zoos sind also die Grundbausteine der Materie, aus der wir bestehen und die uns umgibt, wie Sie es schon mehrmals erwähnt haben. Man stellt sich doch normalerweise vor, daß Materie den Raum füllt, daß sie eine Masse hat und daß man sie vielleicht fühlen und sehen kann: Ist es genau das, was auch Sie hier mit ‹Materie› meinen?»

«Jein. Es ist heute nicht mehr ganz so einfach. Der Begriff Materie hat sich im 20. Jahrhundert grundsätzlich verändert. Ob die Materie den Raum wirklich füllt, ist zudem eine heikle Frage. Ich kann Sie aber einstweilen beruhigen: Ihre Definition läßt sich noch heute im täglichen Leben und meist auch in der Technik ohne Bedenken anwenden. Dabei besteht unsere Umwelt einerseits aus Materie mit Masse und andererseits aus den vielen verschiedenen Arten von Energie.

Hier sollte ich noch hinzufügen, daß in jedem vom Rest der Welt isolierten System die Summe aller Massen immer recht genau konstant bleibt und so auch die Summe aller Energien. Diese sogenannten ‹Erhaltungssätze› von einerseits Masse und andererseits Energie sind sehr wichtig. Der Erhaltungssatz für alle Arten von Energie wurde übrigens erst Mitte des 19. Jahrhunderts formuliert. Und dies gehörte bis etwa 1900 zur Vorstellung einer heilen materiellen Welt, zur sogenannten ‹klassischen Physik›, die man damals als eine in ihrer Entwicklung abgeschlossene Wissenschaft betrachtete.»

«War danach die Welt nicht mehr heil?»

«Genau! Dann hat man nämlich entdeckt, daß die Natur doch nicht so beschrieben werden kann, vor allem, wenn es sich um Vorgänge im atomaren Bereich handelt.»

Barbara nickt verständnisvoll, soweit sie den Kopf überhaupt bewegen kann, und registriert dabei mit einem Blick nach oben, daß man von der Einstiegsluke nichts mehr sieht.

«Wenn Sie mir jetzt noch erklären könnten, was Sie unter Masse und Energie verstehen, dann käme ich sicher einen großen Schritt weiter!»

«Ich werde es versuchen. Zeit dazu haben wir ja jetzt genug.

Ein Golfball und ein Tischtennisball sind ähnlich groß, jedoch unterschiedlich schwer. Sie haben sehr unterschiedliche Masse, benehmen sich also ganz anders. Dies zeigt sich einerseits beim Werfen (wegen ihrer Trägheit, wie man das nennt), und andererseits werden sie von der großen Masse der Erde mit verschieden starker Kraft (entsprechend ihrem Gewicht) angezogen. Massen ziehen sich also gegenseitig an, und die Masse muß berücksichtigt werden, wenn man einen Körper bewegt. Die Masse kommt also auf zwei verschiedene Arten zur Geltung: als träge Masse und als schwere Masse.»

Diese Ideen waren nicht immer selbstverständlich. Sie wurden um 1700 von dem englischen Gelehrten Isaac Newton klargestellt, und wir haben uns durch Erziehung und dauerndes Wiederholen einfach daran gewöhnt, genauso wie wir heute alle «wissen», daß sich die Erde um die Sonne dreht und um sich selbst.

Für Physiker sind diese anscheinend einfachen Zusammenhänge allerdings viel komplizierter. Hier gleich einige Kostproben:

• Die Masse ist für uns Teilchenphysiker eine besondere Art von «Ladung», die Quelle der «Gravitationskraft». Es sollte dann auch Gravitationswellen geben (etwa wie Radiowellen), die man als «Quanten» in Form von sogenannten «Gravitonen» beobachten müßte – was jedoch noch niemandem gelungen ist.

• Einstein hat um 1915 die allgemeine Relativitätstheorie entwickelt, in der die Gravitation als eine Krümmung der vierdimensionalen «Raum-Zeit» dargestellt wird. Nun braucht man die Masse eigentlich gar nicht mehr als eine Ladung zu betrachten. Und diese Theorie wurde voll bestätigt.

• Das Ganze wird aber auch für die Physiker noch schlimmer. Theoretiker fanden heraus, daß Teilchen überhaupt nur dann eine Masse haben können, wenn es ganz bestimmte Quanten eines noch nicht entdeckten Feldes gibt, die sogenannten Higgs-Teilchen. Da alle Körper aus Teilchen bestehen, ist es somit klar, daß man erst die Higgs-

Teilchen finden muß, bevor man sagen kann, was die Masse eines Teilchens oder Körpers eigentlich ist.

«Mir scheint, das muß ich jetzt nicht mehr verstehen!» meint Barbara zu Recht und versucht dabei ein einziges Mal tief durchzuatmen.

«Es soll ja nur zeigen, wie schwierig manche Begriffe werden, wenn man sie genauer untersucht. Aber all dies betrifft ja nur selten unser tägliches Leben, denn nach internationalen Abmachungen entspricht weiterhin ein Kilogramm genau der Masse eines in Paris gelagerten Prototyps aus einer Platin-Iridium-Legierung. Und alle Massen werden durch Vergleich mit diesem Prototyp auf mehr oder weniger komplizierte Art bestimmt. Einstweilen bleibt die Masse also ein Grundbegriff, der durch Meßvorschriften genau definiert ist (wie in der Physik üblich) und bis heute nicht aus anderen Begriffen oder aus einer Theorie einwandfrei abgeleitet oder berechnet werden kann. Die Massen der Teilchen werden gemessen; man findet sie in Tabellen – und sie sind sehr wichtig, weil man sie natürlich bei der Bewegung der Teilchen berücksichtigen muß.»

Die anziehende Kraft, die zwischen den Teilchen aufgrund ihrer Massen entsteht, ist demgegenüber für praktisch alle Betrachtungen der Teilchenphysik belanglos. Diese Kraft ist im Fall der Elektronen vierzig(!) Zehnerpotenzen (vierzigmal durch zehn dividiert!) geringer als die elektrische Kraft, die zwischen ihnen aufgrund ihrer elektrischen Ladung wirkt. Die Gravitationskraft wird erst bei relativ großen Objekten relevant, zum Beispiel beim Fall eines Körpers auf die Erde oder bei der Bewegung der Planeten um die Sonne.

Kraft, Wechselwirkung und Impuls

«Unter Muskelkraft kann ich mir etwas vorstellen. Dank ihrer können wir einen Körper festhalten, damit er nicht auf den Boden fällt. Hängen wir ihn an einer elastischen Feder auf, können wir durch ihre Dehnung diese Kraft sogar messen – wenn ich mich richtig erinnere. Es gibt anscheinend noch andere Kräfte in der Natur, wie die elektrische, die Sie ja schon erwähnt haben. Was sind das für Kräfte, oder was ist denn eine Kraft überhaupt?»

«Im Lexikon findet man folgende Definition: ‹Kraft ist die Ursache für die Änderung der Geschwindigkeit frei beweglicher Körper oder für die Verformung gebundener Körper›, was zu Ihren Vorstellungen recht gut paßt. Bei einer Kraft muß man eigentlich immer auch noch ihre Richtung angeben. Und genaugenommen sollte man in der lexikalischen Definition anstelle der Geschwindigkeit lieber den ‹Impuls› setzen, eine Größe, die man aus der Geschwindigkeit und der Masse des Körpers errechnen kann.»

«*Soll das heißen, die Kraft entspricht irgendwie einer Änderung des ‹Impulses› eines beweglichen Körpers?*»

«Genau richtig!»

«*Aber was ist nun wieder der ‹Impuls›? Mit Spontaneität wird das nicht viel zu tun haben, oder? ‹Drehimpuls› fällt mir noch ein – links rum, rechts rum...!?*»

«Das ist ganz einfach und hat mit Spontaneität tatsächlich nichts zu tun. Auf den interessanten Drehimpuls kommen wir noch zurück.

Wenn ein Teilchen oder ein System, zum Beispiel ein Auto, sich bewegt, dann berechnet man seinen Impuls mit einer sehr einfachen Formel: Man multipliziert seine Geschwindigkeit mit seiner Masse. Daraus ergibt sich so etwas wie die Wucht, wenn das Auto etwa gegen eine Wand prallt. Der Impuls wird immer aus der Geschwindigkeit und der Masse eines Körpers oder Systems berechnet, bei sehr schnellen Teilchen allerdings nach einer etwas komplizierteren Formel. Man kann auch den Gesamtimpuls eines Systems als Summe aller Einzelimpulse berechnen.»

«*Das kann doch gar nicht stimmen: Wenn sich zwei Körper mit dem gleichen Impuls gegenläufig bewegen, dann sollte doch nach meinem Empfinden die Summe der Impulse eine ganz andere sein, als wenn sie sich in der gleichen Richtung bewegen.*»

«Impulse sind Größen, die eine Richtung haben, so wie auch die Kräfte. Man nennt solche Größen ‹Vektoren›; sie werden als Pfeile im Raum dargestellt, deren Längen ihren Werten entsprechen. Man addiert solche Pfeile, indem man den einen einfach an das Ende des anderen anfügt. Der Impulsvektor hat immer die Richtung der Geschwindigkeit, aus der man ihn berechnet hat.»

«*Ich versuche, mir das bildlich vorzustellen. Bei meinen gegenläufigen Impulsen wäre das Ergebnis dann Null, was mir auch logisch erscheint.*»

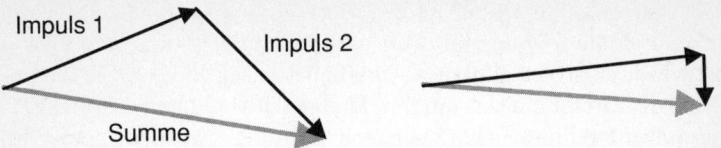

Die Addition von Impulsen (Vektoren) und der Sonderfall der Impulsänderung durch eine quer zum Impuls wirkende Kraft

«Stimmt! Die Definition der Kraft als Änderung des Impulses bleibt aber auch so immer genau die gleiche. Die Impulsänderung durch eine Kraft ist nämlich auch eine gerichtete Größe und muß mit der Pfeilchenregel zum Originalimpuls hinzuaddiert werden. Ist das verständlich?»

«*Wenn die Kraft also quer zum Impuls wirkt, dann ändert sich nur die Richtung des Impulses, nicht aber sein Betrag. Und wenn nun auf einen Körper gar keine Kraft wirkt, dann müßte doch eigentlich sein Impuls immer gleich bleiben, stimmt das? Wenn dann auch noch seine Masse gleich bleibt, dann kann sich seine Geschwindigkeit auch nicht mehr ändern. Dies sollte dann immer wahr sein, ganz gleich wie kompliziert man den Impuls berechnet!*»

«Richtig – Sie verblüffen mich! Und das ist auch ein sehr wichtiges Gesetz der Mechanik. Man nennt es die Erhaltung des Gesamtimpulses eines abgeschlossenen, also vom Rest der Welt als isoliert zu betrachtenden Systems, was sehr oft in der Praxis der Fall ist.»

«*Und wenn sich Ihr System nun gar nicht bewegt und keine Kraft darauf einwirkt, bleibt es dann immer und ewig an derselben Stelle stehen?*»

«Auch das ist richtig und wichtig! Da möchte ich aber noch etwas hinzufügen: Teile dieses Systems können sich doch gegeneinander bewegen (eventuell schwingen) – oder das ganze System kann sich drehen – und dabei doch immer am gleichen Ort bleiben. Man berechnet dann einen etwas komplizierteren ‹Drehimpuls› oder ‹Drall›, den man sich bei einem Kreisel gut vorstellen kann. Je schneller er sich dreht, um so größer ist sein Drehimpuls. Auch dieser Drehimpuls bleibt immer gleich, solange keine Kräfte auf das System einwirken. Ein Kreisel wird ja nur durch die Reibung mit Luft und Boden langsam abgebremst – sonst würde er sich ewig drehen. Und Ballettänzerinnen nutzen die Erhaltung des Drehimpulses, um ihre Drehgeschwindigkeit geschickt zu ändern. Der Drehimpuls hat auch eine Richtung – wie der Impuls. Sie entspricht der Drehachse. Außerdem muß man noch die Drehrichtung angeben, links rum oder rechts rum, wie Sie es schon einmal erwähnt haben, oder etwa wie bei Schraubengewinden.

Aber noch etwas zu den Kräften: Für uns Teilchenphysiker möchte ich die Kraft etwas anders definieren: Als ‹Kraft› bezeichnen wir nicht nur etwas, das Anziehung oder Abstoßung verursacht, sondern auch die Ursache von eventuell stattfindenden Umwandlungen, über die ich Ihnen später noch einiges erzählen werde. Physiker haben deshalb statt ‹Kraft› den sehr treffenden Ausdruck ‹Wechselwirkung› geprägt, den wir dafür auch hier benutzen sollten.»

Die Wiese, in der unser Zoo eingebettet ist, umfaßt (symbolisch) alle in der Natur vorkommenden Wechselwirkungen, also alle «Kräfte» – im allgemeineren Sinn. Ziel der Teilchenphysik ist es, die Teilchen und ihre Wechselwirkungen zu beschreiben und somit eine Grundlage für die Darstellung aller weiteren Erscheinungen unserer Welt zu erarbeiten.

Alle Kraftwirkungen, die wir in der Natur beobachten, kann man auf nur wenige «Urkräfte» zurückführen, die von bestimmten «Ladungen» ausgehen. Die Masse wird dabei als die «Ladung» für die Gravitationskraft betrachtet. Die elektrische Ladung ist die Quelle der elektrischen, aber auch der magnetischen Kräfte. Diese beiden Kräfte genügen schon, um mit den u-Quarks, d-Quarks und den Elektronen die meisten Erscheinungen des täglichen Lebens darzustellen.

Mit den sogenannten «starken» und «schwachen» Kräften können dann auch noch die weiteren Vorgänge des Mikrokosmos korrekt beschrieben werden, darunter auch die in der Natur stattfindenden Umwandlungen, die zum Beispiel nötig sind, um die Energieerzeugung im Zentrum der Sonne zu regulieren.

Barbara nickt noch einmal zustimmend und stöhnt leise vor sich hin. Die Reise ist ja doch recht lang, und etwas Bewegung würde uns wohl guttun. Sie erinnert mich schließlich an die Energie, die ich ihr ja noch nicht erklärt habe.

Laut Lehr- und Wörterbuch versteht man unter Energie in der Physik «die Fähigkeit, Arbeit zu verrichten». Nun gibt es aber sehr viele Arten von Energie, wie zum Beispiel Lageenergie, elastische Energie und Bewegungsenergie, die man als «mechanisch» bezeichnet. Dann gibt es noch elektrische, magnetische, thermische, chemische und jetzt auch die Kernenergie, die durch Umwandlung von Masse entsteht. Meine Liste ist bei weitem nicht komplett! Es hat recht lange gedauert, bis man erkannt hat, daß all diese Energiearten äquivalent sind.

«Manchmal wache ich voller Energie auf. An anderen Tagen fühle ich mich wie aus Blei. Aber meine Energie nutze ich ganz sicher aus, um mehr oder weniger Arbeit zu leisten. Sie müßte also in Ihr Schema ganz gut passen!»

«Die geistige Energie, die dann die Gehirnzellen oder die Muskeln zu Leistungen anspornt, kann man hier nicht so einfach dazurechnen. Wir sprechen ja jetzt vom Begriff Energie im Sinne der Physik!»

«Also von der Fähigkeit, Arbeit zu leisten!»

«Wenn man dann im Lexikon nachblättert, was Arbeit ist, findet man sie als mechanische oder elektrische Arbeit mit Formeln definiert und auch als Spannarbeit (zum Beispiel einer Stahlfeder), Reibungsarbeit und thermische Arbeit. Man mißt alle Arten von Arbeit in Energieeinheiten und bezeichnet sowohl Energie als auch Arbeit weltweit mit dem gleichen Buchstaben W (vom englischen ‹work›).

Und wenn ich jetzt noch hinzufüge, daß sich Energie auch in Masse verwandeln kann und im Prinzip auch Masse in Energie, wie es Albert Einstein 1905 ja herausgefunden hat, dann ist für jeden normalen Menschen das Durcheinander komplett. Denn Masse ist sicher keine Arbeit, obwohl man viel Arbeit investieren muß, um sie zu erzeugen.»

Barbara wackelt verständnislos mit dem Kopf.

«Aha, zu diesem letzten Punkt sollte ich vielleicht doch einige Beispiele erwähnen.»

Die Bewegungsenergie von Teilchen (die diese eventuell von bestimmten Kräften beim Beschleunigen erhalten haben, wie etwa bei HERA) kann sich in Teilchen mit Masse verwandeln. Das passiert in unseren großen Experimentieranlagen beim Zusammenstoß schneller Teilchen. Wir können es täglich beobachten.

Und umgekehrt können sich bestimmte Teilchen mit Masse gegenseitig vernichten und dabei zum Teil oder ganz in Energie (auch Bewegungsenergie) verwandeln. Das wird wiederum an anderen Beschleunigern durchgeführt.

«Ihr verwandelt also Bewegung, oder besser Bewegungsenergie, in Masse. Klingt ja sehr unwahrscheinlich. Könnte ich mir also eine kleine Handpumpe bauen und mit ihr Goldbarren herstellen?»

«Im Prinzip ja. Sie müßten aber wohl einige Milliarden Jahre pumpen!»

Für normale Bürger ist es vielleicht näherliegend, daß im Zentrum der Sonne Energie erzeugt wird, die aus einer Verringerung der Massen der beteiligten Atomkerne stammt: 4000 Tonnen Masse verbraucht die Sonne jede Sekunde! Und Kernkraftwerke funktionieren nach dem gleichen Prinzip (ob man sie mag oder nicht). Das können wir alle beobachten, messen und auch für uns nutzen.

Über die mögliche Umwandlung von Masse in Energie und umgekehrt braucht man also nicht mehr zu streiten, es handelt sich um eine handfeste Realität. Albert Einsteins berühmte Formel $W = m \cdot c^2$ gilt als bewiesen und bestätigt, wobei W die Energie, m die Masse und c die Lichtgeschwindigkeit darstellen.

Das steht seltsamerweise auch mit der Tatsache in Verbindung, daß sich nichts schneller als das Licht bewegen kann. Beides gehört zu den Gesetzen der sogenannten relativistischen Mechanik, die man bei sehr hohen Geschwindigkeiten (wie sie bei unseren Teilchen oft vorkommen) einsetzen muß. Im gewöhnlichen Leben brauchen wir uns darum nur selten zu kümmern, da die Gesetze der normalen Mechanik, zum Beispiel beim Autofahren, hinreichend genau sind. Aber die Umwandlung von Masse in Energie betrifft uns ja doch. Und auch noch einiges mehr...

«Diese Lichtgeschwindigkeit scheint ja eine wichtige Rolle zu spielen! Ich habe schon oft etwas darüber gelesen.»

«Ja, heute kann man nicht einmal Stoff einkaufen, ohne die Lichtgeschwindigkeit (unbewußt!) mit zu berücksichtigen.»

«Das soll wohl ein Witz sein!»

«Nein, ganz und gar nicht! Die Hüter des Gesetzes haben nämlich das Metermaß aufgrund der Lichtgeschwindigkeit definiert. Ohne c kein Meter! Also, etwas genauer: Einsteins Relativität wird heute so ernst genommen, daß die Lichtgeschwindigkeit 1986 gesetzlich festgelegt wurde. In einer Sekunde legt das Licht genau 299 792 458 Meter zurück – laut Gesetz! Indem nun auch genau definiert wurde, wie man eine Sekunde bestimmt, war die Länge des Meters automatisch gegeben.»

«*Kann man das nicht einfacher haben?*»

«Früher war der Meter durch einen in Paris aufbewahrten Normalmeter definiert. Er war aus einer noblen Platin-Iridium-Legierung. Den konnten wir feierlich begraben! Heute geht das so: Die Sekunde wird als die Zeit definiert, in der das von einem bestimmten Atom abgestrahlte Licht genau 9 192 631 770 Perioden schwingt (Licht ist ja nichts anderes als elektromagnetische Schwingung). Dabei handelt es sich um einen Übergang zwischen zwei genau definierten Zuständen des Cäsium-133-Atoms, die man nur im Rahmen der Quantentheorie korrekt verstehen kann. Dies ist also unsere Uhr. Ein Meter ist nun der Abstand, den Licht im luftleeren Raum in einer so festgelegten Sekunde zurücklegt! Das ist so vorgeschrieben und steht auch so in der DIN-Norm.»

«*Danke! Die DIN-Norm ist nichts für Philosophen und Künstler. Ich verstehe immerhin, daß eine Sekunde durch eine Anzahl von Schwingungen und ein Meter durch eine solche Sekunde definiert sind.*»

«Vielleicht noch ein praktisches Beispiel: Wenn ein Auto immer genau gleich schnell fährt, dann kann man die zurückgelegte Entfernung aus der verstrichenen Zeit ganz einfach ausrechnen – vorausgesetzt, man hat eine gute Uhr. Okay? So ist das auch bei der Bestimmung der Länge des Meters! Ohne Einsteins Relativität und ohne Quantentheorie wüßten wir heute nicht, wie lang ein Meter ist!»

«*Ich nehme an, daß wir uns mit diesen Quanten und mit der Relativität noch ein bißchen befreunden müssen, um in Ihrem Teilchenzoo weiterzukommen*», erklärt Barbara mit einem tiefen Seufzer.

Kommen wir auf die Energie zurück.

Es geht bei den hier betrachteten physikalischen Vorgängen meist darum, Energie von einer Form in eine andere zu überführen. In den verschiedenen Bereichen der Physik wird Energie so definiert, daß man sie in jede andere Energieform umrechnen kann. Wesentlich ist bei all diesen Vorgängen die Tatsache, daß Energie nie verlorengeht und andererseits nie aus dem Nichts gewonnen werden kann. Dies gilt als experimentell erwiesen. Kein Patentamt der Welt nimmt heute Anmeldungen für ein «Perpetuum mobile» an (das zum Beispiel Reibungsarbeit ohne Energiezufuhr leistet, auch wenn es sich nur um Minimalbeträge handeln würde), weil dies dem physikalischen «Gesetz der Erhaltung der Energie» widerspricht. Noch mal genauer:

Ein System, dem Energie in keiner Form zugeführt oder weggenommen wird, das man also als vom Rest der Welt isoliert betrachten kann (man bezeichnet es als «abgeschlossen»), hat eine bestimmte Gesamtenergie, die immer genau gleich bleibt.

«Mir erscheint trotzdem der Begriff Energie noch immer nicht richtig definiert», beharrt Barbara.

«Na ja, ich könnte eigentlich nur eine Reihe von Meßvorschriften anführen, die uns als physikalische Definition der Größe ‹Energie› genügen müssen. Was es schließlich wirklich ‹ist›, kann ich aber nicht kurz und verständlich in Worte fassen – und übrigens auch in keinem Lexikon finden. Mir scheint aber, in der Natur gebe es nichts, was man nicht als eine der vielen Erscheinungsformen von Energie betrachten könnte. Wäre das nicht eine Definition?»

«Das haben Sie nun alles sehr schön formuliert. Aber steckt da nicht doch der Wurm drin? Wenn ihr Physiker selbst definieren könnt oder müßt, was ihr jeweils als Energie betrachtet, dann ist doch dieser Erhaltungssatz möglicherweise eine Illusion. Ihr könnt ja gar nicht alle existierenden Energiearten kennen! Und außerdem: Da ihr ja anscheinend schon von vornherein an die Erhaltung der Energie glaubt, wird jeder, der eine Energieform definiert oder findet, die in euer Schema nicht paßt, einfach als Ketzer auf dem Scheiterhaufen verbrannt.»

«Sie schießen ja ganz schön scharf. Ich vermute sogar, zu Recht. Aber wir Physiker sehen das heute noch ganz anders. Wir glauben, daß die Erhaltung der Energie an den Ablauf der Zeit gekoppelt ist.»

«Klingt ja abenteuerlich!»

«Wenn die Ergebnisse eines physikalischen Experiments unabhängig davon sind, zu welchem Zeitpunkt man mit der Messung beginnt, was kein Mensch bezweifeln würde (dies bedeutet, daß die Zeit ‹gleichmäßig› verstreicht, etwas anderes können wir uns gar nicht vorstellen), dann bleibt die Gesamtenergie eines Systems genau erhalten – was immer man darunter nun versteht. Im Rahmen der Quantentheorie, die man heute als grundlegend für die ganze Physik anerkennt, wird eine mathematische Beziehung zwischen Energie und Zeit eingeführt, die durch die Erfahrung (Experimente) bestätigt wurde. Man kann dann daraus ableiten, daß die Gesamtenergie in einem abgeschlossenen System immer gleich bleibt – vorausgesetzt, die Zeit verstreicht gleichmäßig.»

«Sehr raffiniert, diese Quantentheorie!»

«Ähnlich kann man auch die Erhaltung von Impuls und Drehimpuls formulieren: Wenn für einen physikalischen Vorgang eine Verschiebung des Nullpunkts des Metermaßes belanglos ist (auch hier können wir uns eigentlich nichts anderes vorstellen), dann bleibt der Gesamtimpuls eines abgeschlossenen Systems immer gleich. Und wenn das auch für Drehungen des Bezugssystems gilt, dann bleibt auch der Drehimpuls oder Drall konstant. Beides beinhaltet ganz einfach die Gleichförmigkeit oder Homogenität des geometrischen Raums.

Jedenfalls sind die Energie mit der Zeit, der Impuls mit den Verschiebungen und der Drall mit den Drehungen intim verknüpft.»

«Ich habe den Eindruck, daß Energie, Impuls und Drall für euch Physiker so etwas wie heilige Kühe sind – unantastbar und immer gleichbleibend.»

«Von solchen heiligen Kühen, die immer oder fast immer erhalten bleiben, haben wir sogar noch mehr. Und eine ist sogar noch heiliger als diese ersten drei, nämlich die elektrische Ladung, mit der wir noch viel zu tun haben werden!»

«Eigentlich stelle ich mir vor, daß es einen normalen Raum gibt und daß die Zeit vergeht. Andererseits gibt es Materie, die in diesem Raum existiert (oder auch nicht), insofern sie eine Ausdehnung im Raum hat, aber sonst davon doch recht unabhängig ist. Nun stellt sich heraus, daß hier alles aufs engste miteinander verknüpft ist... Erscheint mir etwas verwirrend!»

«Selbst Physiker haben mit diesen Zusammenhängen Probleme. Aber ich möchte noch einiges ergänzen, um klarzustellen, was man heute unter Materie versteht.»

Barbara sieht mich neugierig an und versucht dabei vergeblich, ihre Beine zu strecken. *«Nur zu! Uns bleibt ja noch etwas Zeit – wenn ich unsere Klicks richtig gezählt habe.»*

«Also», erkläre ich ihr, «neben der stabilen Materie, von der wir bis jetzt wohl gesprochen haben und um die es hier in erster Linie geht, gibt es auch noch eine Reihe von instabilen Materieteilchen, die ich Ihnen natürlich auch noch zeigen werde. Auch sie bilden eine Art von Materie. Außerdem gibt es noch fast unsichtbare Materie, die zum Teil den Physikern schon gut bekannt ist (ich meine die sogenannten Neutrinos). Und es wurde festgestellt, daß es im Weltall auch noch sehr viel sogenannte dunkle Materie gibt, die sogar etwa 90 Prozent der Gesamtmasse des Universums ausmacht. Sie strahlt kein Licht ab, macht sich aber durch ihre Masse bemerkbar. Wir wissen heute noch nicht, ob diese dunkle Materie aus Neutrinos oder aus anderen Teilchen besteht. All diese Erscheinungen gehören natürlich auch zu unserer Materie.»

«*Jetzt reicht's aber*», meint Barbara ernst. «*Wir haben also erst alle Formen von Energie, auch die in den Kräften versteckte, und dann dazu die stabilen, die instabilen, die fast unsichtbaren und auch noch die dunklen Teilchen dem Begriff Materie zugeordnet.*»

«Lieber als von Materie würde ich deshalb von ‹materieller Welt› sprechen, um sie vielleicht von der rein geistigen Welt abzugrenzen. Und alles, was Massen, Energien, Kräfte und sogar Teilchenumwandlungen betrifft, fällt dann unter den heutigen Begriff ‹materielle Welt› – einschließlich des Raums und der Zeit. Einiges bleibt sicher unklar: Gehört zum Beispiel ein in einem Rechner funktionierendes Programm zur geistigen oder zur materiellen Welt?

Das Ziel der Physik besteht nun darin, die Erscheinungen dieser materiellen Welt elegant und korrekt zu beschreiben, also mit möglichst wenigen Eingaben, Grundbegriffen, Annahmen oder Hypothesen. Zu den Eingaben zählen auch die gemessenen Naturkonstanten und zum Beispiel die Massen der Teilchen und die Stärke der Kräfte.»

«*Eigentlich wollte ich ja nur wissen, was man unter Masse und Energie versteht. Impuls, Kraft, Drall und ähnliches kamen noch dazu. Mir dämmert nun, was man unter materieller Welt versteht – obwohl es etwas seltsam klingt –, und obendrein weiß ich jetzt, was Physik bedeutet. Wie weit sind denn die Physiker heute mit der eleganten Beschreibung der Natur auf der Basis möglichst weniger Hypothesen?*»

«Schon recht weit. Allerdings noch lange nicht soweit, wie man es sich wünschen würde.»

Das Standardmodell

« Es gibt eine genau definierte Sammlung von Theorien, in die natürlich auch viele gemessene Naturkonstanten eingegeben werden müssen, die ganz gut funktioniert. Wir kennen kein einziges Ergebnis eines Experiments und auch keine Teilchenart, die in diese Sammlung nicht hineinpassen würde. Teilchenphysiker bezeichnen dies als ihr ‹Standardmodell› und nicht etwa als eine alles umfassende Theorie – und sie meinen es auch so. Es beinhaltet neben den Teilchen und den Theorien der Kräfte zwischen Teilchen auch die 1905 von Einstein eingeführte spezielle Relativitätstheorie, die im 20. Jahrhundert entwickelte Quantentheorie wie auch die immer gültigen Grundgesetze der Physik. Schon seit Anfang der siebziger Jahre wird versucht, Phänomene oder Zusammenhänge zu finden, die nicht in dieses Standardmodell passen. All diese Anstrengungen sind bis heute fehlgeschlagen, und das Standardmodell bleibt weiterhin erfolgreich.»

« Ich habe von einem Freund, der Astrophysiker ist, schon von einem Standardmodell der Entstehung des Universums und von einem ähnlich genannten Modell der Energieerzeugung im Zentrum der Sonne gehört, mit denen er anscheinend sehr zufrieden ist. Handelt es sich hier um das gleiche Standardmodell?»

«Nein! Die Bezeichnung Standardmodell bezieht sich normalerweise auf eine unter Experten allgemein anerkannte Sammlung von Theorien, Annahmen und experimentellen Ergebnissen. Die Standardmodelle der Astrophysik und das der Teilchenphysik müssen zwar zueinander passen, sie dürfen sich im Grunde nicht widersprechen, haben aber jeweils einen ganz anderen Inhalt.»

Hierzu erwähne ich noch, daß einige Vorgänge, die beim Ursprung des Universums (dem sogenannten «Urknall») stattgefunden haben müssen, noch in keiner der Theorien des Standardmodells der Teilchenphysik erfaßt werden. Man läßt sie einstweilen beiseite.

Ein weiteres Problem betrifft die von Albert Einstein 1915 im Rahmen seiner allgemeinen Relativitätstheorie aufgestellten Theorie der Gravitation, die auch in der Astrophysik sehr wichtig ist und schon mehrmals bestätigt wurde.

« Ist das die Theorie mit der gekrümmten Raum-Zeit, die man sich eigentlich gar nicht vorstellen kann?»

«Ja, und man könnte sie vielleicht einfach als einen etwas abseits stehenden Teil des Standardmodells betrachten, was aber sicher nur eine Notlösung wäre, da diese schöne Theorie überhaupt nicht zu den heutigen Vorstellungen der Quantentheorie paßt, von der wir doch glauben, daß sie praktisch auf alles, was wir kennen, anwendbar ist. Aber ich könnte eine lange Liste von Fragen hinzufügen, die noch zu beantworten sind.»

«Das so erfolgreiche Standardmodell der Teilchenphysiker birgt also tatsächlich noch eine ganze Reihe von Problemen in sich und ist, wie Sie selbst sagen, in vieler Hinsicht unbefriedigend. Was nun?» fragt Barbara.

«Genau deshalb wird in der Teilchenphysik weiterhin mit soviel Begeisterung und mit so aufwendigen Mitteln fieberhaft geforscht, sowohl experimentell als auch in der Theorie! Sie haben es ja hier bei DESY gerade beobachten können.»

«Und damit sichert ihr ja auch eure Arbeitsplätze und rechtfertigt den Bau eurer riesigen Apparaturen und immer höher werdende Ausgaben», meint Barbara unnötig bissig.

«Die wissenschaftlichen Fragestellungen sind offensichtlich sehr interessant. Tausende von Forschern entscheiden sich, alle Mittel, die sie eintreiben können, dafür einzusetzen. Die beteiligten Wissenschaftler stammen ja zum größten Teil aus Universitäten und können ihr Arbeitsgebiet und das ihrer Studenten halbwegs frei wählen, wobei auch didaktische Gesichtspunkte berücksichtigt werden: Lehre und Forschung sollen ja bei uns eng verknüpft bleiben.

Ich habe einmal abgeschätzt, daß die Ausgaben der Teilchenphysiker, Großanlagen wie CERN und DESY inbegriffen, pro Monat (oder pro Jahr) etwa zwei- bis dreimal den Gehältern der daran beteiligten Universitätsdozenten entsprechen. Wenn jeder dieser Forscher sein eigenes Süppchen kochen, also ein eigenes Forschungsprojekt aufstellen würde, dann wäre es ganz sicher nicht billiger. Und von einer Steigerung der Ausgaben kann man wahrhaftig nicht sprechen! Es entstehen teurere Einzelprojekte – aber dafür eben weniger. Die Möglichkeit, so große Vorhaben in der Teilchenphysik zu verwirklichen, ergibt sich einfach aus der großen Zahl der beitragenden Wissenschaftler, die sich alle für das gleiche Ziel entscheiden!»

«Und welches wäre dieses Ziel?»

«Man sucht im Endeffekt nach einer einheitlichen Theorie, die alle in der Natur beobachteten Teilchen und Kräfte korrekt beschreibt (Urknall und Gravitation inbegriffen) und die dann noch besser (mit weniger Hypothesen und Eingaben als beim heutigen Standardmodell) die Grundlage der anderen Gebiete der Naturwissenschaften bildet.»

«Bravo!» sagt nun Barbara. *«Man merkt, daß Sie Vorträge darüber halten! Ich würde ja applaudieren, wenn ich nur die Hände bewegen könnte...»*

Galileo und die Quantensprünge

«Stazione Termini, Endstation Zoo, bitte alle aussteigen!» sagt eine höfliche Männerstimme mit unverkennbar italienischem Akzent.

«Sind wir etwa in Rom gelandet... oder vielleicht in Berlin?» fragt Barbara scherzhaft.

Galileo

«No, cara signorina, hier sind Sie genau richtig!»

«Stimmt schon! Wir werden von unserem Chefideologen empfangen. Ich habe Ihnen schon einmal etwas über ihn erzählt. Aber aussteigen müssen wir trotzdem – wenn wir es schaffen!» Ich sage in deutlichem Computerdeutsch: «OPEN TOP!»

Die obere Klappe hebt sich ab, und ich klettere stöhnend aus der Röhre. Barbara springt mit einem eleganten Satz hinterher, zieht ihren Blazer zurecht und kann ein freudiges Jauchzen nicht unterdrücken.

«Endlich!»

Wir befinden uns in einem schlichten weißen Saal. Die Transportkabine ragt aus einem im Boden eingelassenen Landeloch.

«Es erscheint mir hier alles etwas unscharf – und außerdem zappeln wir ja dauernd hin und her. Ich könnte eine Brille gut brauchen und übrigens auch ein Beruhigungsmittel.»

«Da kann ich Ihnen leider nicht helfen, cara signorina, das sind nämlich alles Probleme, die nur in der modernen Physik auftauchen, mit denen ich in meinem Leben nichts zu tun hatte! Wir sollten uns einstweilen auch nicht näher kommen; das ist hier eben so – es ist der Respektabstand, den die Quantenphysik von uns verlangt! Sie werden das später noch verstehen», erklärt der Chefideologe, den Barbaras enge Jeans offensichtlich sehr beeindrucken. Er senkt den Blick und wackelt etwas verlegen mit dem Kopf.

«Bellissima!» murmelt er temperamentvoll. «Du hast aber charmante Begleitung mitgebracht, caro Pedro!» Dann verbeugt er sich vor Barbara, natürlich ohne ihr näher zu kommen, während sie einen artigen Knicks macht.

«Darf ich mich vorstellen: Galileo Galilei Linceo aus Pisa, früher einmal ‹Filosofo e Matematico primario del Serenissimo Grand Duca di Toscana in Firenze›, überzeugter Verfechter des kopernikanischen Weltsystems und Entdecker des Fallgesetzes.»

Barbara flüstert mir zu: «*Wenn ich mich richtig erinnere, ist Galileo 1564 geboren und 1642, nach neunjährigem Hausarrest der Inquisition, recht unglücklich gestorben. Er sieht aber hier gar nicht so alt aus.*»

«Ja, das ist klar, weil er nämlich für seinen Auftritt in unserem Zoo sein Alter selbst bestimmen darf», erkläre ich ihr mit der Hand vor dem Mund, und füge dann laut hinzu: «Unser Maestro Galileo ist derjenige, der den Naturforschern beigebracht hat, was sie als ‹wahr› oder ‹richtig› zu betrachten haben.»

«Si, signorina, das werde ich Ihnen gern erläutern: Nur das, was durch Experimente belegt und bestätigt werden kann, betrachtet man seit meiner Zeit (und wohl bis heute) als naturwissenschaftlich wahr oder gültig. Zuvor waren es die Theologen, die mehr oder weniger willkürlich bestimmten, was wahr oder falsch sei! Und die Philosophen haben da noch kräftig mitgemischt. Damit ist es vorbei! Selbst die sonderbarste Hypothese kann sich als naturwissenschaftlich wahr erweisen, wenn die Erfahrung sie bestätigt! So war es mit der Bewegung der Erde um die Sonne. Und meine jüngeren Kollegen haben diesbezüglich (besonders mit ihrer Quantentheorie) einiges vorzuzeigen, über das Sie sicher noch sehr staunen werden!»

«*So? Ich kenne Sie eigentlich mehr als Gegner des von der Kirche unterstützten Aristotelismus und wegen des berühmten Satzes ‹eppure si muove› (‹und sie bewegt sich doch›) nach Ihrer Verurteilung im zweiten Inquisitionsprozeß 1633 – ein Satz, der angeblich nur eine Legende ist. Sie wußten jedenfalls genau, daß sich die Erde um die Sonne dreht, und haben es später auch bewiesen!*»

«Tatsächlich», meint Galileo, «durch Messungen konnte ich es damals recht gut als wissenschaftliche Wahrheit belegen. Ich habe sogar versucht, dies mit der Bibel in Einklang zu bringen – mit wenig Erfolg. Und der berühmte Satz hätte mich wohl das Leben gekostet, wenn er wirklich je gefallen wäre.»

Ich bemerke noch, daß Galileo sicher einer der ersten «Science-writers» gewesen ist, also ein bewußt populärwissenschaftlicher Schriftsteller. Er hat in der Sprache des Volkes geschrieben, nicht im Latein der damaligen Elite – übrigens in eher lockerer, manchmal auch recht sarkastischer Dialogform!

«Und sein ‹Dialogo sopra i due massimi sistemi del mondo› wurde erst 1835 vom Index gestrichen. Bis dahin durfte keines seiner Werke in katholischen Ländern erscheinen!» fügt Barbara sachkundig hinzu.

Aber über den Begriff Wahrheit möchte ich noch etwas sagen: «Was man in den Naturwissenschaften als wahr oder gültig betrachtet, entspricht nicht dem Begriff des absolut Wahren oder Falschen, wie man ihn oft in der Logik definiert. Jedes Gesetz (und jede Theorie) hat bei uns einen Gültigkeitsbereich und eventuell sogar Randbedingungen, innerhalb deren es anwendbar ist. Die Tatsache, daß ein Gesetz außerhalb dieses Bereiches nicht anwendbar oder sogar falsch ist, beinhaltet also nicht, daß es deshalb als absolut falsch zu betrachten ist. Von einer absoluten Wahrheit sprechen wir nur, wenn es sich um logische Begriffe handelt, nicht bei der Beschreibung der Natur. Man wird wohl nie eine absolute, immer und überall gültige Darstellung der Natur erreichen können.»

«Dann sind wir uns über wahr und falsch sogar einig.»

«Aber jetzt wollen wir doch zur Sache kommen», meint Galileo. «Ich soll Sie beide nämlich hier willkommen heißen, im Namen meiner Kollegen, der klassischen Physiker. Wir befinden uns im Empfangspalast des Teilchenzoos, auf der ‹Wiese aller Wechselwirkungen›. Hier liegt die Docking-Station Ihrer Transportkabine. Dieses Gebäude bildet die Nahtstelle zwischen der klassischen und der modernen Physik. Letztere möchten Sie, gentilissima signorina, ja anscheinend gern kennenlernen.» Dann zeigt er zum Fenster und fügt hinzu: «Übrigens: Die Blitze und das dumpfe Donnern, das Sie vielleicht im Hintergrund hö-

ren, das kommt alles aus dieser modernen Welt. Es sind sogenannte
‹Wechselwirkungen› verschiedenster Art, die hier vor sich gehen. Sie
werden wohl noch viele davon kennenlernen, wenn ich richtig informiert bin.»

*«Pedro hat mir schon erkärt, was Physiker unter Wechselwirkungen
verstehen»*, meint die Angesprochene.

Wir halten noch immer unseren Respektabstand, aber Barbara versucht nun doch, mir näher zu kommen. Vergeblich! Unsichtbare
Hände scheinen uns auseinanderzuhalten.

*«Die haben hier wohl strenge Sitten – oder werden wir vielleicht von
der Inquisition bewacht?»*

Galileo zuckt erschrocken zusammen und wirft Barbara einen gifti-
gen Blick zu.

«Wir befinden uns in einem angeregten Zustand», erkläre ich ihr.

«Wenn Sie mir näher kommen wollen, müssen Sie erst strahlen – ich
meine, Energie abstrahlen. Wir haben uns schon so weit verkleinert,
daß für uns jetzt die Regeln der Mikrowelt gelten.»

Galileo hört zu – und seine finstere Miene löst sich rasch in einem
schelmischen Lächeln.

«Hab ich mir einfacher vorgestellt», entgegnet Barbara trocken und
strahlt auf mir unerklärliche Art etwas Energie ab. Sie hat in dieser
Hinsicht wohl besondere Fähigkeiten. Prompt landet sie eine gute
Armlänge näher bei mir.

«Fabelhaft! Das war ein ‹Quantensprung›! Strahlen Sie doch noch
mal!» ermuntere ich sie. Es klappt, sie kommt mir noch ein Stück näher. Und dann auch noch ein drittes Mal.

Nun aber geht es nicht mehr: Barbara kann nicht mehr strahlen.

«Jetzt befinden wir uns in unserem sogenannten Grundzustand, dem
Zustand kleinster Energie, den es überhaupt für uns geben kann», do-
ziere ich. «Wir können uns nicht näher kommen. Es reicht gerade, um
uns an den Händen zu fassen!»

Ich erkläre Barbara, daß hier eben alles ganz anders ist. Was wir uns
in Anlehnung an die normale Welt vorstellen, was wir also jetzt zu
sehen, zu hören, zu schmecken oder sogar zu berühren glauben, das
gehört alles zu unserer Gedankenwelt – auch unser leibhaftiger Galileo. In unserem Gehirn vergleichen wir alles mit Erfahrungen, die wir
im normalen Leben durch unsere Sinne wahrnehmen. Aber die Reali-

tät, wenn ich sie überhaupt so nennen darf, funktioniert eben nach anderen Regeln, besonders hier unten.

«Wir haben ja Dimensionen angenommen, bei denen die Bewegung der Teilchen den etwas unheimlichen Gesetzen der Quantenphysik unterworfen ist. So können sich zum Beispiel zwei Teilchen, die sich gegenseitig anziehen, nur in ganz bestimmten Zuständen befinden, die durch einige eher magisch wirkende ganze Zahlen, die ‹Quantenzahlen›, gekennzeichnet sind. Diese Zustände, insbesondere ihre Energie, kann man aus der Stärke der Anziehung zwischen den Teilchen und genau aus diesen Quantenzahlen berechnen.»

«Die magischen Quantenzahlen scheinen wohl hier eine wesentliche Rolle zu spielen...»

«Ja, und dabei kommt auch eine sehr wichtige Naturkonstante vor, die sogenannte ‹Planck-Konstante›, benannt nach dem deutschen Physiker Max Planck. Es ist eine sehr kleine Zahl, und sie zeigt, daß all dies nur bei sehr kleinen Dimensionen berücksichtigt werden muß.»

«Wenn man die Energie der einzelnen Zustände kennt, dann kann man wohl auch die Energie bestimmen, die beim Übergang vom einen zum anderen Zustand abgestrahlt oder eingefangen wird», spekuliert meine Begleiterin.

«Und das nennt man dann eben einen Quantensprung.»

«Und was für eine der vielen Energiearten wird hier nun abgestrahlt oder eingefangen?» fragt Barbara, die immerhin schon Erfahrung auf dem Gebiet hat.

«Bei elektrisch geladenen Teilchen handelt es sich meist um Lichtstrahlen oder, besser ausgedrückt, um Lichtteilchen oder Lichtquanten, die Energie mitnehmen oder liefern. Was du für eine Ladung hast, kann ich mir gut vorstellen – und daraus kann man dann vielleicht auch deine Ausstrahlung berechnen – oder umgekehrt.»

«Sehr lustig, Walo!» meint Barbara nüchtern, akzeptiert aber damit mein ‹Du›. *«Und selbst im tiefsten Grundzustand dürfen wir uns nicht näher kommen? Wer hat denn so was erfunden?»* Dabei hält sie sich an meiner Hand so fest, wie sie nur kann, damit unsere Verbindung nicht auseinandergeht, denn sie bewegt sich ununterbrochen hin und her, als sei sie nervös, was jedoch gar nicht der Fall ist.

«Erfunden hat das die Natur. Für die Atome ist das sehr wichtig: Ein Elektron der Hülle soll ja nicht in den Kern fallen, das wäre ein Kollaps

– und es gäbe danach gar kein Atom mehr! Selbst im Grundzustand ist das Elektron nämlich noch immer genügend weit vom Kern entfernt! Diese Zusammenhänge hat der berühmte dänische Physiker Niels Bohr 1913 halbwegs aufgeklärt. Aber die eigenartigen Beziehungen zu den ganzen Zahlen wurden schon 1884 von dem Schweizer Mathematiklehrer Johann Jakob Balmer entdeckt. Die verschiedenen Farben des von den Atomen abgestrahlten Lichts haben es verraten.»

«Die Eigenschaften und Zusammenhänge aller Dinge können also tatsächlich auf zahlenmäßige Verhältnisse zurückgeführt werden. Das hat schon die Geheimsekte der Pythagoreer im 5. Jahrhundert vor Christus behauptet, im süditalienischen Crotone, in der Nähe von Taranto, auf deutsch Kroton und Tarent. Die ganzen Zahlen spielen da die entscheidende Rolle! War Balmer vielleicht ein Spätpythagoreer? Oder sogar Bohr?»

«Das ist eine interessante Feststellung, denn ganze Zahlen haben auch anderswo in unserem Teilchenzoo eine sehr große Bedeutung. Es handelt sich hier allerdings um naturwissenschaftliche Beobachtungen und nicht um philosophische Meinungen!»

Barbara tänzelt und zappelt dabei weiterhin um mich herum, und ich weiß nie genau, wo sie sich befindet. Aber ich kenne diesen Effekt und halte sie fest an der Hand – in unserem unausweichlichen Grundzustand.

«Wir sind eine etwas seltsame Art von Atom: Ich bin der schwere Kern, und du schwirrst um mich herum wie ein Elektron – weil du so leicht bist. Auch das ist ein Quanteneffekt!»

«Könnten wir uns in unserer Gedankenwelt nicht ausnahmsweise auf ein normales Zusammensein ohne magische Quantenzahlen einigen?» fragt sie nun etwas schüchtern.

«Im Grunde schon, nur ist das dann nicht mehr ganz stilecht.»

Nachdem wir uns von den Quanten losgelöst haben, können wir zum erstenmal seit unserer Ankunft vernünftig eine Runde drehen.

«Zum Teufel mit den Quanten», flucht Barbara leise vor sich hin.

«Bin eigentlich ganz Ihrer Meinung», meint nun Galileo, der unsere Unterhaltung entzückt verfolgt hat. «Aber ohne das Wissen über die Quanten wäre es in eurer heutigen Welt doch ganz anders. Ja, es würde sie vielleicht gar nicht geben! Die Quanten haben zum Verständnis der Atome geführt, und das ist doch zum Beispiel für die Chemie sehr wichtig. Ich glaube, da gäbe es noch einiges mehr, was ohne Quanten nicht funktionieren würde, wenn ich richtig informiert bin...»

Konferenz im Classic Club

Nach einer Pause meint Galileo im Ton eines englischen Butlers: «Darf ich die Herrschaften jetzt vielleicht in unseren exklusiven Classic Club einführen?»

Galileo zeigt uns den Weg zu einem kleinen, aber komfortabel eingerichteten Besprechungszimmer, wie man es in italienischen Palazzi gelegentlich vorfindet. Alte Gemälde zieren die hohen Wände. Um einen kleinen runden Tisch sitzen drei elegant, aber sehr altmodisch gekleidete Herren. Den Ehrenplatz nimmt Galileo selbst ein, und zwei Sessel sind wohl für uns vorgesehen.

«Welcome to our Club», sagt einer der Herren in betont affektiertem Cambridge-Akzent und fügt hinzu: «Would you mind closing the door, please?»

«Ja, machen Sie doch bitte die Tür zu, Sir Isaac ist sehr zugempfindlich», erklärt Galileo.

Ich schließe die Tür und ernte ein «Grazie mille!» Wir setzen uns auf unsere Plätze.

Dann erläutert Galileo den drei Herren in gebrochenem Englisch: «This is Barbara, our first guest» und zu Barbara gewandt: «Ich möchte Ihnen jetzt meine Kollegen vorstellen. Sie vertreten die vielen Wissenschaftler, denen

Newton

die Menschheit die ehrwürdige klassische Physik verdankt. Man muß ja bedenken, daß ein großer Teil der heutigen Technologie ganz und gar auf der klassischen Physik aufbaut. Und wir wachen sehr genau darüber, hier, am Ein- und Ausgang des Teilchenzoos, daß alles, was in der heute so verrückten Quantenwelt dazugelernt wird, auch zwanglos zu unserer klassischen Physik paßt. Das ist bisher recht reibungslos gelungen.

Aber jetzt zu unseren Clubmitgliedern: Hier, zu meiner Rechten, sitzt Sir Isaac Newton, geboren 1643, also kurz nach meinem Tod. Im Jahr 1705 wurde er von Königin Anna geadelt, und 1727 ist er gestorben. Er war Professor in Cambridge. Wir verdanken ihm die genaue Formulierung der Mechanik. Er hat meine Gedanken viel präziser als ich selbst in Formeln umgesetzt. Danach konnte er die Bewegung der Planeten sehr genau berechnen. Sir Isaac ist auch berühmt für seine Beiträge zur Optik und hat überhaupt auf sehr vielen Gebieten gearbeitet. Er ist sehr schweigsam, und Sie werden wahrscheinlich nach seiner Begrüßung kein weiteres Wort mehr von ihm hören.»

«Ich habe Barbara auf der Fahrt hierher schon einiges zur trägen und zur schweren Masse erzählt, was ja Sir Isaac so klar erkannt und dargestellt hat», unterbreche ich kurz.

«Links neben mir sitzt Herr Hermann von Helmholtz, geboren 1821 und gestorben 1894, erst Militärarzt in Potsdam, dann Lehrer für Anatomie an der Kunstakademie in Berlin und später Professor in Königsberg, Bonn, Heidelberg und Berlin. Er wurde 1882 geadelt, und man bezeichnete ihn oft als intellektuellen Riesen oder als Reichskanzler der Physik, beides Titel, die er ganz sicher verdiente. Er wacht in unserem Zoo über die Erhaltung der Energie, ein nicht ganz einfaches Problem, mit dem er sich in

Helmholtz

seinem Leben viel beschäftigt hat, angeregt durch die recht seltsamen Ideen der damaligen Biologen auf diesem Gebiet. Als Mediziner hat er unter anderem den Augenspiegel erfunden und als Musiker die Resonanztheorie des Hörens entwickelt. An der Gründung der weltweit berühmten Physikalisch-Technischen Reichsanstalt PTR in Berlin – heute PTB, die Physikalisch-Technische Bundesanstalt mit Hauptsitz in Braunschweig – war von Helmholtz stark beteiligt und wurde 1887 ihr erster Präsident. Als solcher hat er an der Festlegung international gültiger elektrischer Maßeinheiten mitgewirkt.»

Von Helmholtz wendet sich nun an Barbara: «Aber mit den Quanten, auf die Sie da draußen gerade noch so schimpften, gnädiges Fräulein, hatten wir nie etwas im Sinn, das soll ganz klar sein, die kamen nämlich erst viel später.»

«Dann können wir ja gute Freunde werden! Und über die Vielfalt

der Energieformen habe ich schon einiges erfahren. Bewundernswert, wie man zu Ihrer Zeit die Erhaltung der Energie so genial verallgemeinern konnte!» konversiert Barbara artig und verkneift sich ihre diesbezüglichen Zweifel. Von Helmholtz kann ein stolzes Lächeln nicht unterdrücken.

«Allerdings muß ich doch darauf hinweisen, daß die wesentlichen Ideen zur Energieerhaltung noch viel älter waren. Eine sehr allgemeine Form hatte schon mein Kollege, der Arzt Julius Robert Mayer (1814–1878), vorgeschlagen – eine Tatsache, die ich noch zu meinen Lebzeiten nicht so gern erwähnte. Die Unmöglichkeit, ein Perpetuum mobile zu bauen, stand damals hinter unseren Gedanken…»

«Posso continuare?» fährt nun Galileo dazwischen. «Gleich neben Herrn von Helmholtz sitzt einer seiner Bewunderer, Professor James Clerk Maxwell, der jüngste unserer Gesellschaft. Er lebte von 1831 bis 1879 und unterrichtete unter anderem an der Universität Cambridge. Er wird Sie später zum Eingang des Elektromagnetischen Gartens begleiten, denn Elektromagnetismus ist seine Spezialität – im klassischen Sinne, versteht sich.

Maxwell

Was Sir Isaac in der Mechanik formuliert hat, ist Maxwell auf dem Gebiet der Elektrizität und des Magnetismus gelungen. Er hat die Ergebnisse und Ideen des genialen Michael Faraday und vieler anderer Forscher in die Sprache der Mathematik übersetzt und dadurch dann so erweitert, daß auch die Optik einbezogen werden konnte. Licht ist demnach nichts anderes als elektromagnetische Strahlung. Es handelt

H. Hertz

sich also um elektromagnetische Schwingungen oder Wellen, die sich im luftleeren Raum genau mit Lichtgeschwindigkeit ausbreiten. Dies und vieles mehr entstammt der von Maxwell entwickelten Theorie. Eine wunderbare Leistung! Seine schönen Gleichungen, die Maxwell-Gleichungen, haben anfangs nur wenige verstanden, darunter als einer der ersten Helmholtz und dann auch Heinrich Hertz, dessen Bild hier an der Wand hängt. Letzterer hat 1888 in der Aula der Karlsru-

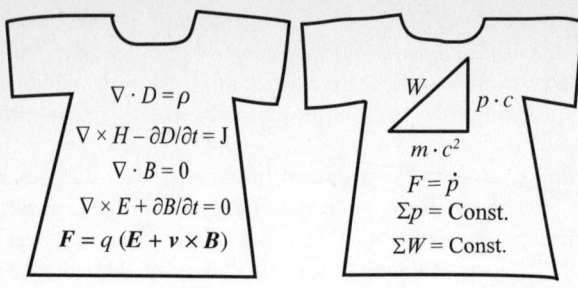

her Universität die von Maxwell vorausgesagten elektromagnetischen Wellen mit einem Sender und einer Art Empfangsantenne nachgewiesen. Damit wurde das Zeitalter der Radiowellen eingeläutet, mit denen Guglielmo Marconi 1897 dann zum erstenmal Nachrichten mehrere Kilometer weit übertragen konnte – 1901 sogar über den Atlantik.»

Galileo ist offensichtlich sehr begeistert – und Barbara macht sich Notizen und Skizzen auf ihrem Block. Auch Maxwell wendet sich nun an sie: «Für Sie haben wir ein T-Shirt vorbereitet, mit einigen Formeln darauf, die Sie an uns erinnern sollen! Auch meine Formeln sind dabei, mit modernen Symbolen geschrieben, die nur die heutigen Spezialisten entziffern können. Bei mir war das noch viel umständlicher! Es ging uns jetzt hauptsächlich darum, die Ästhetik der Zeichen hervorzuheben, die hoffentlich auch Ihnen zusagt.»

Sir Isaac holt ein Päckchen aus seiner Tasche, übergibt es Galileo, dem Dienstältesten, der das T-Shirt stolz herausnimmt, vor allen ausbreitet und von beiden Seiten zeigt. Barbara hat indessen ihren Blazer ausgezogen, und Galileo stülpt ihr das T-Shirt vorsichtig über den Kopf.

«*Paßt wunderbar zu meinen Jeans*», freut sie sich. Wir applaudieren und bewundern die Formen, die Maxwells Formeln annehmen.

Maxwell meldet sich auch gleich wieder zu Wort: «Die letzte Formel vorn stammt übrigens nicht von mir, sondern von dem berühmten Niederländer Hendrik Antoon Lorentz. Diese Formel gibt die Kraft an, die auf geladene Teilchen in einem elektrischen oder magnetischen Feld wirkt, und ist für den Bau von Beschleunigern wie HERA, von Fernsehröhren und vielen anderen technischen Apparaturen sehr wichtig. Damit ist die Verbindung zwischen Elektrizität und Mechanik sehr schön ausgedrückt.»

Lorentz

«Eine Kraft wie diese verursacht also eine Veränderung des Impulses, falls es sich um einen frei beweglichen Körper oder um ein Teilchen handelt!» rezitiert Barbara das auf der Reise Gelernte. *«Und wenn der Impuls immer größer wird, dann erhöht sich auch die Geschwindigkeit, und das nennen Sie wohl Beschleunigung!»*

«Genauso ist es», meint Galileo. «Die entsprechende Formel der Mechanik haben wir auf Ihrem Rücken angeordnet, zusammen mit dem berühmten Erhaltungssatz der Energie und einem sehr wichtigen Dreieck, das nicht ganz zu unserer klassischen Physik gehört, aber unbedingt dabeisein muß. Es zeigt die immer gültige Beziehung zwischen Energie, Impuls und Ruhemasse eines Systems, eines Körpers oder eines Teilchens. Diese Beziehung wurde erst 1905 von unserem Kollegen Einstein so präzise formuliert.»

«Ich fühle mich wie eine lebendige Litfaßsäule – mit Werbung für die Grundlagen der Physik», meint Barbara.

«Du trägst auf dir eine Art Kurzfassung einiger sehr wichtiger Grundlagen der Physik. Vorn den eleganten Elektromagnetismus und hinten die Mechanik. Wenn du jetzt auf einem weit entfernten Planetensystem landen würdest, könnten die Bewohner sehr wahrscheinlich unseren Wissensstand von 1905 herausfinden – ohne ein Wort unserer Sprache zu verstehen. Die Bedeutung der Symbole würden sie schnell erkennen, jedenfalls wenn sie sich in einem ähnlichen oder höheren Entwicklungsstadium als wir befinden.»

Einstein am Telefon

Das Gespräch entfaltet sich nun als klassischer Small talk. Die Herren erkundigen sich nach dem Wetter oben auf der Erde, und man erwähnt die Nachwahlen in Wales. Barbara möchte wissen, ob sie für den

Rundgang durch den Zoo auch richtig angezogen sei. So erfährt sie, daß für ein mildes und recht besucherfreundliches Klima gesorgt ist. Regnen kann es hier gar nicht. Selbst Übernachtungen unter freiem Himmel seien deshalb kein Problem – falls dies notwendig sein sollte. Alles künstlich, allerdings…

Im Gespräch wird auch klar, daß es zwischen Newton und Maxwell grundsätzliche Meinungsunterschiede gibt, die sich nicht einfach ausräumen lassen. Die Mechanik von Newton und die Elektrizitätslehre passen nicht zusammen, wie Maxwell vehement versichert. Newton versucht nicht, ihm zu widersprechen – schließlich weiß er genau, daß Maxwell recht hat. Ich erkläre es Barbara.

«Während nach Maxwells Formeln, die ja vorn auf deinem T-Shirt stehen, nichts schneller als das Licht sein kann, enthalten Newtons Formeln auf deinem Rücken keine solche Einschränkungen. Ein bewegter Körper könnte sich demnach im Prinzip beliebig schnell bewegen. Zu Newtons Zeiten (um 1700) gab es damit kein Problem. Der Widerspruch entstand erst nach Maxwells klarer Formulierung der Gesetze des Elektromagnetismus und ihrer experimentellen Bestätigung. Albert Einstein konnte das Problem mit seinem Dreieck und einigen anderen Gleichungen elegant lösen.»

Die beiden Kontrahenten nicken nun zustimmend.

«Bei Newton gibt es also doch Tachyonen», meint Barbara prompt.

«Im Prinzip ja, aber das war eben gerade das Falsche daran», antworte ich.

«Sollten wir nicht besser Einstein selbst dazu befragen?» schlägt Galileo vor. «Er ist zwar nicht Mitglied unseres Clubs, aber er steht uns sehr nahe.» Galileo geht zum Telefon, das in einer romantischen Wandnische bereitsteht, und tippt eine Nummer ein. Nach einem kurzen Wortwechsel stellt er auf die Videoanlage um, damit wir Albert Einstein sehen und hören können:

«Also, ich kann jetzt nicht zu Ihnen kommen, möchte aber einiges dazu sagen. Wenn Newton die Theorie des Elektromagnetismus von Maxwell zu Lebzeiten gekannt hätte, wäre er sicher auf die Idee gekommen, die Mechanik so zu formulieren, daß nichts schneller als das Licht flie-

Einstein

gen kann. Zu meiner Zeit war das dann praktisch ein zwingender Schritt, und es ist recht unverständlich, daß darüber soviel hin und her diskutiert wurde. Ich glaube nämlich, daß es gar nicht anders geht als genau so, wie ich es in der speziellen Relativitätstheorie 1905 vorgeschlagen habe. Und bei Geschwindigkeiten, die viel kleiner sind als die des Lichts, hat sich ja dadurch nichts geändert, es gelten dann hinreichend genau die Formeln von Sir Isaac Newton.

Vielleicht habe ich mir damals etwas zu extravagante Beispiele ausgedacht, um den Unterschied zur früheren Mechanik klar darzustellen. Ich denke jetzt zum Beispiel an die Masse eines Systems, die anscheinend mit der Geschwindigkeit zunehmen muß. So rettet man die klassische Formel für den Impuls. Dabei wurde aber nicht genügend hervorgehoben, daß sich die Ruhemasse, also die Masse im Ruhezustand eines isolierten Systems, nie ändern kann. Wenn Physiker heute von der Masse der Teilchen sprechen, dann meinen sie meist ihre immer gleichbleibende ‹Ruhepause›. In den praktischen Berechnungen der Teilchenphysik kommt man mit Gesamtenergie, Impuls und Ruhemasse perfekt aus.

Aber auch das später berühmte Zwillingsparadoxon machte mir Probleme: Wenn ein Zwilling eine längere Reise im All unternimmt und dabei auf eine Geschwindigkeit beschleunigt wird, die eine Zeitlang der des Lichts nahekommt, dann vergeht bei ihm (nach meiner Theorie) die Zeit langsamer als bei seinem ruhenden Bruder. Bei seiner Rückkehr ist er weniger gealtert.

Wenn man es vom Standpunkt des anderen Zwillings betrachtet, meinten meine Kritiker, müßte alles umgekehrt vor sich gehen – was allerdings falsch ist. Die Lösung des Widerspruchs liegt in den Beschleunigungs- und Abbremsphasen, bei denen es doch sehr klar wird, welcher Zwilling beschleunigt wird und welcher nicht. Das merkt er sogar selbst! Aber die Richtigkeit meiner damaligen Aussage kann heute an Teilchenbeschleunigern sehr eindrucksvoll bestätigt werden: schnelle Teilchen leben nämlich länger – und das kann man genau messen!»

«Darüber wurde damals auch viel unter Philosophen diskutiert», redet Barbara dazwischen – was aber Einstein, ganz auf seinen Vortrag konzentriert, nicht hören kann.

Dieser erklärt nun noch, daß Teilchenphysiker heute so vertraut mit seiner relativistischen Mechanik arbeiten, daß sie wohl gar nicht mehr wissen, wie man es klassisch machen könnte – was übrigens nicht nur falsch, sondern auch viel komplizierter wäre!

«Bei DESY, wo unsere heutigen Besucher ja herkommen, ist das relativistische Dreieck gang und gäbe. Das könnte euch ein Praktiker sogar besser als ich erklären!»

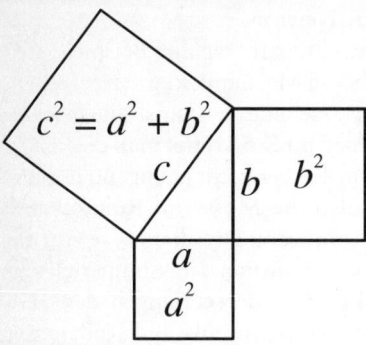

«Danke schön, Albert, wir werden es versuchen», antwortet Galileo und beendet das Gespräch mit einem freundlichen «Adieu, auf recht bald.»

«*Pedro, jetzt bist eigentlich du dran!*» meint Barbara.

«Also, das Dreieck auf deinem Rücken hat einen rechten Winkel, entsprechend nennt man es ‹rechtwinklig›.»

«*Stop: Es handelt sich also um ein pythagoreisches Dreieck!*» ruft Barbara voller Begeisterung.

«Aber das ist wohl eher Zufall. Wichtig ist, daß der Zusammenhang zwischen den Längen der Seiten des Dreiecks genau nach der Formel des Pythagoras berechnet werden kann», antworte ich, mache eine Skizze und führe meine Erklärung fort:

«Die Schenkel stellen den Impuls und die Ruhemasse eines beliebigen Systems oder Teilchens dar, jeweils mit der Lichtgeschwindigkeit (c) oder ihrem Quadrat (c^2) multipliziert. Die Länge der Hypotenuse entspricht der Gesamtenergie des Systems.

In der Praxis machen wir Teilchenphysiker uns das Leben leicht, indem wir alle Geschwindigkeiten auf die des Lichts beziehen, so etwa wie man in der Fliegerei oft die Geschwindigkeiten der Flugzeuge auf die des Schalls bezieht und in ‹Mach› angibt. Somit wird dann bei uns die Geschwindigkeit Beta (β) genannt ($\beta = v/c$, wobei v die normal gemessene Geschwindigkeit darstellt), und die Lichtgeschwindigkeit c ist dann genau gleich eins. Dadurch ist auch ein bestimmtes, sehr sonderbares Einheitensystem definiert, das nur für Teilchenphysiker nützlich ist. Das c verschwindet aus den Formeln, aber ich werde es der Klarheit halber doch noch gelegentlich beibehalten.

Wenn nun der Impuls gleich null ist, wenn sich also das betrachtete System gar nicht bewegt, dann ist das Dreieck plattgedrückt, und es ergibt sich die berühmte Einstein-Formel: $W = m \cdot c^2$ oder bei uns: $W = m$.

Das Verhältnis zwischen Impulsschenkel und Hypotenuse entspricht nach den Formeln der Relativität genau der Geschwindigkeit des Systems, dividiert durch c, also dem schon erwähnten β.

Wenn das System einen extrem hohen Impuls hat, wird das Dreieck immer spitzer, und das Verhältnis Impulsschenkel zu Hypotenuse nähert sich eins, ohne diesen Wert je zu erreichen! Die Geschwindigkeit entspricht dann also fast der des Lichts, kann aber nie größer werden! Das ist der ganze Trick der relativistischen Formeln! Ist das klar?»

«Klingt plausibel, ohne daß ich das jetzt wiederholen könnte!»

Barbara dreht sich nochmals langsam vor uns im Kreis herum, damit wir unser Wissen und das Dreieck bewundern können, und meint nachdenklich: «*Wenn ihr c gleich eins setzt, folgt aus dem Einstein-Pythagoras-Dreieck, daß ihr in eurem sonderbaren Einheitensystem Masse, Energie und Impuls irgendwie als voll gleichberechtigt betrachtet und wahrscheinlich sogar in den gleichen Einheiten meßt, was mir sehr sonderbar erscheint...*»

«...aber genau richtig ist – und auch sehr praktisch. So machen wir das. Mit einiger Mühe schaffen wir es dann sogar, unsere Ergebnisse

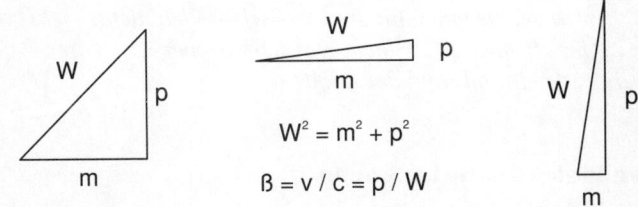

$$W^2 = m^2 + p^2$$
$$\beta = v / c = p / W$$

Beziehung zwischen Energie (W), Impuls (p) und Ruhemasse (m) in Einsteins spezieller Relativität ($c = 1$). In der Mitte und rechts sind die Sonderfälle mit sehr kleinem und sehr großem Impuls dargestellt. Die vollständige Formel wäre:
$$W^2 = (p \cdot c)^2 + (m \cdot c^2)^2.$$

in normale Einheiten umzurechnen – was allerdings nur selten nötig ist.»

«Ja, der Einstein hat uns ganz schön durcheinandergebracht mit seiner scharfen Logik und seinen revolutionären Vorschlägen!» bestätigt Galileo. «Aber jetzt, signorina, sollten Sie diese fast klassische Welt vergessen und sich den modernen Theorien zuwenden.»

Wir verabschieden uns von unseren Gastgebern und gehen mit Maxwell ins Freie, auf die «Wiese aller Wechselwirkungen», von der außer den entfernten Blitzen und etwas Gras, Sand und Kies nicht viel zu sehen ist. Es donnert weiterhin.

«Auf Ihrem Rückweg werden Sie sicher mehr über dieses Donnern und Blitzen erfahren, gnädiges Fräulein. Sie sollten sich aber erst den nach meiner Meinung faszinierenden Elektromagnetischen Garten genauer ansehen. Dort finden Sie nämlich die wichtigsten Grundlagen für alles Weitere im Teilchenzoo. Hier entlang geht es zum Eingang», erklärt Maxwell. «Wir haben noch ein ganzes Stück zu laufen!»

Barbara sinniert beim Gehen über das Erlebte: *«Waren doch recht nett, diese genialen klassischen Herren! Und nach deinen Erklärungen im Space-Shuttle kann ich mir vielleicht unter Materie schon etwas vorstellen... Rätselhaft, aber doch verblüffend einfach: das pythagoreische Dreieck von Einstein, das Energie, Impuls und Masse verbindet... Pardon: Ruhemasse. Am sonderbarsten fand ich unsere Zustände bei der Ankunft, mit ihren (wieder pythagoreischen) ganzen Zahlen, den anscheinend so wichtigen magischen Quantenzahlen, und dann meine Quantensprünge, die wohl mit der klassischen Welt nichts mehr zu tun haben... Und die heiligen Kühe werde ich mir merken, waren es nicht die Energie, der Impuls und der Drall?»*

Maxwells elektrische Ladungen

Barbara ist nicht schüchtern und fragt unbefangen: *«Professor Maxwell, Hauptelemente Ihrer Theorie sind doch die elektrischen Ladungen, von denen ich heute schon einiges gehört habe. Könnten Sie mir vielleicht etwas genauer erklären, was man darunter versteht.»*

«Yes, my dear – but please, just call me James or better Clerk, as you like. Die genaue Antwort auf Ihre Frage steht eigentlich auf Ihrer

Brust!» Beeindruckt von seinen eigenen Worten bleibt Maxwell kurz in seinen Ausführungen stecken und errötet sichtbar.

«Aber ich werde versuchen, es Ihnen anders und mit modernen Beispielen plausibel zu machen. Wenn Sie an einem trockenen Tag einen Kamm aus Horn oder Kunststoff durch Ihr schönes Haar ziehen oder ihn mit einem Tuch reiben, dann zieht er danach kleine Papierschnipsel an. Und manchmal gibt es einen Funken, wenn Sie auf einem Teppich aus synthetischem Material gehen und dann eine Türklinke anfassen. Blitze bei einem Gewitter sind die größeren Ausführungen solcher Versuche.»

Es handelt sich hier überall um elektrische Ladungen, erklärt Maxwell weiter, und wir wissen also halbwegs, was wir darunter verstehen. Am Kamm und auf den Papierschnipseln sitzen «elektrische Ladungen», die Kräfte aufeinander ausüben und ihre seltsamen Bewegungen hervorrufen.

Sorgfältige Experimente, die zum großen Teil schon im 18. und 19. Jahrhundert durchgeführt wurden, haben gezeigt, daß sich Körper auf zwei unterschiedliche Arten elektrisch aufladen können, die man eher willkürlich als positiv und negativ bezeichnet hat. Körper mit Ladungen unterschiedlicher Art (also entgegengesetztem Vorzeichen) ziehen sich an, während sich solche mit Ladungen gleicher Art abstoßen. Man spricht dann von einer elektrischen Spannung, die zwischen Körpern herrscht und die man in Volt mißt.

Auf sogenannten Isolatoren (wie unser Kamm) bleiben elektrische Ladungen recht lange an festen Stellen erhalten, während sie in Metallen schnell herumwandern können.

Die Anziehung oder Abstoßung zwischen elektrisch geladenen Körpern hängt stark von ihrem Abstand ab. Wenn man den Abstand zwischen ihnen auf die Hälfte reduziert, wird der Effekt der elektrischen Kräfte viermal so stark.

Wie wir aber heute wissen, ergibt sich eine positive elektrische Ladung immer dort, wo mehr positive Atomkerne als negative Elektronen vorhanden sind, wo also Elektronen fehlen. Die negative Ladung stellt dagegen einen Überschuß an Elektronen dar. Da Elektronen und Atomkerne im allgemeinen weder entstehen noch verschwinden können, ist es recht verständlich, daß auch elektrische Ladungen nicht von selbst erscheinen oder verschwinden. Daraus ergibt sich eines der wichtigsten Gesetze der Physik: Die Gesamtladung (also die positive Ladung weniger der negativen Ladung) eines vom Rest der Welt isolierten (abgeschlossenen) Systems bleibt immer genau gleich. Dies wird die Erhaltung der elektrischen Ladung genannt und wurde experimentell sehr genau bestätigt.

Maxwell hat sich bei seiner Erklärung in Begeisterung geredet und hält immer wieder inne, um Barbaras Reaktionen zu beobachten.

«Erhaltungssätze und abgeschlossene Systeme werden mir allmählich etwas suspekt...»

«Sollte aber nicht so sein...», mische ich mich ein. «Es ist im Grunde etwas ganz Einfaches. Man kann es mit einer Sparbüchse vergleichen: Solange man nichts hineingibt oder herausnimmt, handelt es sich um ein abgeschlossenes System. Durch Schütteln, Erwärmen oder andere Manipulationen kann ich den enthaltenen Geldwert nicht ändern, er bleibt immer gleich, er bleibt ‹erhalten›!»

«Aha», antwortet Barbara und wendet sich wieder an Maxwell: *«Aber was steht nun eigentlich über die elektrische Ladung auf meinem T-Shirt?»*

«Dort steht nur, daß die elektrischen Ladungen, die mit dem griechischen Buchstaben Rho (ϱ) benannt werden, die Quellen des elektrischen Feldes sind, also die Auslöser der elektrischen Kraft, wenn Sie es so nennen wollen. Aber das genügt vollkommen, denn das ist es ja, was sie im Grunde sind!» antwortet Maxwell.

Wir gehen jetzt an einer seltsamen Hecke entlang, die aus einer Art spiralförmigen Band aus kleinen Kügelchen gebildet ist.

Maxwell erklärt uns, um was es sich handelt: «Das ist die Umrandung des Elektromagnetischen Gartens. Sie besteht aus sehr langen DNS- oder Desoxyribonukleinsäure-Molekülen in Form einer sonderbaren Doppelhelix. Diese relativ großen Gebilde übertragen die Erbanlagen der Lebewesen von einer Generation auf die nächste. Ohne sie gäbe es uns nicht! Die Kräfte, die hier so viele Atome zusammenhalten, sind ausschließlich elektromagnetischer Natur. Die DNS gehört sicher zu den kompliziertesten Objekten, die durch diese Kräfte entstehen, und deshalb zeigen wir sie gern!»

Endlich erreichen wir das Eingangstor. An jeder Seite steht eine eindrucksvolle Säule, von einer sonderbaren Kugel gekrönt, die man schon von weitem sehen kann. Maxwell holt einen großen Schlüssel aus seiner Tasche und öffnet das Tor.

«Dieser Schlüssel soll wohl symbolisch zeigen, daß meine Gleichungen eine wichtige Rolle bei der Weiterentwicklung der Physik gespielt haben», erklärt er mit einem gewissen Stolz. «Zuerst mußte Newtons Mechanik verbessert werden, um

sie mit meinem Elektromagnetismus in Einklang zu bringen, wie es schließlich 1905 Albert Einstein gelang. Und darauf folgte der wichtigste Schritt, der unverzichtbar war, um die sonderbaren Eigenschaften der Atome zu verstehen: die Quantentheorie. Hier haben die elektromagnetischen Wechselwirkungen als Vorbild gedient und den Weg gewiesen, dem man dann auch bei anderen Kräften oder Wechselwirkungen folgen konnte.»

Maxwell verabschiedet sich höflich und schließt das große Eingangstor von außen wieder ab. Wir können noch seine Schritte im Kies hören.

2
Im Elektromagnetischen Garten

Staunend stehen wir in unserer neuen Umgebung. Es ist sehr hell, als würde die Sonne scheinen – obwohl man keine Sonne sieht. Es erinnert irgendwie an einen botanischen Garten. Vielfach abzweigende Wege führen um seltsam geformte Büsche und Gewächse, die alle aus kleinen bunten Kügelchen bestehen.

«Das sind Moleküle, genauer: ihre Modelle in unserer Gedankenwelt. Die Kügelchen stellen die Atome dar, aus denen sie aufgebaut sind. Einige Moleküle sind sehr kompliziert, andere ganz einfach!» erkläre ich Barbara.

Auf kleinen, sanft ansteigenden Hügeln stehen vornehm gestaltete Gebäude, die wie Tempel oder Paläste aussehen. Einige sind mit romantischen Säulen ausgestattet.

«So stell ich mir das Paradies vor!» ruft Barbara begeistert.

Überall laufen kleine schneeweiße Tierchen herum, wie Ameisen, die anscheinend in Eile sind. Barbara zeigt sich sehr beeindruckt von ihnen und skizziert sie.

«Das sind Elektronen, die ‹Atome der Elektrizität›, wie sie Herr von Helmholtz nannte, als man sie noch gar nicht kannte. Sie lächeln glücklich, weil sie sich in der Natur frei bewegen dürfen – was anderen Teilchen nicht gestattet ist», erkläre ich ihr.

«Dort drüben sehe ich aber ein schwarzes Elektron, etwas abseits von den weißen! Ist wohl das schwarze Schaf der Herde. Und weiter weg stehen noch einige Riesenschafe – viel größer als die normalen.

Sind das vielleicht Muttertiere?»

«Du hast ja gute Augen! Das sind alles Teilchen aus unserem Zoo, die ich dir im Laufe des Rundgangs vorstellen werde.»

In einigen Lichtungen sehen wir schön geformte Sok-
kel, auf denen verschieden große, fast durchsichtige Kugeln stehen, in denen offensichtlich etwas klein geratene
Elektronen umherschwirren.

Barbara zeigt auf eine, die uns am nächsten ist:
«Keine Frage: Das sind wohl Atome!»

Kristalle, Moleküle und ihre Zustände

*«Aber was sind denn das für sonderbare Objekte, da oben, auf den
beiden Säulen des Eingangstores? Sie sehen ja wie stilisierte Fußbälle
aus.»*

«Von wegen! Es handelt sich um Moleküle eines vor einigen Jahren
entdeckten Zustands des Elements Kohlenstoff, das den recht sonderbaren Namen ‹Fulleren› erhalten hat, angeblich nach den Kuppeln
ähnlicher Form, die der Architekt Buckminster Fuller baute. Es gehört
zu den Substanzen, die zwar alle ausschließlich aus Atomen des Elements Kohlenstoff bestehen, aber trotzdem sehr unterschiedliche
Eigenschaften haben. Neben dem harten und wertvollen Diamant, dem
leicht abreibbaren Graphit und dem ordinären Ruß gibt es eben noch
diesen seltsamen Zustand, in dem genau sechzig Kohlenstoffatome ein
einziges, fast kugelförmiges Molekül bilden, das wie ein Fußball aussieht und besondere Eigenschaften hat. Es kommt nur selten in der

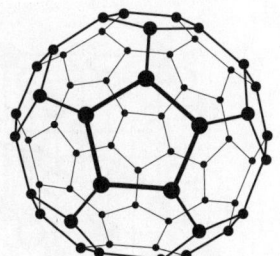 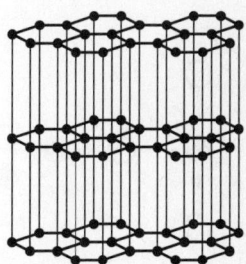

Das Fulleren-Molekül aus sechzig Atomen Kohlenstoff (links) und die Schichtstruktur
des Graphits (rechts)

Natur vor, aber man kann es künstlich erzeugen und schon gramm-weise bei einer Firma kaufen. Vielleicht wird es einmal interessante technische Anwendungen dafür geben. Während beim Graphit die Atome in Lagen angeordnet sind, die sich leicht gegeneinander ver-schieben können, sind es beim Fulleren die ganzen Kügelchen, die be-sonders leicht aneinander gleiten oder rollen können. Man denkt an-geblich daran, so etwas wie Schmiermittel für den atomaren Bereich damit zu erzeugen – was auch immer damit gemeint ist.»

Wir gehen auf einem der vielen Wege weiter.

« Und dies ist vielleicht das Wasser-molekül, das du schon im Plan des Teil-chenzoos skizziert hattest?» fragt Bar-bara und zeigt auf ein aus drei Kügelchen bestehendes, relativ kleines Objekt, des-sen Elektronen auf sehr seltsame Weise herumflitzen.

«Ja, das ist ein einfaches Wassermo-lekül. Es besteht aus einem Sauerstoff-atom und zwei kleineren Wasserstoff-atomen, die etwas schräg an den beiden

Ein Wassermolekül mit seiner sonderbaren Elektronenwolke

Seiten des Sauerstoffatoms hängen und dabei dauernd hin- und her-schwingen. Die Elektronen spielen hier ein bißchen verrückt und ent-fernen sich gelegentlich recht weit von ihren Kernen.»

Etwas weiter entdecken wir ein größeres Gebilde aus zwei Arten von Atomen.

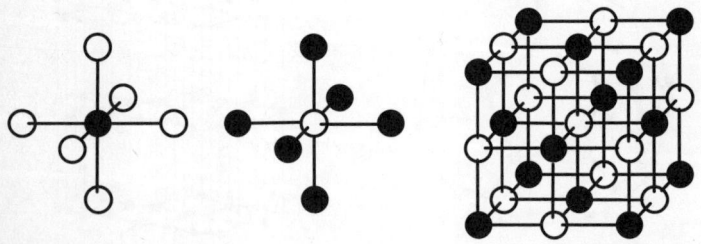

Die würfelartige Struktur des Kochsalzkristalls, aus gleich vielen Atomen Chlor und Natrium

«Das ist ein Kristall des ganz normalen Kochsalzes», erkläre ich. «Hier sind die Atome der einzelnen Moleküle wie Bausteine ineinandergefügt. Man könnte glauben, daß es sich um ein einziges Riesenmolekül handelt. Aber mit einiger Mühe lassen sich die Grundstrukturen erkennen: sie bestehen aus Natrium- und Chloratomen.»

Soweit der Blick reicht, sind Hunderte von Molekülen zu besichtigen. Viele haben fantastische Formen und Farben. «Wir Teilchenphysiker bewundern diese Sonderblüten der Natur.»

Barbara nickt.

«Den Atomen der chemischen Elemente wurden hier unterschiedliche Farben zugeordnet, die allerdings nicht der Wirklichkeit entsprechen, sondern nur dazu dienen sollen, sie leichter zu erkennen.»

Fast alle Substanzen um uns herum bestehen aus Molekülen. Wenn man ein Molekül aufteilt oder zertrümmert, dann hat es meist die Eigenschaften der Substanz, die wir gerade betrachten, verloren – es ist weder Wasser noch Kochsalz noch Fulleren noch DNS, sondern etwas ganz anderes. Nur solange wir die Moleküle nicht zerstören, bilden sie also eine bestimmte Substanz.

«Die alten Griechen haben doch mit dem Apfelteilen darüber gestritten», fügt Barbara hinzu.

«Und heute wissen wir also, daß man ein Apfelstückchen nicht beliebig oft halbieren kann, denn irgendwann ist es dann kein Apfelstückchen mehr.»

Die Erkenntnisse über den Aufbau der Moleküle aus Atomen, also der Substanzen aus Elementen, verdanken wir der langjährigen Forschungsarbeit der Chemiker. Der Engländer John Dalton hat 1803 in seiner berühmten Atomtheorie die bis dahin stattgefundenen Entwicklungen klar formuliert.

«Das fing wohl mit Demokrit an und wurde nach dem Mittelalter wieder aufgegriffen... so lernt man es in der Schule.»

Dalton

Man hatte diese Zusammenhänge aus den vielen Regelmäßigkeiten im Aufbau der Substanzen erkannt. Wenn man eine Substanz mit den Mitteln der Chemie nicht mehr zerlegen kann, dann handelt es sich im allgemeinen um ein Element.

«*Womit ich wohl wieder mal eine schöne Definition in meine Sammlung aufnehmen kann, die am Ende nicht so ganz hieb- und stichfest ist. Es gibt also vielleicht Substanzen, die gar keine chemischen Elemente sind und von den Chemikern doch nicht zerlegt werden können!*»

«Du hast ganz recht. Man muß zusätzlich beweisen können, daß es sich bei einem Element um gleichartige Atome handelt. Aber das gäbe eine lange Definition, die für Lexika nicht gerade geeignet ist.»

Demokrit

In einem Kristall kleben Moleküle fest aneinander und zwar so ruhig und artig, daß sich eine stabile Struktur bildet, die auch lange Zeit erhalten bleibt. Die meisten festen Stoffe bestehen aus kristallähnlichen Substanzen, auch wenn das nicht immer klar erkennbar ist.

Das Zappeln der Moleküle hängt direkt mit ihrer Temperatur zusammen. Je heißer die Substanz, desto heftiger zittern ihre Moleküle hin und her. Kristalle entstehen bei relativ niedrigen Temperaturen, wenn sich die Moleküle in aller Ruhe aneinanderreihen können.

In Flüssigkeiten, wie zum Beispiel Wasser, ist das Zittern der Moleküle so stark, daß sich keine Kristalle mehr bilden können. Die Moleküle kleben aber noch aneinander und «rutschen» oder gleiten dabei hin und her. So kann sich eine Flüssigkeit an seinen Behälter anpassen. Sie hat keine eigene «Form» wie etwa ein Kieselstein.

In Gasen dagegen (zum Beispiel in Luft) zappeln die Moleküle schon frei herum und versuchen, sich in dem zur Verfügung stehenden Raum so gut es geht auszubreiten. Wenn sie an eine Wand stoßen, prallen sie meist ab, dabei entsteht eine Kraft, die auf die Wand wirkt und als «Druck» bezeichnet wird. Die Luftmoleküle stoßen auf alle Gegenstände, auch auf unseren Körper, und bilden somit den «Luftdruck».

Soviel zu den Molekülen und ihren drei wichtigsten Zuständen: fest, flüssig und gasförmig. Damit sind wir im täglichen Leben recht gut vertraut. Will man es aber sehr genau nehmen, muß man noch einen weiteren Zustand hinzufügen, das Plasma. Es entsteht dann, wenn sich aufgrund des zu starken Zappelns die Elektronen von den Atomkernen lösen und getrennt herumschwirren.

«*Alle normalen Substanzen außer dem Plasma sind also irgendwie aus Atomen aufgebaut.*»

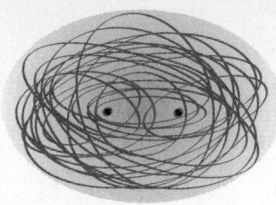

Molekül aus zwei Atomen
mit «Elektronenbahnen»

Und noch einmal: Jeder «Atomart» wird ein bestimmtes «Element» zugeordnet, das man meist chemisch isolieren, also «rein» herstellen kann.

«Ich kenne nun schon einige davon, zum Beispiel Wasserstoff, Sauerstoff, Chlor und Natrium, aber dazu gehören wohl auch Gold, Silber, Uran, Plutonium und dieses Element 111 der Darmstädter GSI.»

Aus einer der vielen Taschen meiner Weste ziehe ich ein interessantes Schema aller heute bekannten Elemente. Ihre Namen hatten wir ja schon in meinem Zimmer gesehen.

«Sie sind jetzt schön geordnet: Untereinanderliegende Elemente haben ähnliche chemische Eigenschaften. Dieses Ordnungsschema haben schon 1869 unabhängig voneinander zwei Chemiker aufgestellt: der Russe Dimitrij Iwanowitsch Mendelejew (1834–1907) und der Deutsche Lothar Meyer (1830–1895). Es wird als Periodensystem der Elemente bezeichnet. Im vorigen Jahrhundert enthielt es noch sehr viele leere Plätze. Heute sind alle fehlenden Elemente bekannt, und es kommen, wie du schon erwähnt hast, am Ende der Liste gelegentlich noch welche dazu.»

«Ein anscheinend sehr erfolgreiches Ordnungsschema!»

Es gibt auch Moleküle, die nur aus zwei Atomen desselben Elements bestehen, so zum Beispiel das Sauerstoffmolekül, das wir mit der Luft einatmen, aus zwei Sauerstoffatomen. Einen noch krasseren Fall bilden die sogenannten Edelgase, deren Atome sich ganz frei bewegen, weil sie keine Neigung zu irgendeiner Bindung haben. Aber in den meisten Fällen kleben Atome doch in Molekülen aneinander. Dabei schwirren die äußeren Elektronen der Atome um das ganze Molekül herum und halten es auf diese Weise zusammen. Die getrennten Atome wären ja meist elektrisch neutral und würden sich gar nicht anziehen. Moleküle entstehen also durch den Zusammenschluß der Elektronenhüllen der Atome, und sie sind normalerweise auch elektrisch neutral. Die äußeren Elektronen eines Atoms sind also für seine chemischen Eigenschaften ausschlaggebend, denn sie sind für die mögliche Verbindung mit anderen Atomen verantwortlich.

Periodensystem der Elemente

IA	IIA	IIIB	IVB	VB	VIB	VIIB	VIII	VIII	VIII	IB	IIB	IIIA	IVA	VA	VIA	VIIA	VIIIA
1 H																	2 He
3 Li	4 Be											5 B	6 C	7 N	8 O	9 F	10 Ne
11 Na	12 Mg											13 Al	14 Si	15 P	16 S	17 Cl	18 Ar
19 K	20 Ca	21 Sc	22 Ti	23 V	24 Cr	25 Mn	26 Fe	27 Co	28 Ni	29 Cu	30 Zn	31 Ga	32 Ge	33 As	34 Se	35 Br	36 Kr
37 Rb	38 Sr	39 Y	40 Zr	41 Nb	42 Mo	43 Tc	44 Ru	45 Rh	46 Pd	47 Ag	48 Cd	49 In	50 Sn	51 Sb	52 Te	53 I	54 Xe
55 Cs	56 Ba	57-71 Lanth.	72 Hf	73 Ta	74 W	75 Re	76 Os	77 Ir	78 Pt	79 Au	80 Hg	81 Tl	82 Pb	83 Bi	84 Po	85 At	86 Rn
87 Fr	88 Ra	89-103 Actin.	104 (Rf)	105 (Ha)	106 (Sg)	107 (Ns)	108 (Hs)	109 Mt	110 nn	111 nn							

Lantanoide	57 La	58 Ce	59 Pr	60 Nd	61 Pm	62 Sm	63 Eu	64 Gd	65 Tb	66 Dy	67 Ho	68 Er	69 Tm	70 Yb	71 Lu
Actinoide	89 Ac	90 Th	91 Pa	92 U	93 Np	94 Pu	95 Am	96 Cm	97 Bk	98 Cf	99 Es	100 Fm	101 Md	102 (No)	103 Lr

Die Eigenschaften der zahmen Elektronen

«Die Elektronen spielen offenbar hier eine sehr wichtige Rolle. Ich würde gern etwas mehr über sie wissen. Es scheint sie ja nicht nur in den Atomen und Molekülen zu geben. Sie fliegen auch ganz frei durch die Gegend.»

Barbara sieht sich nochmals um und meint nachdenklich:

«Und streicheln möchte ich eines dieser niedlichen Elektronen auch mal!»

«Das mit dem Streicheln müssen wir noch hinausschieben – da gibt es Komplikationen», vertröste ich sie. «Aber es handelt sich hier ganz sicher um die besterforschten Teilchen des Mikrokosmos und auch um diejenigen, die sich die Menschen bisher am meisten nützlich gemacht haben.»

Man kann die Elektronen vielleicht mit kleinen Haustieren vergleichen, die seit etwa 150 Jahren mit den Menschen immer enger zusammenleben, ja man könnte es sogar zusammenarbeiten nennen. Ohne unsere treuen Elektronen-Diener wäre das heutige Leben gar nicht mehr vorstellbar. In wenigen Jahrzehnten wurden Technologien entwickelt, von denen man vorher nicht einmal träumen konnte. Ich erinnere an die vielen Anwendungen des elektrischen Stroms, der ja aus Elektronen besteht, die gehorsam nach unseren Wünschen durch einen Draht wandern. Die Elektronen spielen aber auch unabhängig von den durch den Menschen eingeleiteten Entwicklungen, also in der natürlichen Welt, die Hauptrolle bei den meisten der um uns her stattfindenden Vorgänge.

Wir gehen nun zwischen üppig gewachsenen Molekülen zu einem vorn und hinten von Säulen umgebenen Gebäude, das auf einem kleinen Hügel steht.

«Dieser Pavillon – man könnte auch Tempel sagen – ist ganz den Elektronen gewidmet. Hier werden wir mehr über sie erfahren.»

«Sehen sie wirklich so nett und glücklich aus, wie wir sie hier umherflitzen sehen?»

«Meine Fantasieskizze eines Elektrons ist vielleicht etwas übertrieben, und ich muß gestehen, daß man gar nicht wissen kann, wie unsere braven Elektronen wirklich aussehen. Später wirst du noch erfahren, warum ich die Elektronen so zufrieden lächelnd gezeichnet habe: Es gibt nämlich auch weniger glückliche Teilchen. Der Zackenumriß soll stilisiert die elektrische Ladung und die von ihr ausgehenden Kräfte darstellen.»

«*Schade, ich finde die Zeichnung gut*», meint Barbara, während wir die steinernen Stufen zum Säulenpavillon emporsteigen und hin und wieder einem fröhlichen Elektron begegnen. Oben angekommen setzen wir uns auf die letzte Stufe und genießen das Panorama.

«*Also, wie sehen die Elektronen nun wirklich aus?*»

«Mit der komplizierten Form der Moleküle – viele haben wir ja schon auf unserem Weg gesehen – beschäftigen sich die Gelehrten bereits seit Jahrzehnten, während die Atome als halbwegs kugelrund betrachtet werden. Bis jetzt kann man dagegen über die Form der Elektronen so gut wie nichts aussagen. Sie sind so klein, daß selbst die raffiniertesten der heute verfügbaren Meßmethoden versagen, wenn wir auch nur versuchen, ungefähr ihre Größe zu bestimmen – von ihrer ‹Form› ganz zu schweigen.»

Wenn aber Objekte so klein sind, erkläre ich Barbara weiter, daß nicht einmal ihre Größe bestimmt werden kann, dann nennen die Physiker sie einfach «punktförmig». Darunter versteht jeder normale Mensch – wie man es in der Geometrie gelernt hat – etwas unendlich Kleines.

«*In manchen Religionen hat der Punkt sogar eine besondere Bedeutung*», fügt Barbara hinzu.

«Darüber habe ich schon mehrmals lange Briefe erhalten. Dies hat aber nichts mit der ‹Punktförmigkeit› der Elektronen zu tun, die eben lediglich besagt, daß sie zu klein sind, um (zur Zeit) über ihre Größe und Form – falls sie überhaupt eine haben sollten – etwas aussagen zu können, und daß man sie bei allen Berechnungen als geometrische Punkte betrachten kann. Jedenfalls sind sie kleiner als ein Tausendstel des Protonendurchmessers.

Die Vorstellung, was ‹punktförmig› ist, kann sich mit der Zeit womöglich noch ändern. Vielleicht werden wir mit besseren Experimentiermethoden eines Tages erkennen, daß die Elektronen eine Form oder eine Größe haben, was dann jedoch auch bedeuten würde, daß etwas darin sein müßte. Sie würden dann sehr wahrscheinlich aus noch kleineren Bausteinen bestehen, und mit ihrer Punktförmigkeit wäre es endgültig aus.»

Der Begriff «punktförmig» wird in der Physik noch weiter mißbraucht. Je nach den gerade behandelten Vorgängen werden Teilchen gelegentlich als punktförmig betrachtet. Hier einige Beispiele:

• Die Moleküle eines Gases benehmen sich wie «Punkte» – solange ihre Form und Größe keine Rolle spielen.

• Wenn man die aus Elektronen bestehende Atomhülle untersucht, kann man meist den Atomkern (der ja etwa zehntausendmal kleiner ist) als punktförmig ansehen.

• Noch Anfang der fünfziger Jahre dachten viele Physiker, die Protonen und Neutronen im Atomkern seien punktförmig – bis man um 1955 mehr darüber herausfand. Ihre «Größe» beträgt, wie schon erwähnt, etwa einen oder zwei Femtometer. Damals begann sofort die Jagd nach ihren inneren Bestandteilen, die schließlich in den sechziger Jahren zur Entdeckung der Quarks führte.

«Ich schwöre, daß ich das Wort ‹punktförmig› ab jetzt sehr vorsichtig verwenden werde!» resümiert Barbara.

«Ich möchte aber hier schon vorwegnehmen, daß neben den Elektronen auch die Quarks als punktförmig – im Sinne der Physiker – zu betrachten sind. Quarks und Elektronen gehören zu den kleinsten Bausteinen der Materie – immer unter dem Vorbehalt, daß dies nur unserem heutigen Wissen entspricht. Ich werde dir später noch einige andere Teilchen vorstellen, die heute als ‹punktförmig› gelten. Alle Versuche, diese Teilchen in noch kleinere aufzuspalten, sind bis jetzt mißlungen, und deshalb nenne ich sie oft ‹Urteilchen›.»

«Würden sie dann nicht genau dem schon von den alten Griechen eingeführten Begriff ‹atomos› – unteilbar – entsprechen?» möchte Barbara wissen.

«Eigentlich schon, aber die Beziehung Atom oder atomar ist in der Zwischenzeit schwer mißbraucht worden, im Grunde schon als man noch nicht wußte, daß das, was wir heute Atome nennen, in noch kleinere Teile zerlegbar ist.

Der Begriff ‹elementar›, den ich möglichst vermeide, ist mit ähnlicher Vorsicht wie die Punktförmigkeit und die Bezeichnung Atom zu genießen. In Lehrbüchern und Lexika findest du immer noch sehr viele Teilchen als ‹Elementarteilchen› aufgeführt, die gar nicht elementar sind, wie wir später noch sehen werden. Es wird wohl einige Zeit vergehen, bis dies alles richtiggestellt ist.»

«Verstehe – elementar und atomar entspricht also in der Umgangssprache nicht dem heutigen Stand des Wissens…»

Allerdings kann man natürlich auch Teilchen einfach als elementar bezeichnen, obwohl sie es gar nicht sind. So werden oft die Atome in der Chemie als elementar betrachtet, wenn ihr innerer Aufbau für die gerade behandelten Vorgänge belanglos ist.

«Dies ist aber sicher nicht im Sinne der alten Griechen!» meint Barbara und fügt gleich hinzu: *«Wie kann den ein ‹Etwas›, das gar keine Form hat, unmeßbar klein ist, aus nichts anderem besteht und sich nicht weiter teilen läßt, überhaupt als existent erkannt werden? Wieso wissen wir denn, daß es diese winzigen ‹Urteilchen› wirklich gibt?»*

«Die Antwort ist klar: Unsere Urteilchen sind die Quellen der verschiedenen Kräfte oder Wechselwirkungen, die wiederum zwischen den Urteilchen selbst wirken. Und dazu brauchen sie keine Form oder Größe. Diese Kraftquellen werden Ladungen genannt, etwa wie die elektrischen Ladungen. Es gibt aber noch andere Arten von Ladung in der Natur, zum Beispiel die schon erwähnten Massen.»

Unsere fleißigen Elektronen sind also «elementar», können nicht aufgespalten werden, und nach unserem heutigen Wissen handelt es sich um «punktförmige» Quellen von bestimmten Kräften oder Wechselwirkungen. Diese Quellen werden Ladungen genannt.

«Was elektrische Ladung ist, hat mir schon Herr Maxwell sehr anschaulich erklärt», bemerkt Barbara. *«Ihre Punktförmigkeit hat er allerdings nicht erwähnt.»*

«Im täglichen Leben kennen wir uns besser mit elektrischem Strom aus als mit Ladungen. Den Strom müssen wir ja dem Elektrizitätswerk bezahlen. Ein Strom von einem Ampere besteht aus

6 241 460 000 000 000 000 Elektronen,

die in einer Sekunde durch einen beliebigen elektrischen Leiter fließen. Diese gesamte elektrische Ladung wird als ein Coulomb bezeichnet. Die Ladung eines einzelnen Elektrons ist entsprechend klein. Sie wird oft als ‹negative Einheitsladung› mit dem konventionellen Wert -1 in der Atom-, Kern- und Teilchenphysik eingesetzt.»

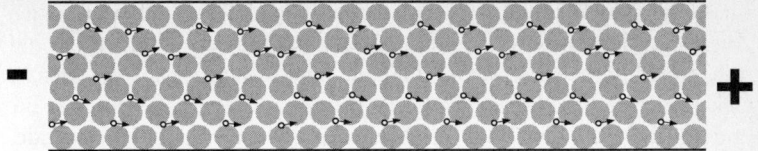

Die äußeren Elektronen der Atome in einem elektrischen Leiter können sich relativ leicht bewegen und der angelegten Spannung folgen.

«Wenn ich mich richtig erinnere, ging es in der Schule um Ampere, Ohm, Volt und Watt, die ich immer gründlich durcheinandergebracht habe. Jetzt weiß ich wenigstens, was ein Ampere ist: etwa sechstausend Billiarden wandernde Elektronen! Ich frage mich nur, wie man auf diese eindrucksvolle Zahl kam!»

«Das ist ganz einfach. Der einem Ampere entsprechende elektrische Strom wird durch eine etwas komplizierte Meßvorschrift gesetzlich definiert (wie es ja beim Meter der Fall war). Somit ist die elektrische Ladung festgelegt, die einem Coulomb entspricht. Wieviel davon jedes einzelne Elektron trägt, wurde in raffinierten Experimenten (die ich dir noch zeigen werde) recht genau gemessen. Daraus ergibt sich nun die Zahl der bei einem Ampere durchfließenden Elektronen.

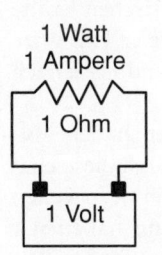

Wenn man nun an einen Draht mit einer Batterie eine elektrische Spannung von einem Volt anlegt und dabei ein Ampere Strom durchfließt, dann weiß man, daß der Draht einen elektrischen Widerstand von einem Ohm hat und die dabei erbrachte elektrische Leistung genau einem Watt entspricht. Das brauchen wir alles hier gar nicht – es soll dich nur an die Bedeutung dieser Größen erinnern!»

Barbara seufzt – nicht gerade erleichtert.

«Die Protonen, also die Kerne des Wasserstoffatoms, haben genau die entgegengesetzte Ladung der Elektronen: + 1. Die Vorzeichen wurden im 19. Jahrhundert festgelegt, und man hätte es genausogut umgekehrt machen können. Die elektrische Ladung der Elektronen und die der Protonen ist ja (abgesehen von ihrem Vorzeichen) exakt die gleiche, auf etwa neunzehn Dezimalstellen genau nach unserem heutigen Wissen. Und das gehört wohl zu den merkwürdigsten Rätseln der Natur, für die wir noch keine Erklärung haben. Daß es sich dabei um einen Zufall handelt, wird wohl niemand annehmen oder glauben. Es hat sich ebenfalls herausgestellt, daß alle Elektronen genau die gleiche elektrische Ladung haben, und man geht davon aus, daß sich diese nie ändert. Jedenfalls hat man noch nie Anzeichen einer solchen Änderung festgestellt. Es gibt also bis heute keinen Grund, daran zu zweifeln.»

«Darüber könnte man vielleicht länger diskutieren...»

«Sicher. Aber es wird dir klarer werden, wenn du mehr über die Untersuchung der Eigenschaften der Elektronen erfahren hast.

Die Ladung eines einzigen Elektrons ist also sehr klein – aber fein, würde ich gern dazu sagen. Denn das Elektron kann diese Ladung nicht abstreifen, ändern oder verlieren, es behält sie, immer genau gleich – sonst wäre es nämlich kein Elektron mehr.»

Interessant ist noch die Tatsache, daß die Elektronen eine zwar kleine, aber doch gut meßbare «Masse» haben, was sie wohl als Materieteilchen etwas realistischer legitimiert. Ihr Wert beträgt etwa 0,9 Kilogramm, dreißigmal durch zehn geteilt ($0,9 \times 10^{-30}$).

«Ein Elektron würde also im Prinzip auf den Boden fallen, wenn wir es in einem luftleeren Rohr losließen?»

«Solch ein Experiment hätte kaum Erfolgschancen, weil die Schwerkraft so viel geringer ist als die meist vorhandenen elektrischen Kräfte der benachbarten Körper (oder der Rohrwand). Ein freier Fall wäre also nur schwer zu realisieren», antworte ich Barbara und fasse nach einer Pause zusammen:

«Unsere elementaren und punktförmigen Elektronen haben also eine elektrische Ladung und auch eine kleine Masse. Durch diese charakteristischen Eigenschaften haben sie den Forschern in der zweiten Hälfte des 19. Jahrhunderts ihre Existenz verraten. Nun haben wir aber genug frische Luft geschnappt und können im Elektronenpavillon etwas mehr darüber erfahren.»

Thomsons interessante Röhren

Ich klopfe ans Tor. Ein sportlich-elegant gekleideter Herr in schottischem Tweedjackett und mit Stehkragen öffnet uns.

«Come in! Ich habe schon auf euch gewartet!»

«Darf ich vorstellen: Sir Joseph John Thomson, ehemals Professor im Cavendish Laboratory in Cambridge; Barbara, Kunstphilosophin aus Hamburg und erste Besucherin unseres Teilchenzoos. Professor Thomson erhielt 1906 den Nobelpreis für Physik und gilt als der Entdecker der Elektronen.»

J. J. Thomson

«Was wohl etwas übertrieben ist», erwidert Sir Thomson bescheiden, aber mit einem doch stolzen Lächeln. «Jedenfalls kann ich Ihnen hier einiges über die Elektronen erzählen und vor allem einige historische Geräte zeigen.»

Er führt uns ins Innere. Der ganze Tempel besteht aus nur einer großen Halle, in der sehr viele Apparaturen auf altmodischen Podesten ausgestellt sind. «Als erstes möchte ich Sie auf die vielen sogenannten Kathodenstrahlen- und Gasentladungsröhren aufmerksam machen, die in der zweiten Hälfte des 19. Jahrhunderts benutzt wurden. Es gab sogar Firmen, die sie herstellten. Hier stehen zum Beispiel die interessanten Röhren, die Plücker, Crooks, Lenard, Perrin, Röntgen und andere berühmte Physiker für ihre Arbeiten benutzt haben.»

Im Zentrum der Halle befindet sich eine besondere Glasröhre auf einem imposant gestalteten Sockel.

«Dies ist eine Braunsche Röhre», erklärt uns Sir Thomson. «Eine einfachere Urform wurde von dem deutschen Physiker Karl Ferdinand Braun 1897 gebaut, im selben Jahr, in dem ich zu dem Schluß kam, daß die Strahlen, die in diesen Röhren erzeugt werden, aus Teilchen bestehen, nämlich aus Elektronen. Diese Röhre ist ein Vorgänger eurer heutigen Fernsehröhren, die ja Abkömmlinge der ursprünglichen Kathodenstrahlröhren sind. Zum besseren Verständnis ist darunter eine Zeichnung angebracht, die einen Querschnitt darstellt.»

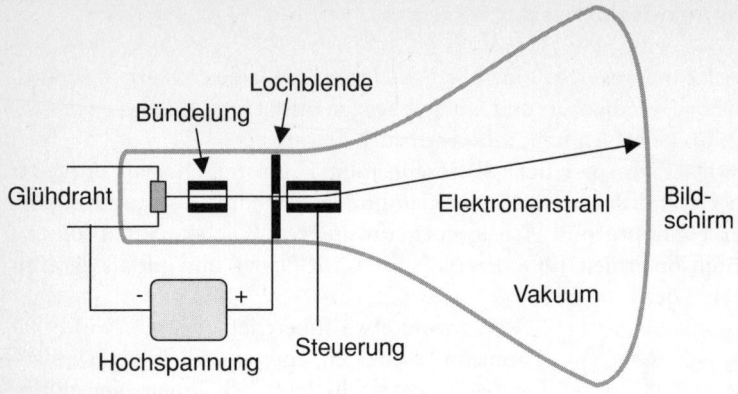

Schema der nach Karl F. Braun benannten Kathodenstrahlröhre, Vorgänger der heutigen Fernsehröhre

K. F. Braun

Ich erkläre Barbara, daß die Glasröhre bei der Herstellung luftleer gepumpt wurde. An einem Ende ist ein Glühdraht eingebaut. Bei hohen Temperaturen zappeln die Atome in ihm so stark hin und her, daß sich Elektronen von der Oberfläche des Metalls lösen. Dies ist also eine einfache Elektronenquelle. Sie ist an den negativen Pol eines Spannungsgerätes angeschlossen und wird «Kathode» genannt.

«Und die Kathodenstrahlen kommen dann wohl aus dieser negativ geladenen Kathode…»

In der Mitte der Röhre befindet sich eine Lochblende (die sogenannte «Anode»), die an den positiven Pol eines Hochspannungsgerätes angeschlossen ist. Die Spannung zwischen Glühdraht und Lochblende kann einige tausend Volt betragen (in heutigen Fernsehgeräten zum Beispiel etwa 15 000 Volt). Die negativ geladenen Elektronen fliegen also zu dieser positiv geladenen Blende und werden dabei immer schneller – ihre Bewegungsenergie erhöht sich. Dies sind dann die berühmten Kathodenstrahlen, mit denen sich die Physiker schon Mitte des 19. Jahrhunderts beschäftigt haben.

Durch das Loch der Blende tritt ein Elektronenstrahl aus, der auf den Bildschirm gelenkt wird. Dort erzeugt er Fluoreszenzlicht. Der Bildschirm befindet sich auf der gleichen elektrischen Spannung wie die Blende, und deshalb ändert sich die Bewegungsenergie (also auch die Geschwindigkeit) der Elektronen auf ihrem Weg dorthin nicht mehr. Zur Ablenkung des Elektronenstrahls kann man nun magnetische Felder benutzen (ein einfacher U-förmiger Eisenmagnet genügt), wie es der deutsche Physiker Julius Plücker schon 1858 an der Universität Bonn demonstrierte, oder auch ein elektrisches Feld (zwei Platten, zwischen denen eine elektrische Spannung hergestellt wird), was aber erst 1897 unserem Gastgeber J. J. Thomson gelang.

«Zur Beschleunigung und Ablenkung der Teilchen in so einer Röhre braucht man doch wieder einmal ‹Kräfte›, und die berechnet man wohl mit der Formel von Lorentz, die gleich unter denen von Maxwell auf meinem T-Shirt steht – stimmt's?» bemerkt Barbara stolz, öffnet ihren Blazer und zeigt Herrn Thomson, was sie meint.

«Nach einer berühmten Versuchsreihe mit verschiedenen Röhren hat Thomson dann auch sehr elegant bewiesen, daß die Kathodenstrahlen aus leichten und elektrisch geladenen Teilchen bestehen. Dabei gilt sein Gedankengang als Musterbeispiel einer physikalischen Beweisführung», betone ich noch.

Thomson unterbricht mich: «Meine Experimente waren angeblich gar nicht so akkurat, und ich wurde zuweilen als ungeschickt bezeichnet. Aber sie wurden ja auch von anderen Forschern bestätigt, und so konnte ich sie als korrekt betrachten. Für mich waren die Folgerungen das Wichtigste, und an denen hat niemand gezweifelt. Ich möchte dazu noch bemerken: Schon einige Jahre zuvor (1894) hatten die niederländischen Physiker Hendrik Antoon Lorentz und sein Schüler Pieter Zeemann (die Nobelpreisträger von 1902) erkannt, daß es im Innern der Atome relativ leichte Teilchen geben muß, die für die Abstrahlung von Licht verantwortlich sind.

Verschiedene Wissenschaftler hatten aus unterschiedlichen Gründen schon vor mir den Verdacht geäußert, daß Elektrizität in Form von Teilchen auftritt. Der Franzose Jean Baptiste Perrin zum Beispiel behauptete dies schon 1895. Man hat den Namen ‹Elektron› dafür geprägt, was im Griechischen ‹Bernstein› bedeutet. Damit hatten wohl schon die alten Griechen elektrostatische Experimente gemacht.

Aber ich wollte nun hieb- und stichfest beweisen, daß meine Kathodenstrahlen aus solchen Teilchen bestehen, also aus Elektronen.»

Die Angelegenheit war damals sehr umstritten. Der berühmte deutsche Physiker Heinrich Hertz zum Beispiel behauptete noch 1892, die Kathodenstrahlen könnten seinen Messungen zufolge gar keine Teilchen sein, es müßte sich um Wellen handeln, die dem damals angenommenen hypothetischen «Äther» folgten. Die Kontroverse bekam sogar politischen Charakter, als sich viele deutsche Physiker mit Hertz solidarisierten, während sich britische für die Elektronenhypothese aussprachen.

Thomson bemerkt dazu: «Ich habe sehr viele unterschiedliche Röhren benutzt – viele davon stehen nun hier– und hatte dabei unter anderem herausgefunden, daß es sich bei den aus dem Glühdraht austretenden Teilchen immer um genau die gleichen handelte, vollkommen unabhängig von der Substanz des Glühdrahts oder der anderen Teile der Röhre. Es mußte sich also um einen wichtigen Urbaustein der Materie handeln! Unter anderem hatte ich auch die Wärme gemessen, die der Elektronenstrahl beim Aufprall erzeugt, und auf diese Art die Energie bestimmt, die Elektronen bei ihrer Beschleunigung erhalten hatten. Je nach der Höhe der angelegten Hochspannung hatten sie mehr oder weniger Energie.»

«Hier kommt nun der Erhaltungssatz der Energie des Herrn von Helmholtz ins Spiel!»

«Ja, natürlich», antworte ich und bemerke noch, daß sich daraus die noch heute in der Teilchenphysik benutzte Einheit der Energie ergab, das Elektronvolt oder Elektronenvolt (eV), also die Energie eines Elektrons (oder eines beliebigen Teilchens mit Ladung ± 1), das durch eine Spannung von einem Volt beschleunigt wurde. Dies ist in üblichen Einheiten (Joule oder Wattsekunde)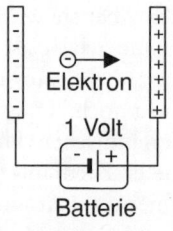
ausgedrückt eine sehr kleine Zahl: Ein eV entspricht 1,602 Joule, neunzehnmal durch zehn geteilt! Man benutzt in der Teilchenphysik das eV mit den bekannten Vorsätzen für Einheiten. Ich zeige Barbara eine Liste.

«Wenn du solche Energieeinheiten erwähnst, dann habt ihr sicher in der Physik auch eine Anwendung dafür. Gibt es denn Teilchen mit so hohen Energien?»

Energieeinheiten in der Teilchenphysik

Kiloelektronenvolt	1 keV	=	1000 eV
Megaelektronenvolt	1 MeV	=	1000 keV
Gigaelektronenvolt	1 GeV	=	1000 MeV
Teraelektronenvolt	1 TeV	=	1000 GeV
Petaelektronenvolt	1 PeV	=	1000 TeV
Exaelektronenvolt	1 EeV	=	1000 PeV.

«Ja. Aber nur in der Höhenstrahlung. Die höchste bis jetzt beobachtete Energie eines Teilchens beträgt etwas mehr als 300 EeV, was einem eV multipliziert mit einer drei mit zwanzig Nullen entspricht (wir schreiben das lieber so: $3 \cdot 10^{20}$ eV). Aber Teilchen mit mehr als 100 EeV wurden schon öfter registriert.»

« Wie kann man so etwas denn überhaupt messen?»

«Es handelt sich um Teilchen aus dem All (wahrscheinlich Protonen), die in der Atmosphäre eine riesige Teilchenlawine erzeugen. Solche Lawinen werden am Erdboden von Hunderten von Zählern verschiedener Art, die über mehrere Quadratkilometer verteilt sind, registriert. Daraus wird dann die Energie des Teilchens berechnet, das die Lawine verursacht hat. Das erwähnte 300-EeV-Ereignis stammt aus einer Meßanlage mit dem Namen Fly's Eye (Fliegenauge) in Utah, USA. Es gibt ähnliche Anlagen in anderen Ländern.»

« Und welche Energie erreicht man mit Teilchenbeschleunigern?»

«Protonen kann man am TEVATRON in den USA bis auf 1 TeV, hier bei HERA bis auf 0,82 TeV beschleunigen. Am LHC in Genf sollen 7 TeV erreicht werden.»

«Da ist uns die Natur aber noch weit überlegen – wohl viele Millionen Mal... 300 EeV gegen 7 TeV... Aber um 7 TeV zu erreichen, müßt ihr ja sieben Billionen Volt zur Verfügung haben – wenn ich deine Vorsatztabelle berücksichtige. Das wäre ja sicher eine recht große Fernsehröhre – oder vielleicht einige Millionen Röhren hintereinander geschaltet...! Wie geht das denn?» möchte Barbara wissen, während wir bei unserem Rundgang gerade vor einer aufgeschnittenen Fernsehröhre stehengeblieben sind. Was auf den ersten Blick wie eine Braunsche

Röhre aussieht, entpuppt sich bei näherer Betrachtung als ein recht kompliziertes Wunder der Technologie.

«Elektrische Gleichspannungen, wie etwa die 20 000 Volt in dieser Fernsehröhre, kann man mit besonderen Maßnahmen bis zu maximal einigen Dutzend Millionen Volt aufrechterhalten. Dann gibt es Funkenentladungen, und es kann sogar recht gefährlich werden. So geht es also nicht – von Billionen Volt gar nicht zu reden!»

«Und wie beschleunigt ihr dann heute Teilchen?»

«Die Lösung dieses Problems steht in den Maxwell-Gleichungen auf deinem T-Shirt. Dementsprechend kann man nämlich elektrische Spannungen, die sich im Laufe der Zeit verändern (sogenannte Wechselspannungen) zur Beschleunigung von geladenen Teilchen benutzen – und so die lästigen Gleichspannungen vermeiden.»

«Wunderbar, was ihr aus diesen Hieroglyphen alles ableitet…»

«Eigentlich benutzte man dieses Prinzip schon in der Technik, beim Bau ganz normaler Transformatoren für Wechselstrom. Ingenieure und Physiker haben aber etwa 1920 verstanden, daß man elektrisch geladene Teilchen in luftleeren Röhren genau wie Elektronen in den Kupferdrähten der Transformatoren beschleunigen kann. Daraus entwickelte man später die Grundideen für die heutigen Teilchenbeschleuniger.»

Thomson meint nun besorgt: «Sie sollten vielleicht einen kleinen Abstecher zu Rolf machen. Er wird Ihnen sicher einiges erklären können.»

Er weist uns den Weg durch einen Gang zu einer Treppe, die in eine geräumige Kellerhalle führt.

Wie man Teilchen auf Trab bringt

«O Schreck», meint Barbara. *«Wir sind wohl in einem High-Tech-Basar gelandet!»*

Auf unterschiedlich großen Podesten stehen viele zum Teil sehr kompliziert aussehende Objekte. Einige sind an der Decke aufgehängt, andere ragen aus dem Boden. *«Vielleicht hätte ich doch nicht fragen sollen, wie ihr Teilchen beschleunigt! Ich werde sicher nichts verstehen»*, meint Barbara entmutigt.

«Keine Sorge. Wir sollten irgendwo meinen Freund Rolf Wideröe treffen, den man als den Großvater aller modernen Teilchenbeschleuniger betrachtet. Er hat über zwanzig Jahre lang an der Eidgenössischen Technischen Hochschule (ETH) in Zürich unterrichtet. Hier hat er ein eigenes Eckchen und studiert Fachliteratur. Rolf könnte dir einiges über Teilchenbeschleuniger erzählen und macht das immer verblüffend einfach.»

Nach einigem Suchen finden wir ihn, vertieft in die Lektüre neuester Zeitschriften. Er hört schlecht und hat uns noch gar nicht bemerkt.

«Immerhin, er ist Jahrgang 1902 – aber ganz schön auf Draht, wie du gleich merken wirst!» erkläre ich Barbara.

«Hallo, Rolf, hier sind wir!» rufe ich laut.

Er steht sofort auf und begrüßt uns mit dem unverkennbaren sympathischen Akzent der Norweger, vermischt mit etwas Zürcher Schweizerdeutsch.

«Wollen wir einen kleinen Rundgang machen? Keine Angst, ich möchte Ihnen keine Vorlesung über Beschleuniger halten, sondern nur einige wichtige Grundlagen erklären – und natürlich ein bißchen auf die Geschichte der Entstehung dieser Anlagen (wir nennen sie gern Maschinen) zu sprechen kommen, die ich selbst miterlebt habe.»

Wideröe

Rolf erzählt nun Barbara, daß der erste bekannte Vorschlag zur Beschleunigung von Elektronen durch elektromagnetische Wechselfelder 1922 von Joseph Slepian in den USA für die Firma Westinghouse patentiert wurde. Eine noch raffiniertere Art, Teilchen in einer Röhre mit elektromagnetischen Wellen zu beschleunigen (sie gewissermaßen darauf reiten zu lassen wie Surfer), stammt von dem schwedischen Physiker Gustav Ising, der seine Ideen 1924 publiziert hat. Dies kann man als den Ausgangspunkt aller modernen Beschleunigeranlagen betrachten, die das Problem der hohen Gleichspannungen umgehen.

«Eine sehr vereinfachte Version der Ising-Röhre habe ich zum erstenmal 1927 in Aachen erfolgreich betrieben. Es war meine Doktorarbeit als Elektroingenieur. Wir haben hier ein Modell dieser Anlage aufgestellt. Es wurde von den Lehrlingen bei DESY gebaut und entspricht weitgehend dem Original. Daran läßt sich der Vorgang sehr leicht erläutern.

Ein Teilchen, das von links ankommt, wird in dem ersten Spalt durch die angelegte Spannung beschleunigt – das waren damals 25 000 Volt. Während es nun durch die metallische Driftröhre fliegt, wird die Spannung von außen umgekehrt, so daß das Teilchen beim Austritt (also im zweiten Spalt) nochmals mit der gleichen Spannung beschleunigt wird. Bei seinem Flug durch die Röhre merkt es von dem Umkehrvorgang nichts. Schließlich verläßt es das System mit einem Energiezuwachs, der dem doppelten der verfügbaren Wechselspannung entspricht – es waren bei meiner Anlage etwa 50 000 Volt.

Und genau dies habe ich experimentell bestätigt. Da man viele solcher Röhren hintereinanderschalten kann, steht einer weiteren Energieerhöhung prinzipiell nichts im Wege. Die Grenze wird eigentlich nur von den verfügbaren Mitteln gesetzt.»

Geradeaus-Beschleuniger nach diesem und nach Isings Prinzip werden Linacs oder Linearbeschleuniger genannt. Ein mehrere Kilometer langer Linac wird in Stanford (USA) für die Teilchenphysik eingesetzt. Er beschleunigt Elektronen bis auf 50 GeV. Es gibt sehr interessante Zukunftsprojekte dieser Art, auch bei DESY.

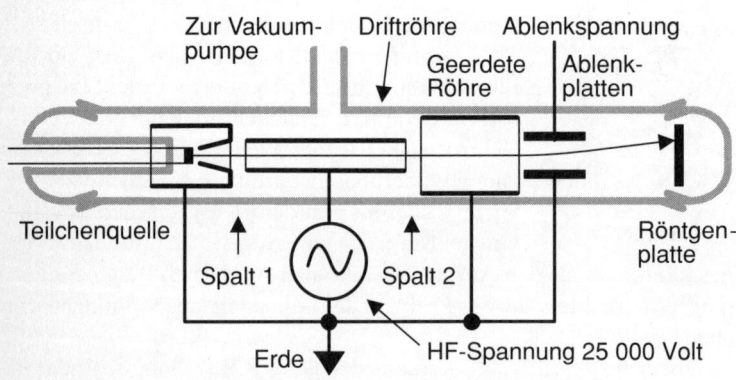

Skizze von Wideröes erster Apparatur zur Beschleunigung von Teilchen (Kalium- und Natriumionen) mit hochfrequenter Wechselspannung. Sie wurde 1927 in Aachen erfolgreich betrieben.

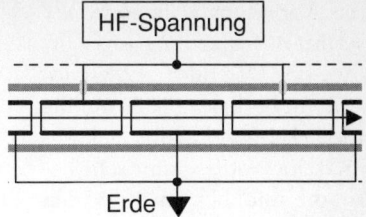

Das Prinzip der Beschleunigung mit hochfrequenter Wechselspannung. Die Länge der Driftröhren muß an die Geschwindigkeit der Teilchen und an die Frequenz der Spannung genau angepaßt werden.

Mehrere tausend relativ kleine Elektronen-Linacs werden heute weltweit in Krankenhäusern zur Tumorbehandlung und auch für sogenannte zerstörungsfreie Materialuntersuchungen vor allem in der Industrie eingesetzt. Dabei nutzt man meist die von den Elektronen erzeugte Röntgenstrahlung und nur selten die beschleunigten Elektronen selbst. Statt einzelner Driftröhren besteht hier die beschleunigende Strecke aus einer besonders geformten Metallröhre (Runzelröhre genannt), in der sich eine elektromagnetische Welle bildet. Der Endeffekt ist eine noch effizientere Beschleunigung: In einer 30 Zentimeter langen Röhre erreicht man einen Spannungsstoß von bis zu 20 Millionen Volt.

«Diese Entwicklung hat also auch viele praktische Anwendungen.»

«Ich habe in meinem Leben», erklärt Wideröe, «bis auf einige Ausnahmen fast nur Beschleuniger gebaut, die in der Medizin und in der Industrie eingesetzt wurden, und zwar Ringbeschleuniger, auf die wir später noch zurückkommen werden. Vorher möchte ich Ihnen aber eine interessante Weiterentwicklung der Linacs vorführen.

Lawrence

In einem Magnetfeld werden die Bahnen elektrisch geladener Teilchen seitlich gekrümmt, wie es in der Lorentz-Formel auf Ihrem T-Shirt steht.»

«Dann muß es wohl mit der Kraft zu tun haben, die den Impuls der Teilchen ändert, also in diesem Fall ihre Richtung…»

«Wenn man sich meine Driftröhre in einen großen Magneten eingebaut denkt, dann kann man es so einrichten, daß die Teilchen einen Halbkreis beschreiben. Mit diesem Grundgedanken (zu dem er durch die Abbildungen meiner Dissertation inspiriert wurde) ist Ernest Orlando Lawrence 1929 in Berkeley (USA) auf die Idee des Zyklotrons gekommen. Er wurde damit sehr berühmt und bekam 1939 den Nobelpreis. Die Teilchen (es wurden Protonen und andere Atomkerne beschleunigt) beschreiben hier spiralförmige Bahnen und erhalten beim Durchqueren des Schlitzes zwischen zwei D-förmigen Dosen jeweils einen Spannungsstoß, genau wie in meinem Linac, aber eben ‹aufgewickelt›.

Zyklotrons wurden hauptsächlich in der Kernphysik eingesetzt. Für Energien von über einigen hundert MeV gab es besondere Ausführungen, und die Grenze wurde dann 1954 mit dem 7200-Tonnen-Synchrozyklotron von Dubna (in der früheren Sowjetunion) erreicht.»

«*Dann wurden also später noch andere Beschleuniger entwickelt, für noch höhere Energien?*»

«So ist es. Es gab in der Zwischenzeit noch andere Ringbeschleuniger, die Betatrons für Elektronen, auf die ich mich spezialisiert hatte. Ich nannte

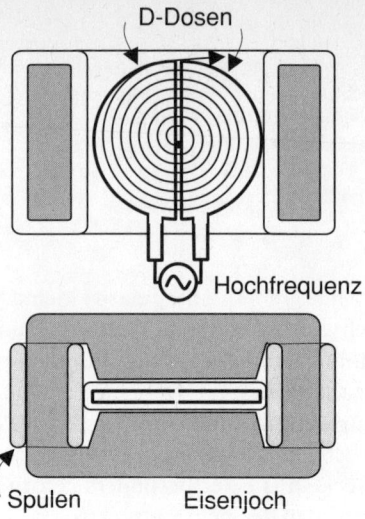

Das Prinzip des Zyklotrons

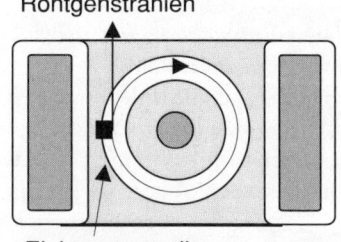

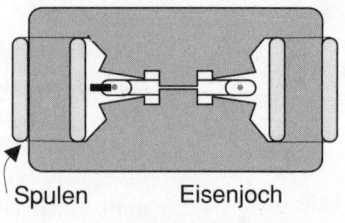

Das Prinzip des Betatrons

sie Strahlentransformatoren, was ich für sehr treffend halte, und habe eine einfache Version in meiner Doktorarbeit vorgeschlagen. Diese Apparatur hat leider nicht funktioniert – ja, sie konnte gar nicht funktionieren, wie ich später erkannte!

Die Elektronen werden hier genau wie in der Sekundärwicklung eines Transformators für Wechselstrom beschleunigt, nur daß sie sich statt in einem Draht eben in einer luftleeren Röhre befinden. Wenn es Sie sehr interessiert, wie so ein Betatron funktioniert, dann lesen Sie es bitte in meiner Biographie nach.» Er übergibt Barbara das Büchlein «Als die Teilchen laufen lernten».

Das erste funktionsfähige Betatron wurde wohl von dem deutschen Physiker Max Steenbeck bei Siemens in Berlin 1934/35 getestet – was aber lange Zeit ein Betriebsgeheimnis blieb. Erst 1941, durch die erfolgreichen Arbeiten von Donald Kerst in Illinois (zum Teil bei der Firma General Electric, USA), wurden diese Entwicklungen weltweit vorangetrieben. Man kannte nun schon wichtige Bedingungen für stabile Kreisbahnen, die für den Betrieb des Betatrons unentbehrlich waren. Die Betatrons wurden damals hauptsächlich zur Erzeugung von Röntgenstrahlen eingesetzt. Sie stellen einen wichtigen Schritt in der Beschleunigerentwicklung dar.

«Im Jahr 1945 haben unabhängig voneinander Edwin McMillan in den USA, Vladimir Veksler in der damaligen UdSSR und, was weniger bekannt ist, auch ich in Norwegen einen neuen Typ von Beschleuniger vorgeschlagen, der Synchrotron genannt wurde.»

Es handelt sich um ein luftleeres, ringförmiges und relativ enges Rohr, in dem die Teilchen umlaufen, etwa wie in einem Betatron. Ein Magnetfeld zwingt auch hier die Teilchen auf Kreisbahnen. Da es aber nur auf den dünnen Ring wirkt (anders als bei Betatrons und Zyklotrons), können die sogenannten Ablenkmagnete entsprechend klein dimensioniert werden. Das Magnetfeld muß auch hier (wie bei Betatrons) genau mit dem Impuls der Teilchen ansteigen, der Lorentz-Formel entsprechend.

An bestimmten Stellen des Rings werden Beschleunigungsstrecken eingebaut, die man als kleine Linacs betrachten kann. Hier bekommen die Teilchen Spannungsstöße. Durch geeignete Wahl der Frequenz und des zeitlichen Ablaufs dieser Stöße bilden sich auf natürliche Art stabile Teilchenpakete, die weiter beschleunigt werden können. Im Jahr 1952

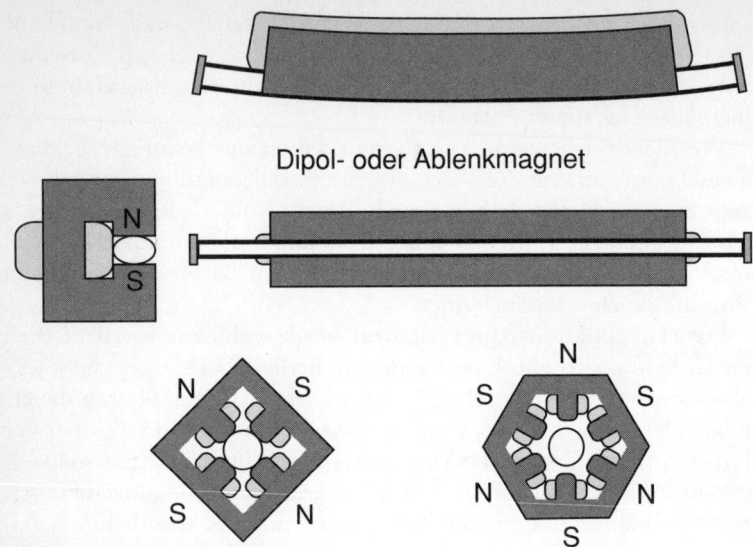

Die drei wichtigsten Magnettypen eines Synchrotrons und Speicherrings: oben und unten links ein Dipol- oder Ablenkmagnet, unten in der Mitte ein Quadrupolmagnet und unten rechts ein Sextupolmagnet. Die Eisenteile sind dunkelgrau, die Spulen hellgrau gekennzeichnet.

wurde in den USA noch eine wichtige Verbesserung der magnetischen Führung der Teilchen eingeführt, die sogenannte «starke Fokussierung». Synchrotrons dieser Art erreichen mit wesentlich weniger Material- und Kostenaufwand viel höhere Teilchenenergien als zum Beispiel Zyklotrons.

«Es wurden weltweit schon sehr viele Synchrotrons gebaut», erklärt Wideröe weiter. «Mit einem Synchrotron von 6,3 Kilometern Umfang hat man im Fermilab, in der Nähe von Chicago, von 1983 an Protonen bis auf 1 TeV Energie beschleunigt – die bis jetzt höchste künstlich erreichte Energie.

Neben den Ablenkmagneten und den Linac-Sektoren braucht man in einem Synchrotron noch geeignete Magnete, um die Teilchen möglichst nah an ihrer Sollbahn zu halten, auch damit sie nicht etwa an die

Wände prallen. Hier werden vor allem Magnete eingesetzt, die gleich zwei Nord- und zwei Südpole haben, die ‹Quadrupole›. Für weitere Korrekturen werden noch Magnete mit drei Nord- und drei Südpolen benutzt, sogenannte Sextupole.

Aus Synchrotrons wurden die beschleunigten Teilchen meist herausgelenkt und auf ihr Ziel (Target) geschossen.»

«Wieso sagen Sie ‹wurden›, Herr Wideröe? ‹Werden› sie denn heute nicht mehr dafür eingesetzt?»

«Synchrotrons dienen heute fast ausschließlich dazu, Teilchen in andere Maschinen einzuschießen, nämlich in die berühmten Speicherringe. Bei letzteren handelt es sich um hochgezüchtete Synchrotrons, in denen Teilchenpakete stundenlang kreisen können. Die Komponenten sind im Prinzip die gleichen wie die eines Synchrotrons, nur ist eben alles noch viel raffinierter. Ein erster kleiner Speicherring mit 1,6 Metern Durchmesser (er hieß ‹Anello di Accumulazione›, AdA) konnte 1961 in Frascati südlich von Rom in Betrieb genommen werden – ein Modell in Originalgröße steht hier. Aber eine sehr primitive Ausführung der Speicherringe hatte ich schon 1943 als Patent in Deutschland eingereicht. Damals war die Technik noch lange nicht reif dafür. Erst 1956 wurden realistische Vorschläge für Speicherringe in den USA ausgearbeitet. Es folgte eine lange Serie solcher Maschinen, die sehr erfolgreich in der Forschung eingesetzt wurden.»

«Jetzt verstehe ich doch etwas besser, was Pedro mir da im HERA-Tunnel alles gezeigt hat. Dort habe ich ja einen Speicherring für Protonen und einen für Elektronen gesehen, und überall Ablenkmagnete, Quadrupole, Sextupole und vieles mehr! An zwei Punkten wurden die Strahlen gegeneinandergelenkt, wenn ich das richtig verstanden habe.»

«So ist es. Und dieser Trick erlaubt es, wesentlich höhere Reaktionsenergien zu erreichen, als es beim Beschuß ruhender Targetteilchen möglich ist. Für Reaktionen steht nämlich nur die Gesamtenergie zur Verfügung, die der Ruhemasse des Systems der zusammenstoßenden Teilchen entspricht. Und die ist beim frontalen Zusammenstoß eben höher.»

«*Das kann man nun sicher mit dem Einstein-Pythagoras-Dreieck berechnen!*»

«Sie können es sich auch sehr anschaulich vorstellen: Wenn zwei Autos mit gleicher Geschwindigkeit aufeinanderprallen, ist der Zerstörungseffekt doppelt so stark, als wenn eines mit doppelter Geschwindigkeit auf ein ruhendes stößt, obwohl im zweiten Fall nach den Formeln der Mechanik sogar doppelt soviel Energie eingesetzt wurde. Beim Stoß auf das ruhende Auto geht viel Energie in Form von Bewegungsenergie der beiden Wracks verloren – so erklärt man das!»

«*Moment mal… Das muß ich mir in Ruhe überlegen… Aber ich glaube, Sie haben recht! Man muß ja die Impulserhaltung berücksichtigen. Ich versuche es relativistisch, was mir leichter fällt.*» Barbara skizziert einige Dreiecke und nickt zustimmend – was mir wiederum etwas unverständlich vorkommt.

Ich füge hinzu: «Bei höheren Geschwindigkeiten, wenn man die Formeln der Relativität einsetzen muß (also die Einstein-Dreiecke), wird

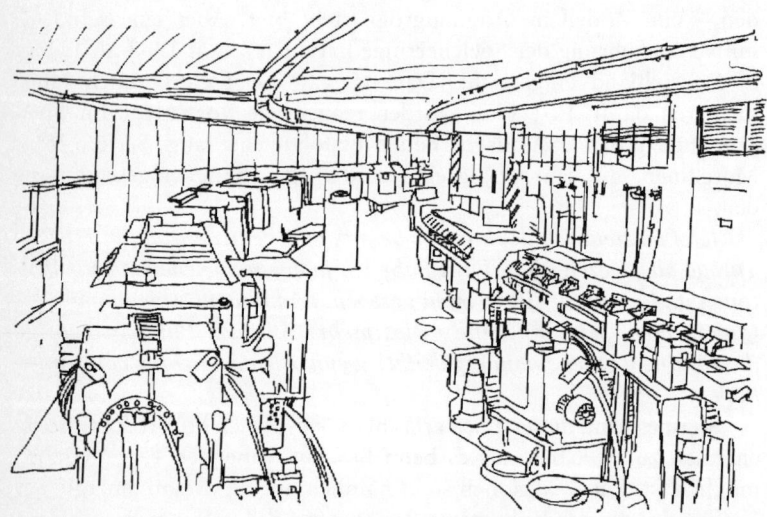

Barbaras Skizze von zwei Synchrotrons, eines für 8-GeV-Protonen (links) und eines für 7-GeV-Elektronen (rechts). Der Umfang beträgt etwa dreihundert Meter.

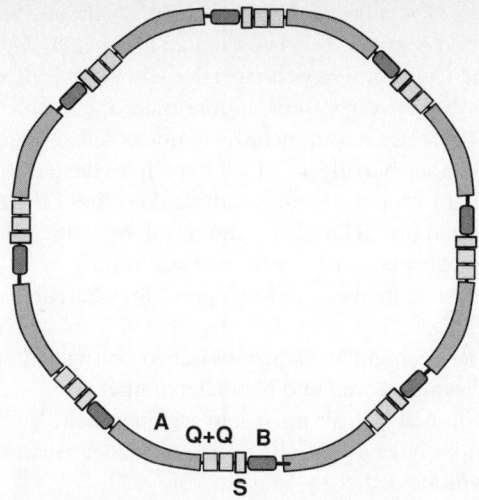

Schema der wichtigsten Komponenten eines Synchrotrons oder eines Speicherrings, mit den Ablenkmagneten (A), Quadrupolen (Q), Sextupolen (S) und Beschleunigungsstrecken (B). Einschuß und Auslenkung der Strahlen sind hier nicht gezeigt.

der Effekt noch viel stärker: Elektronen müßten mit 52 TeV (ein heute praktisch nicht realisierbarer Wert) auf ruhende Protonen geschossen werden, um die gleiche Reaktionsenergie wie in HERA zu erreichen. In HERA dagegen prallen Elektronen mit nur 30 GeV gegen 820-GeV-Protonen. Der Aufwand ist also viel geringer – das ganze wurde so erst machbar!»

«*Das heißt, wollte man HERA mit der Höhenstrahlung vergleichen, wären 52 TeV der einzusetzende Wert – was dann doch immer noch viele millionenmal weniger wäre.*»

«Nur: mit den Höhenstrahlen kann man schwer systematische Experimente machen: Man registriert ja relativ wenige Teilchen von so hoher Energie! Die häufiger auftretenden Teilchen der Höhenstrahlung, von denen mehrere pro Sekunde zum Beispiel unseren Kopf durchqueren, haben wesentlich geringere Energien.»

«*So oft werden wir von Höhenstrahlenteilchen durchbohrt, ohne etwas davon zu spüren?*»

«Richtig. Aber ich sollte noch etwas zu den kollidierenden Strahlen sagen. Wenn man normale Teilchenstrahlen gegeneinanderschießt, hat man kaum eine Chance, daß sich zwei der winzigen Teilchen wirklich je treffen. Um dies zu verbessern, müßte man die Strahlen auf einige Tausendstel Millimeter zusammenpressen, was selbst heute noch sehr schwierig ist. In Speicherringen jedoch kann man die gleichen Teilchen bei jedem Umlauf erneut gegeneinanderlenken (bei HERA also etwa fünfzigtausendmal pro Sekunde) – und das dann stundenlang. Nur so erreicht man eine brauchbare Zusammenstoßrate.»

«Genau darauf zielte mein 1943 eingereichtes Patent», ergänzt Wideröe.

Wir wandern noch ein Weilchen zwischen den vielen ausgestellten Beschleunigerkomponenten und Modellen umher.

«Darüber könnten wir dir noch sehr viel erzählen. Vielleicht holen wir das ein andermal nach. Gehen wir nun lieber zurück in unseren Elektronenpavillon.»

Wir verabschieden uns von Rolf Wideröe und verlassen das interessante Beschleunigerkabinett.

Millikans eigenwillige Tröpfchen

Kurze Zeit später stehen wir wieder mit Thomson vor unserer halbierten Fernsehröhre. Ich erkläre Barbara, daß auch hier der Elektronenstrahl mit Hilfe besonderer Vorrichtungen sehr dünn gehalten (fokussiert) wird. Man bewegt ihn so schnell am Bildschirm hin und her, daß unser Auge ein fast flimmerfreies Fernsehbild wahrnimmt. Auch Computermonitore sind ähnlich aufgebaut.

«Es scheint so, als hätten wir uns noch einige Zeit mit den fast 150 Jahre alten Kathodenstrahlenröhren zu begnügen, obwohl man mit Halbleitern schon elegantere Lösungen für die Bilddarstellung realisiert hat.»

«Die kurze Geschichte der Fernsehröhre und auch der Beschleuniger war ja sehr eindrucksvoll. Aber ich würde gern wissen, warum die Entwicklungen von Plückers Messungen 1858 bis zu Thomsons Experimenten 1897 und dann noch bis zu einer brauchbaren Bildröhre so lange gebraucht haben. Und von den Ideen des Schweden Ising bis

zu den ersten Speicherringen sind auch etwa vierzig Jahre verstrichen!»

«Der Grund ist sehr einfach», antworte ich. «Der Fortschritt war jeweils genau mit dem technischen Entwicklungsstand gekoppelt, besonders in bezug auf Vakuumpumpen und Vakuumkitte, und anfangs wohl auch mit der Glasbläserkunst. Thomsons Experimente waren erst erfolgreich, als die Glasröhren genügend luftleer gehalten werden konnten. Selbst die hohe elektrische Spannung, die zur Ablenkung nötig war, konnte vorher (aufgrund des zu hohen restlichen Gasdruckes) nicht aufrechterhalten werden: es gab Entladungen.

Für die Speicherringe wurde ein weiterer Fortschritt der Vakuumtechnik nötig, insbesondere der Übergang von Glas- zu Metallröhren und die entsprechenden Schweiß- und Hartlötverbindungen. Vor 1960 wäre es gar nicht möglich gewesen, Teilchen längere Zeit in größeren Ringen zu speichern: sie wären mit Gasmolekülen in der Röhre zusammengestoßen. Für die Beschleunigungsstrecken mußte außerdem erst die Hochfrequenztechnik entwickelt werden, was zum Teil in Zusammenhang mit dem Bau von Radargeräten geschah. Die Forschung und die verfügbare Technik sind eben immer eng miteinander verbunden.»

Millikan

Und Thomson ergänzt: «Der Wert der elektrischen Ladung des Elektrons war aus Messungen, die ich später noch durchführte, nicht sehr gut abzuleiten. Genauer hatte ich allerdings das Verhältnis der Ladung zur Masse der Elektronen gemessen und sie damit identifiziert. Es bestanden deshalb um 1900 noch Zweifel, ob es nicht auch andere, insbesondere kleinere elektrische Ladungen in der Natur gebe. Die Lage wurde erst 1913 aufgeklärt, in einem Experiment, das aus mehreren Gründen außerordentlich wichtig ist. Es wurde von Robert Andrews Millikan in den USA durchgeführt und danach unzählige Male, auch mit wesentlich verbesserten Methoden, wiederholt. Millikans Messungen waren wohl auch nicht gerade die solidesten. Ihm wird nachgesagt, er habe nur die Ergebnisse veröffentlicht, die seinen Vorstellungen entsprachen. Aber die waren eben korrekt, und das Prinzip war sehr gut. Hier nebenan steht ein Nachbau der Apparatur, wie man ihn an Schulen und Universitäten für Praktika und Übungen auch noch heute benutzt. Pedro kann Ihnen das sicher etwas genauer beschreiben.»

Damit war ich wieder dran.

Mit einem Zerstäuber werden kleine Öltröpfchen zwischen zwei Metallplatten gepustet. Durch ein einfaches Mikroskop beobachtet man den langsamen Fall der Öltröpfchen in der Luft. Sie bewegen sich aufgrund des Luftwiderstands mit gleichbleibender Geschwindigkeit, etwa wie ein Fallschirmspringer.

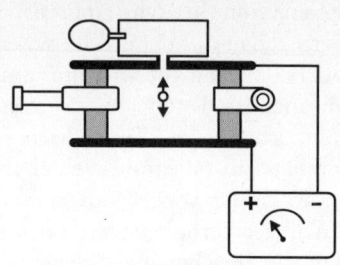

Schema des Millikan-Experiments

Wenn man an den Platten eine elektrische Spannung von etwa ein- bis zweitausend Volt anlegt, sieht man, daß einige der Tröpfchen durch das elektrische Feld in ihrem Fall gestoppt oder sogar wieder nach oben gezogen werden. Diese Tröpfchen sind also elektrisch geladen, ob positiv oder negativ spielt hier einstweilen keine wesentliche Rolle. (Man kann die Zahl der geladenen Tröpfchen durch Bestrahlung mit einer radioaktiven Substanz noch erhöhen). Nun sucht man sich ein Tröpfchen aus und hält es mit Hilfe der elektrischen Spannung (die man dafür nachjustiert) innerhalb des Blickfeldes.

Aus der Fallgeschwindigkeit bei nichtangelegtem Feld kann man erst ziemlich genau die Größe des Tröpfchens bestimmen und daraus auch ihr Gewicht. Dann erhöht man langsam die Spannung, bis das Tröpfchen nicht weiter fällt. Da man das Gewicht des Tröpfchens kennt, weiß man, wie stark die elektrische Kraft ist, die es im Gleichgewicht hält. Jetzt kann man aus dieser Kraft die elektrische Ladung des Tröpfchens ziemlich genau berechnen.

«*Wohl wieder mit meiner T-Shirt-Formel, Vorderseite unten!*»

«Nach diesem Prinzip wird also bestimmt, welche elektrische Ladungen einzelne Tröpfchen haben. Man stellt fest, das es sich immer nur um ganze Vielfache einer bestimmten Ladung handelt, nämlich der Ladung eines einzelnen Elektrons.»

«*Phytagoreer, ick hör dir japsen: ganze Vielfache ...!*»

«Ich war sehr beeindruckt, als ich dieses Experiment als Student in Buenos Aires in einer praktischen Übung selbst aufbauen durfte und dann auch das korrekte Ergebnis erhielt! Die elektrisch geladenen Tröpfchen haben also einige Elektronen zuviel oder einige zuwenig – aber mindestens eines und nie einen Bruchteil einer Elektronenladung!»

«Ich glaube irgendwann in der Zeitung von Ergebnissen gelesen zu haben, wonach angeblich auch kleinere elektrische Ladungen beobachtet wurden, besonders Ladungen von einem oder zwei Dritteln der Elektronenladung. Man hat sie als die sensationelle Entdeckung der Quarks dargestellt. Waren das alles Enten?» möchte Barbara wissen.

«Es sind im Laufe der Jahre immer wieder ehrgeizige Experimentatoren mit solchen Behauptungen aufgetaucht und in den Medien auch hochgespielt worden. Bis jetzt konnte allerdings keines dieser Experimente wiederholt oder überprüft werden, und die Ergebnisse werden deshalb auch nicht anerkannt. Man kann also davon ausgehen, daß nur ganzzahlige Vielfache der Ladung des Elektrons (mit beliebigem Vorzeichen) frei in der Natur erscheinen.»

«Und wer dann etwas Gegenteiliges findet, wird ins Meer geworfen wie der arme Pythagoreer, der die Wurzel der Zahl 2 als nicht ganzzahliges Verhältnis im gleichschenkligen Dreieck entdeckte…»

«Wer dagegen heute freie Bruchteilladungen einwandfrei nachweisen könnte, würde dafür mit dem Nobelpreis belohnt!»

Millikans Öltröpfchen erhalten eine elektrische Ladung, wenn man ihnen Elektronen wegnimmt oder hinzufügt, was sogar schon bei der Zerstäubung des Öls (durch Reibung mit Gas- oder Wandmolekülen) passieren kann. Die Ladungen erscheinen aber nie von selbst, und sie können auch nicht einfach verschwinden. Diese Zusammenhänge hatte man schon vorher aus langwierigen Experimenten (meist mit Reibungselektrizität) abgeleitet.

«Dies war doch die Erhaltung der elektrischen Gesamtladung eines Systems, eines der wichtigsten Gesetze der Physik, wie es mir Maxwell erklärt hat», besinnt sich Barbara.

«Ja, natürlich. Das wußte er auch schon sehr genau. Aber ich kann dir auch verraten, was dahintersteckt.»

«Mal wieder im Sinne der Quantentheorie?»

«So wie Energie, Impuls und Drall mit Eigenschaften der Raum-Zeit verknüpft wurden, handelt es sich bei der Erhaltung der elektrischen

Ladung um die freie Wahl der Null bei den elektrischen Spannungen. Es ändert sich nichts in der Physik, wenn wir den positiven oder den negativen Pol einer Batterie (oder einen beliebigen anderen Referenzpunkt) als Nullpunkt der Spannungen betrachten. Und genau daraus folgern die Physiker, daß die elektrische Ladung eines abgeschlossenen Systems immer erhalten bleibt.»

«*Erscheint mir genauso unverständlich wie bei der Energie – ist aber sicher sehr elegant… Die elektrische Ladung ist also eine weitere eurer heiligen und unantastbaren Kühe, die immer erhalten bleiben*», resümiert Barbara.

«Sie ist eigentlich noch heiliger als die Energie, der Impuls oder der Drall, es ist wohl so etwas wie unser goldenes heiliges Kalb!»

«*Jeder Bibelkenner wird das sicher als einen sehr unglücklichen Vergleich betrachten. Aber ich verstehe es schon richtig.*»

Der Erhaltungssatz der elektrischen Ladung und die neuere Beobachtung, daß man frei in der Natur nur ganzzahlige Vielfache der Elektronenladung (positive oder negative) vorfindet, sind zwei Feststellungen, die uns nach unserem heutigen Wissen recht harmlos und fast selbstverständlich vorkommen. Sie werden uns aber noch sehr nützlich sein, und ich werde mehrmals darauf zurückkommen.

Somit haben wir die Besichtigung des Elektronenpavillons beendet. Thomson bringt uns wieder zum Tor. Wir verabschieden uns und steigen den Hang über die Steintreppe hinab.

Rutherford und das Innere der Atome

In Gedanken vertieft gehen wir auf einem der Pfade zwischen den sonderbaren Gewächsen unseres bunten Molekülgartens weiter. Barbara bemerkt plötzlich einen älteren Herrn, der uns entgegenkommt. Auf einer der Lichtungen bleibt er vor einem größeren Atom stehen und wartet, bis wir ihn erreicht haben.

«Good morning, Sir, darf ich Ihnen unsere erste Besucherin vorstellen? Sie heißt Barbara und interessiert sich neben Kunst und Philosophie auch für unsere kleinen Teilchen.»

Der ältere Herr nickt freundlich, und ich erkläre Barbara, daß es sich um Lord Ernest Rutherford of Nelson handelt, den Entdecker der

Atomkerne. «Er wird uns sicher einige interessante Details über seine Arbeiten und über das Innere der Atome erzählen können!»

Mit einem zustimmenden Lächeln betrachtet Lord Rutherford Barbaras T-Shirt: «Schön, daß Sie sich schon mit der klassischen Physik beschäftigt haben!»

Rutherford

Barbara zeigt ihm noch die Formeln auf ihrem Rücken und meint dann resolut: *«Ich habe schon gehört, daß alle Atome aus einer Elektronenwolke und einem winzigen Kern bestehen. Aber ich kann mir gar nicht vorstellen, wie man so etwas herausfindet, also wie man das in der Praxis untersucht. Wie konnten Sie, Lord Rutherford, denn erkennen, was im Innern so kleiner Teilchen, wie die Atome es nun einmal sind, wirklich vor sich geht?»*

«Zuerst möchte ich an das erinnern, was wir eigentlich damals wußten und untersuchen wollten», antwortet Rutherford. «Es gab im 19. Jahrhundert sehr unterschiedliche Vorstellungen über den inneren Aufbau der Atome. Im wesentlichen betrachtete man sie als halbwegs gleichmäßig gefüllte Kügelchen. Allerdings hatten ja schon 1894 Lorentz und Zeemann vorgeschlagen, daß es im Innern der Atome sehr kleine und leichte negative elektrische Ladungen geben müsse, die auch gleich Elektronen genannt wurden. Auf diesen Gedanken waren sie aufgrund besonderer Eigenschaften des von den Atomen abgestrahlten Lichts gekommen.»

«Das hat uns Professor Thomson auch schon erzählt», bemerkt Barbara.

«Ja, und genau der verehrte Kollege Sir Joseph John Thomson hat noch 1904 die Atome als gleichförmig mit positiver Ladung und Masse gefüllt beschrieben! In diesem Volumen sollten seine kleinen Elektronen eingebettet sein. All dies, obwohl man schon wußte, daß die Atome eigentlich recht ‹durchsichtig› sein müssen. Dies hatte Heinrich Hertz 1892 in Deutschland festgestellt. Sein Schüler Philipp Lenard hat mit dieser Idee 1894 das berühmte Lenard-Fenster gebaut: eine dünne Aluminiumfolie, die der Strahl einer Kathodenröhre relativ leicht durchdringen konnte. Da in einer Alufolie die Atome recht dicht gepackt sind, müssen also die Aluminiumatome praktisch durchsichtig sein. Das konnte wohl Lenard aus seinem Experiment schließen.»

«Im Elektronenpavillon war auch eine Kathodenröhre mit einem Lenard-Fenster ausgestellt»,
erinnere ich Barbara.

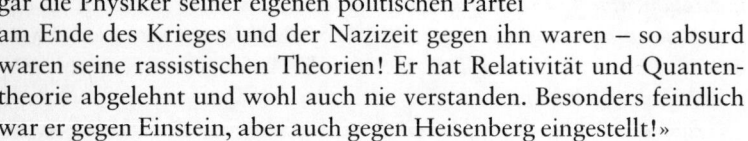

*«War Philipp Lenard nicht der Nobelpreisträ-
ger des Jahres 1905, der dann später in der Politik
als fanatischer Hitler-Anhänger und Verfechter
der ‹arischen› oder ‹deutschen› Physik eine recht
traurige Rolle spielte?»*

«Ja», bestätige ich. «Das ging so weit, daß sogar die Physiker seiner eigenen politischen Partei

Lenard

am Ende des Krieges und der Nazizeit gegen ihn waren – so absurd
waren seine rassistischen Theorien! Er hat Relativität und Quantentheorie abgelehnt und wohl auch nie verstanden. Besonders feindlich
war er gegen Einstein, aber auch gegen Heisenberg eingestellt!»

«Ja, der arme Lenard, er war ja in seinen jungen Jahren ein außerordentlich fähiger Experimentalphysiker, hat aber, vielleicht durch seine
angeschlagene Gesundheit und aufgrund einiger schlechter Erfahrungen, viel Falsches in seinem Leben gemacht.»

Ich erwähne noch, daß er wohl auch etwas Pech in der Physik hatte.
Er war dabei, das Elektron, die Röntgenstrahlen und sogar den Atomkern zu entdecken, wurde aber jedesmal von anderen überholt.

«Nun aber zurück zu den Atomen», mahnt Lord Rutherford. «Hier
vor uns auf dem steinernen Podest haben wir ein Goldatom dargestellt,
das bei mir viele romantische Erinnerungen weckt. Lenard hatte also
mit Kathodenstrahlen (er wußte damals noch nicht, daß es sich um
Elektronen handelte) eine Alufolie durchschossen. Nun, ich kannte
mich besser mit den Alphateilchen aus, die verschiedene radioaktive
Präparate abstrahlen, so zum Beispiel Radium – es war damals in den
Labors sehr begehrt. Es handelt sich bei den Alphastrahlen um sehr
schnelle Heliumatome, denen die Elektronen fehlen. Man nannte sie
schon damals ‹Heliumionen›.»

«Heute würde man sagen: Heliumkerne. Aber man wußte ja noch
nicht, daß die Atome einen Kern haben», erkläre ich Barbara. «Für die
Aufklärung der Natur der Alphastrahlen hat Rutherford schon 1908
den Nobelpreis für Chemie erhalten.»

Rutherford fährt fort: «Die Energie der Alphastrahlen entspricht derjenigen, die man bei der Beschleunigung mit etwa 6 bis 9 Millionen Volt erreichen würde, also 6 bis 9 MeV. Sie ist viel höher als die der Kathodenstrahlen von Hertz und Lenard, die ja nur einigen tausend Volt entsprachen. Die Alphastrahlen haben in Luft eine Reichweite von bis zu 10 Zentimetern und in einem ausgepumpten Gefäß noch viel mehr. Mit ihnen haben wir in Manchester dünne Goldfolien beschossen. Die meisten Alphateilchen durchdringen ohne sichtbare Ablenkung die Folie, und wir konnten sie mit einiger Mühe und viel Übung auf Fluoreszenz-Schirmen beobachten. Sie erzeugen dort winzige Blitze, die man im Dunkeln gerade noch sehen kann.

Eines Tages kam mein Student Ernest Marsden (der übrigens wie ich aus Neuseeland stammt) und meinte, daß er Alphateilchen beobachtet habe, die in der Goldfolie sehr stark abgelenkt worden seien. Das war im Rahmen der damaligen Vorstellungen über den Aufbau der Atome ein absolut unerklärliches Ergebnis, und ich ließ Marsden den Versuch wiederholen. Er arbeitete unter der Leitung meines damaligen Assistenten, des deutschen Physikers Hans Geiger, der später den nach ihm benannten Zähler erfand. Die Ergebnisse wurden bestätigt, und es stellte sich sogar heraus, daß einige Alphateilchen nach hinten abprallten, als wären sie auf eine Mauer getroffen.

Die Sache ließ mir keine Ruhe, und schließlich kam ich auf die Lösung. Das war im Jahr 1911. Man kann es sich wie beim Bocciaspielen vorstellen. Wenn man mit einer leichten Kugel eine viel schwerere trifft, dann kann die leichte nach hinten abprallen: Das Goldatom nun ist viel schwerer als das Heliumatom. Aber da das Abprallen nach hinten nur sehr selten passierte (die meisten Alphateilchen flogen ja praktisch ungestört durch die Folie), mußte das Goldatom einen sehr schweren und sehr kleinen Kern enthalten, während der Rest des Atoms für unsere Alphateilchen praktisch durchsichtig ist.

So habe ich unsere Ergebnisse erklärt. Ich habe nun für den Zusammenstoß winziger elektrisch geladener Teilchen eine Formel abgeleitet, und so konnten wir das Ganze verifizieren – auch mit anderen Atomen.

Demnach haben also alle Atome einen sehr kleinen, elektrisch positiv geladenen Kern, der fast ihre gesamte Masse enthält. Das war es also! Der Rest der Atome besteht, wie man heute weiß, aus einer Wolke

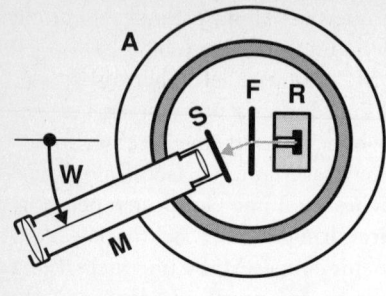

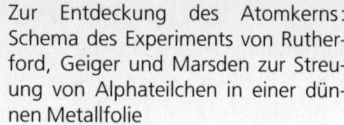

Zur Entdeckung des Atomkerns: Schema des Experiments von Rutherford, Geiger und Marsden zur Streuung von Alphateilchen in einer dünnen Metallfolie

R: Radioaktive Substanz in einem Bleibehälter mit Austrittsblende
F: Goldfolie
S: Fluoreszenzschirm
M: Mikroskop
A: Drehbarer Tisch
W: Streuwinkel

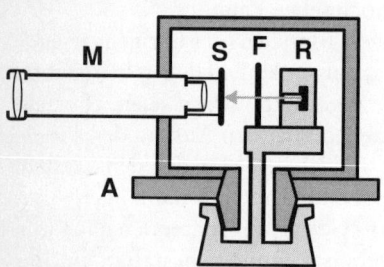

relativ leichter Elektronen, die elektrisch negativ geladen sind und deshalb um den Kern schwirren (entgegengesetzte Ladungen ziehen sich ja an), etwa so wie Planeten um die Sonne – ein Vergleich, der allerdings mit Vorsicht zu genießen ist, denn in der Welt der kleinsten Teilchen sieht das dann alles etwas anders aus. Meine Alphateilchen haben jedenfalls die leichte Elektronenhülle ohne beobachtbare Ablenkung durchquert. Und nur wenn sie den Kern trafen, sind sie entsprechend meiner Formel abgelenkt worden, nur dann konnten sie auch nach hinten abprallen!»

Rutherford hat sich bei seiner Ausführung sehr ereifert und muß nun eine Weile verschnaufen. Ich führe die Vorlesung weiter.

Zu jedem chemischen Element gehört genau ein Atomtyp, dessen Kern eine ganz bestimmte elektrische Ladung hat. Wir könnten die Namen der Elemente eigentlich vergessen und sie alle nur mehr durch ihre Kernladungszahl (die auch Ordnungszahl genannt wird) kenntlich machen – was allerdings sehr trocken ausfallen würde:

$2 \times$ Nr. $1 + 1 \times$ Nr. 6 wäre die Formel für Wasser.

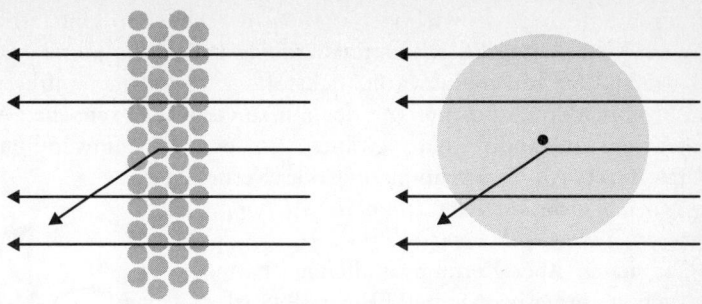

Rutherfords Erklärung der Ergebnisse der Streuexperimente

«Was jedoch den Pythagoreern sehr naheliegen würde. Zahlen sind die Grundlage aller Dinge», unterbricht Barbara.

Lord Rutherford stoppt ihren philosophischen Abstecher: «Schon 1920 habe ich vorgeschlagen, daß die winzigen Atomkerne aus zwei Arten von noch kleineren Teilchen bestehen könnten, und zwar aus den elektrisch positiv geladenen Protonen, den Kernen des Wasserstoffatoms, und aus neutralen Teilchen, die den Protonen recht ähnlich sind. Dies hat sich dann auch als richtig erwiesen, und die neutralen Teilchen werden heute Neutronen genannt. Ihre Existenz wurde dann tatsächlich 1932 von James Chadwick einwandfrei bewiesen, allerdings nach viel nützlicher Vorarbeit anderer Wissenschaftler.»

«Und wie sind Sie auf die Idee der Neutronen gekommen, Sir Rutherford?»

Hahn

«Aufgrund der Experimente, in denen wir zum erstenmal buchstäblich Atomkerne zertrümmerten, so zwischen 1915 und 1919. Auch hier hatte mich Marsden auf die ersten Reaktionen aufmerksam gemacht.»

«Und ich dachte immer, Otto Hahn hat die Kernspaltung entdeckt!»

«Otto Hahn, der mit mir ein Jahr lang in Montreal (1905) gearbeitet hatte, und Fritz Straßmann, diese beiden haben 1938 in Berlin

die für die Technik so wichtige Spaltung des Urankerns in mittel-
schwere Kerne entdeckt. Ich hatte allerdings 1919, nach jahrelangen
Versuchen, die Umwandlung von Stickstoffkernen in Sauerstoffkerne
und Protonen durch Beschuß mit den mir so vertrauten schnellen Alphateilchen einwandfrei nachgewiesen, also eine Kernumwandlung,
damals die erste Kernzertrümmerung oder Kernreaktion.»

«War das nicht auch der Traum der Alchimi-
sten – etwa um Gold herzustellen?»

«Ja, sicher. Aber Kernumwandlungen hatte
man schon vorher beobachtet. Es war 1896, als
Henri Becquerel die radioaktive Strahlung des
natürlichen Urans entdeckte. Auch hier entsteht
ein Element aus einem anderen. Ich habe 1898
herausgefunden, daß es mehrere Arten von ra-
dioaktiver Strahlung gibt, die ich Alpha und

Becquerel

Beta nannte und die aus Teilchen mit entgegengesetzter elektrischer
Ladung bestehen: den positiven Alpha-Teilchen und den negativen
Elektronen.»

Nun fasse ich noch einmal zusammen, daß aus Protonen (diese Bezeichnung für die Kerne des Wasserstoffatoms stammt übrigens auch
von Lord Rutherford), Neutronen und Elektronen alle Substanzen unserer Welt bestehen. Ein recht einfaches und leicht verständliches
Schema.

«Die positive elektrische Ladung der Atomkerne ist also durch die
Zahl der in ihnen enthaltenen Protonen festgelegt und somit auch
das chemische Element, zu dem sie gehören. Diese Zahl entspricht
dann genau der Kernladungszahl, die auch Ordnungszahl genannt
wird.»

Dagegen ist die Zahl der Neutronen in einem Kern zwar im allgemeinen von der gleichen Größenordnung der Protonenzahl, kann aber
dann doch etwas größer oder kleiner als die Zahl der Protonen sein.
Daraus ergeben sich die verschiedenen sogenannten Isotope der Elemente, die in der Natur auftreten. Es handelt sich also um Atome des
gleichen Elements (gleiche Protonenzahl), die jedoch eine unterschiedliche Masse haben, weil ihre Atomkerne mehr oder weniger Neutronen
enthalten. Die meisten chemischen Elemente treten in der Natur als ein
Gemisch verschiedener Isotope auf.

«*Das einfachste und leichteste aller Atome ist doch das des Elements Wasserstoff, wie du mir schon erklärt hast. Sein Kern besteht also nur aus einem Proton, und normalerweise schwirrt um ihn ein einziges Elektron…*»

«Und damit sind wir auf dem Stand der Kenntnis zu Beginn der dreißiger Jahre angelangt, was etwa dem entspricht, was wir Älteren in der Schule gelernt haben. Und dies alles ist auch heute noch richtig. Nur daß wir eben einiges mehr darüber wissen.»

Lord Rutherford nickt zustimmend. Dabei erinnere ich mich an eine sehr wichtige Folge seiner bahnbrechenden Experimente mit Alpha-Teilchen und Goldfolien, die ich Barbara doch noch erklären möchte:

«Die Untersuchung von Objekten atomarer Größe (die man also in keinem optischen Mikroskop sehen kann) durch Beschuß mit möglichst schnellen Teilchen, wie es uns Lord Rutherford gezeigt hat, wurde später in der Physik zu einer sehr erfolgreichen Meßmethode entwickelt. Man nennt dies ‹Streuexperimente› oder auf englisch ‹scattering experiments›. Je höher die Energie der Geschosse, um so kleiner die Details des Zielobjekts, die man herausfinden oder auflösen kann.»

«*Schwer zu verstehen: Ist das nicht etwa so, als würde man den Aufbau eines Autos durch Beschuß mit einem Maschinengewehr herausfinden wollen?*» fragt Barbara etwas mißtrauisch.

«Im Grunde ja. Nur handelt es sich hier um weniger komplizierte Objekte, von denen wir auch keinen präzisen Bauplan aufzeichnen möchten wie etwa von einem Motor. Wir werden uns noch mit mehreren solcher Experimente beschäftigen, und dabei wird klar werden, was ich damit meine. Vielleicht kann ich das an einem Beispiel erläutern, das ich mir eigentlich für Schüler ausgedacht habe.»

«*Ich habe nichts dagegen, hier als Schülerin betrachtet zu werden! Du hast doch über Teilchen ein Büchlein für Lehrer geschrieben, von dem ich schon gehört hatte, bevor ich dich bei DESY zum erstenmal anrief.*»

«Also gut. Stell dir vor, du befindest dich im Urwald, und zwar bei dichtem Nebel. Ich erkläre dir, daß vor uns ein Sack unerreichbar an einem Baum aufgehängt ist. Wie kannst du etwas über den Sack und seinen Inhalt erfahren?

Da du ihn nicht sehen kannst, wirst du vielleicht zuerst mit Steinen, die du in der Nähe findest, in die Richtung werfen, in der du den Sack

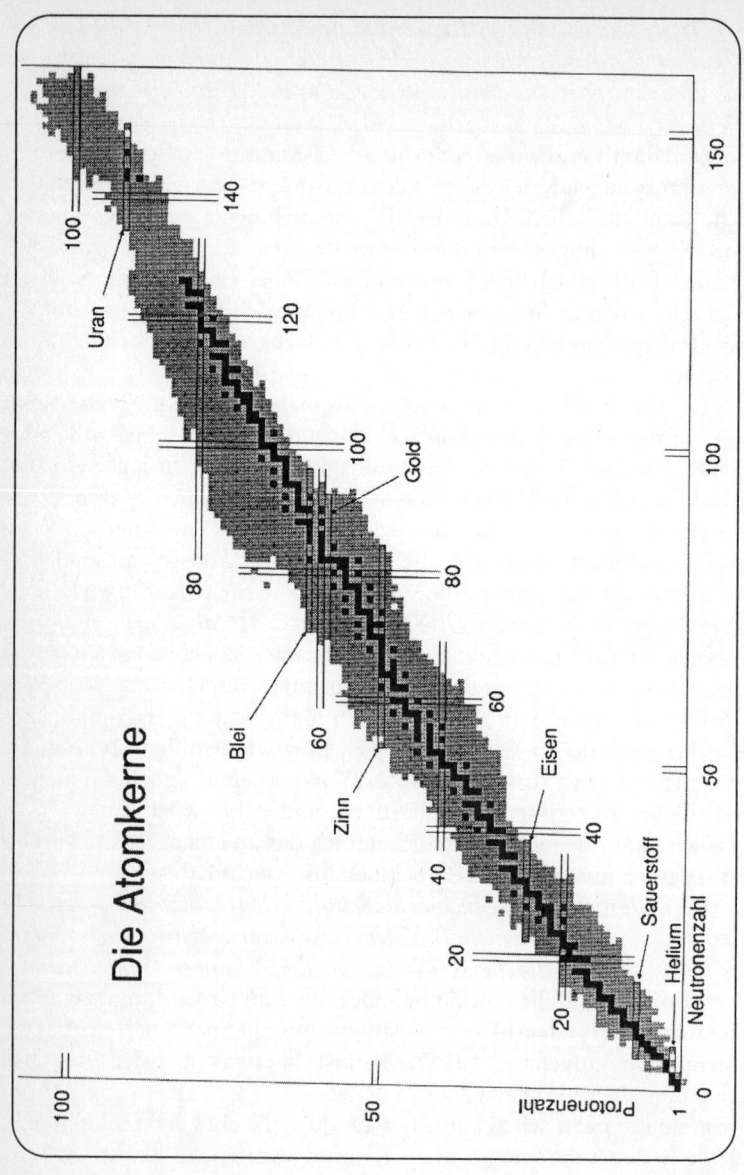

vermutest. Dein Gehör verrät dir, ob du getroffen hast, die Zahl der Treffer zeigt außerdem an, wie groß in etwa der Sack ist. Viel weiter kommst du nicht.

Mit deinem Charme überredest du nun einige anwesende Indianer, dir Pfeil und Bogen zu leihen. Nun geht es etwas genauer, und du kannst hören, wann ein Pfeil den Sack durchschießt. Dies deutet darauf hin, daß der Sack wohl hauptsächlich mit etwas Weichem, zum Beispiel mit lose gepackter Watte, gefüllt ist. Seltener hörst du ein Knacken. Dein Pfeil hat wohl im Sack doch noch etwas Härteres getroffen! Nun weißt du schon, daß neben der Watte auch noch etwas anderes – allerdings nicht sehr Großes – im Sack sein muß.

Jetzt verkaufe ich dir ein Maschinengewehr, und du schießt wie wild auf den Sack. Die Kugeln durchqueren ihn praktisch ohne Widerstand. Nur sehr selten hörst du einen Knall, und die Stücke einer zerbrochenen Nuß fallen auf den Boden. Jetzt kannst du nicht nur die Größe der Nüsse im Sack abschätzen (oder eventuell ihre Zahl), sondern auch etwas über ihren Geschmack aussagen – und vielleicht weiter nach Nüssen jagen…»

«Aha, so geht das also bei euch zu. Für die Kultur der Indianervölker hatte ich schon immer eine Schwäche – und deinen Vergleich mit der Erforschung kleinster Teilchen finde ich gar nicht so schlecht.»

«Nun weißt du also, was wir Physiker unter ‹Streuexperimenten› verstehen.»

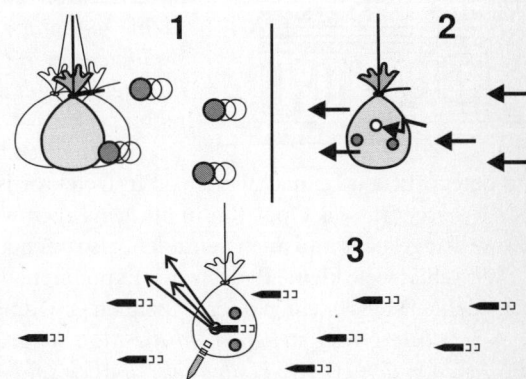

Die Indianeranalogie zu den Streuexperimenten

«Mein lehrreiches Abenteuer mit den Indianern werde ich ganz sicher nicht vergessen! Und im Fall von Lord Rutherford war wohl ein harter Stein im Sack, an dem seine Kugeln sogar zurückprallen konnten – ein recht gefährliches Spiel!

Ich habe aber noch eine ganz andere Frage: Es ist mir halbwegs klar, wie Rutherford, Marsden und Geiger ihre Alpha-Teilchen auf ihren Schirmen ‹gesehen› haben. Dagegen habe ich kaum eine Ahnung, wie ihr normalerweise, zum Beispiel an einem Beschleuniger wie HERA, den Durchgang der Teilchen registriert. Die riesigen Apparaturen in den unterirdischen Hallen fand ich ja sehr schön, aber was drin ist, konnte ich nicht verstehen.»

«Dann müssen wir noch einen kleinen Abstecher in die Detektorhalle des Zoos machen. Vielleicht treffen wir dort meinen Freund Georges Charpak. Er könnte uns einige interessante Entwicklungen der letzten Jahrzehnte zeigen.»

Wir verabschieden uns von Lord Rutherford und gehen einen längeren Weg durch den Garten, bis wir ein großes Gebäude erreichen, das eher wie eine Fabrikhalle aussieht.

Warum Teilchen Spuren hinterlassen

«Das ist also die Detektorhalle.» Barbara legt eine Gedankenpause ein.

«Normale Menschen verstehen unter Detektor einen Lügendetektor. Mein Opa sprach auch von einem Kristalldetektor, mit dem er Radio hören konnte. Was gilt denn nun hier als Detektor?»

«Auf englisch klingt das einfacher: ‹to detect› bedeutet ‹nachweisen›. Ein Detektor ist also ein beliebiges Nachweisgerät, was Opas Radio übrigens auch war. Er hat damit Radiowellen gesucht und auch gefunden, also nachgewiesen.»

Wir sehen viele kleine Podeste mit Exponaten, die offensichtlich verschiedenen Meßsystemen oder Prinzipien gewidmet sind.

«Im Hintergrund stehen wohl die Modelle größerer Apparaturen, die denen in den HERA-Hallen sehr ähnlich sind», meint Barbara.

«Wir können Teilchen nur nachweisen, wenn sie irgend etwas mit der uns umgebenden Materie angestellt haben. Das ist wohl einleuchtend. Der wichtigste Vorgang besteht nun darin, daß ein Teilchen ein Elektron aus einem Atom oder Molekül herausschlägt. Dies wird ‹Ionisation› genannt. Meist geht es bei all diesen Experimentiertechniken einfach darum, das herausgeschlagene Elektron oder das zurückgebliebene Restatom (es wird ‹positives Ion› genannt) auf irgendeine Art nachzuweisen.»

«Erscheint mir gar nicht so einfach...»

«Mit dem Nachweis werden wir uns gleich beschäftigen. Aber erst noch einiges zur Ionisation.

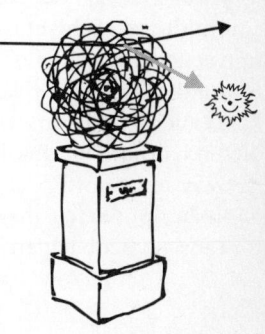

Der Effekt der elektrischen Kraft, die ein vorbeifliegendes Teilchen auf die Elektronen eines Atoms ausübt, hängt besonders davon ab, wie lange die Kraft wirken kann. Je schneller das Teilchen also fliegt, um so geringer ist die Chance, ein Elektron herauszuschleudern oder zu -ziehen.»

«Rein gefühlsmäßig hätte ich genau das Gegenteil erwartet: schnellere Teilchen sollten doch mehr Unheil anrichten... Aber ich muß dir wohl oder übel glauben... Und bei Lichtgeschwindigkeit passiert dann wohl gar nichts mehr!» folgert Barbara.

«Nein. Ein Teilchen mit einer bestimmten elektrischen Ladung (zum Beispiel Ladung eins), das fast so schnell wie das Licht fliegt, verursacht praktisch immer die gleiche Ionisation. Das ist unabhängig von seinen weiteren Eigenschaften, zum Beispiel seiner Masse oder seiner Energie – eben weil der Ionisationseffekt nur von der Geschwindigkeit abhängt», wiederhole ich zur Klarstellung.

«O wie praktisch. Es gibt also keine unsichtbaren geladenen Teilchen, ganz gleich wie hoch ihr Impuls oder ihre Energie auch sei!»

«Nun geht's weiter: In einer Flüssigkeit oder in einem festen Material werden von sehr schnellen Teilchen einige tausend ionisierte Moleküle und ihre entsprechenden Elektronen pro Zentimeter Bahn hinterlassen, in einem Gas (wegen der geringeren Dichte) entsprechend weniger: bei normalem Druck sind es dann ein bis zwei Dutzend pro Zentimeter.

Wenn die Geschwindigkeit der Teilchen merklich geringer ist als die des Lichts, steigt die Zahl der Ionisationsvorgänge an. Das vorbeifliegende Teilchen verliert dabei auch entsprechend mehr Energie. Es geht dann so weit, daß Teilchen abgebremst werden und sogar zur Ruhe kommen, wie das bei den Pionen in den Kernfotoplatten der Fall war, von denen ich dir schon erzählt habe.»

«Ich erinnere mich dunkel, das waren doch die aus den Anden!»

«Nun kommt die Technik. Zuerst das einfachste Beispiel. In der empfindlichen Schicht besonderer Fotoplatten entstehen durch Ionisation sogenannte ‹Inseln› auf den in der Fotoschicht enthaltenen Silberbromidkörnern, die relativ lange erhalten bleiben. Der gleiche Effekt kann auch von Licht verursacht werden. Beim Entwickeln bleibt von diesen Körnern mit Inseln nur das Silber übrig. Die unbelichteten Körner werden beim Fixieren herausgewaschen. Die Silberkörner bilden dann die Spuren, die man mit einer Vergrößerung von etwa einem Faktor tausend beobachten kann.»

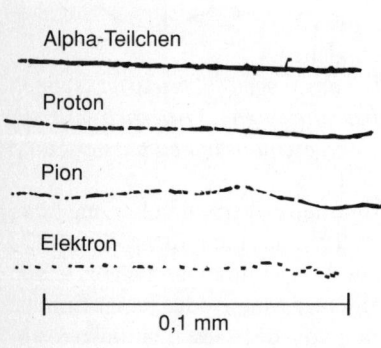

Alpha-Teilchen

Proton

Pion

Elektron

|———————————————|
0,1 mm

Teilchenspuren in Kernemulsionen

Ich zeige Barbara einige Teilchenspuren in einem dafür vorbereiteten Mikroskop. Es wird mit einem etwas umständlichen sogenannten Ölimmersionsobjektiv gearbeitet. Nur so kann man saubere Bilder sehen. Barbara findet es sehr anschaulich, und ich führe ihr auch noch eines der in den Anden registrierten Pion-Teilchen vor.

«Das sind also echte Spuren, die genau zeigen, wo das Teilchen irgendwann vorbeigeflogen ist!»

«Ähnlich anschaulich sind die Spuren der Teilchen in Nebel-, Blasen- und Funkenkammern, die wir alle als Modelle hier sehen können. Es bilden sich Tröpfchen, Blasen oder Funken entlang der Bahn der Teilchen, die man in den ersten Jahren fotografierte. Später wurde auch die direkte Digitalisierung der Daten möglich. Heute werden diese Techniken nur noch sehr selten eingesetzt.»

«*Schade eigentlich!*»

Wir gehen zum nächsten Exponat. Es handelt sich um einen sogenannten Szintillationszähler.

«Lord Rutherford hat mit Fluoreszenzschirmen gearbeitet. Seine Alpha-Teilchen erzeugten Lichtblitze, die man mit geübtem Auge sehen
konnte. Es gibt andere Substanzen, die ebenfalls Licht abstrahlen, nachdem ein durchfliegendes Teilchen Ionen hinterlassen hat. Akrylglas mit
ganz bestimmten (minimalen) Beimischungen zum Beispiel ist dafür
geeignet; man nennt es ‹Plastic-Szintillator›. Das erzeugte Licht kann
mit sehr empfindlichen Lichtnachweisgeräten, den sogenannten Photo-
vervielfachern (oder Photomultiplier), registriert werden.

Das Grundprinzip kann man sich folgendermaßen vorstellen: Wenn
in einem ionisierten Atom eine innere Bahn frei wird, dann kann ein
Elektron einer äußeren Schicht den freien Platz einnehmen und beim
‹Sprung› Licht abstrahlen. Eventuell kann das ionisierte Atom (oder
Molekül) mit seiner positiven Ladung auch ein freies Elektron aus der
Umgebung anziehen. Wenn dieses dann in das Atom fällt, strahlt es
auch Licht ab.

Es entsteht also Licht, und nun geht es darum, dieses zu beobachten.
Das im Plastic-Szintillator erzeugte Licht muß mit raffinierten Methoden (sogenannten Lichtleitern, meist aus normalem Akrylglas) zum

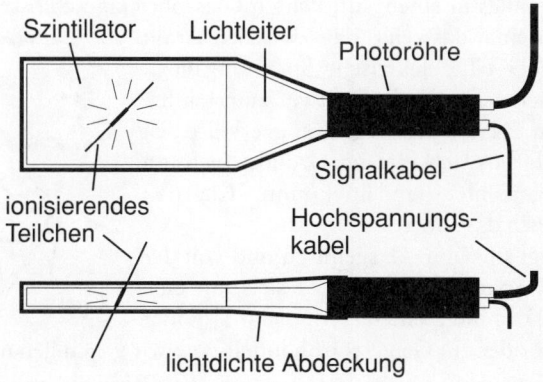

Ein typischer Szintillationszähler

Photovervielfacher geleitet werden. Photovervielfacher und andere sehr empfindliche Lichtnachweisgeräte werden heute von der Industrie hergestellt. Man kauft sie einfach – was allerdings nicht billig ist. Die erzeugten elektrischen Impulse werden in sehr schnellen Elektronikschaltungen verarbeitet und schließlich von Computern gespeichert. Mit dieser Technik kann die Zeit, zu der ein Teilchen durch die Meßapparatur geflogen ist, sehr genau bestimmt werden. Man erreicht Bruchteile von Nanosekunden.»

«*Und wo bleibt der berühmte alte Geigerzähler?*»

«Der ist beim Nachweis von Radioaktivität sehr nützlich, weil man auch kleine Instrumente herstellen kann, die außerdem billig und tragbar sind. Sie gehören zu den vielen Arten von ‹Drahtkammern›, über die uns eigentlich Georges Charpak etwas sagen sollte.»

Ich rufe laut «Charpak!», und vom anderen Ende der Halle ertönt ein «Ici, Pedro – hier bin ich, bei den Multwire-Kammern. Wo denn sonst!»

Wir gehen ein Stück weiter und finden schließlich Charpak vor einer einfachen Drahtkammer. Es ist ein Zylinder von einigen Zentimetern Durchmesser mit einem durch die Mitte gehenden sehr dünnen Draht, alles in einem luftdichten Glasrohr eingeschlossen. Daneben ein Schema, das zeigt, daß zwischen Draht und Zylinder eine elektrische Spannung liegt. Charpak versucht gerade, so etwas zum Laufen zu bringen. Nach der Begrüßung erkläre ich Barbara, daß es sich hier im Grunde auch um einen Geigerzähler handeln könnte. Charpak ergreift gleich das Wort:

Charpak

«Es hängt nur vom Gasgemisch und von der angelegten Spannung ab, ob es sich um eine Ionisationskammer, einen Proportional- oder Driftzähler oder ein Geigerrohr handelt, wie wir gleich genauer sehen werden.»

Geladene Teilchen, die durch das Gas des Zählers fliegen, hinterlas-

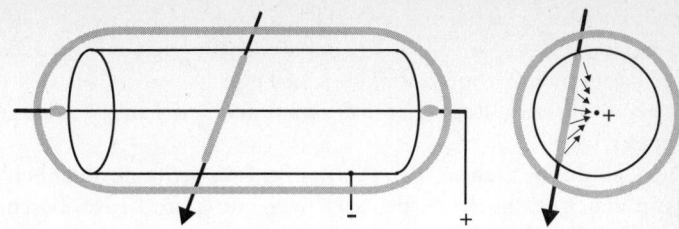

Schema eines einfachen Drahtzählrohres

sen einige freie Elektronen und die entsprechenden positiven Ionen, das ist in all diesen Zählern genau gleich. Das Gas im Zähler muß natürlich dafür geeignet sein: Eine Wiedervereinigung der Elektronen und Ionen darf nicht stattfinden. Luft (Sauerstoff) ist in dieser Hinsicht besonders ungeeignet und wird hier als ‹Gift› bezeichnet. Edelgase wie Argon eignen sich wesentlich besser.

Nun wandern also die im Innern des Zylinders freigewordenen Elektronen recht schnell zum positiv geladenen Draht, während sich die schweren positiven Ionen nur langsam zur Außenhülle bewegen. Erst bei der Ankunft der Elektronen am Draht ergeben sich die wesentlichen Unterschiede zwischen den verschiedenen Zählertypen.

Der Zähler dieser Art, der am wenigsten zusätzliche Elektronik erfordert, ist der Geigerzähler, den Hans Geiger und sein Schüler Walther Müller 1928 in Kiel entwickelt haben. Die elektrische Spannung zwischen Draht und Zylinder ist sehr hoch; sie beträgt einige tausend Volt. Sobald das erste Elektron in die Nähe des Drahtes kommt, wird es so stark beschleunigt, daß es selbst weitere Atome ionisiert: Es entsteht eine Lawine, bei der auch Lichtteilchen (Photonen) erzeugt werden, die nun wiederum benachbarte Atome ionisieren.

«Moment mal: Licht kann demnach auch ionisieren, also Elektronen aus einem Atom herausschießen – was allerdings einleuchtet. Elektronen müssen ja Licht absorbieren, um aus ihren Bahnen geworfen zu werden!»

«Das stimmt.»

Sehr schnell erweitert sich nun die Lawine entlang des Drahtes, und die Hochspannung bricht vollständig zusammen, wie bei einem Kurzschluß. Das somit entstehende Signal kann sogar ein Relais oder einen Lautsprecher direkt antreiben. In der Teilchenphysik werden diese Zähler kaum mehr benutzt, weil sie sehr lange brauchen, bis sich die Hochspannung (zum Registrieren des nächsten Teilchens) wieder aufgebaut hat.

«Weniger dramatisch werden sogenannte Proportionalzähler betrieben, mit denen ich mich seit den sechziger Jahren im CERN beschäftigte – damals, als Pedro und ich am Synchrozyklotron ‹SC› arbeiteten», erklärt Charpak. «Bei diesen Zählern werden Gas und Hochspannung so aufeinander abgestimmt, daß sich am Draht nur so viele Lawinen bilden, wie ursprünglich Elektronen im Gas vorhanden waren. Das am Draht entstandene Signal kann nach geeigneter Verstärkung ausgelesen werden und ist der Ionisation proportional. Rutherford und Geiger haben schon 1908 solche Zähler eingesetzt. Dies ist auch einer der in Großanlagen meistbenutzten Zählertypen. Aus Zehntausenden solcher Drähte bestehen heute die Riesendetektoren an den Speicherringen.»

«Sie wurden damals ‹Charpak-Kammern› genannt», ergänze ich. «Mit Charpaks Grundideen bin ich 1968 zu DESY übergesiedelt und habe dort gleich mit der Entwicklung solcher Kammern begonnen. Es hat jedoch einige Jahre gedauert, bis man alles verstanden hatte und (was vielleicht das wichtigste war) die Elektronik dafür herstellen konnte.»

«Und damals habe ich euch auch in Hamburg besucht und einen Vortrag gehalten... wir haben doch zusammen einen Reeperbahnbummel unternommen...», erinnert sich Charpak, bevor er weiter erklärt:

«Bei den Proportionalkammern wurde später noch eine weitere Raffinesse eingesetzt: Der Zeitpunkt, zu dem ein Teilchen durch die Apparatur fliegt, wird meist von anderen Zählern oder vom Beschleuniger sehr genau definiert. Die Elektronen brauchen danach eine gewisse Zeit, um an den Draht zu gelangen. Nun kann man diese Zeitverzögerung (Driftzeit der Elektronen) mit elektronischen Mitteln recht gut messen und damit den Abstand zwischen Teilchenspur und Draht auf etwa ein Zehntel Millimeter genau bestimmen. Den inneren Teil der Großdetektoren bilden im wesentlichen dicht aneinandergereihte Zähler dieser Art, wobei allerdings die Außenwände der Zähler oft auch aus Drähten bestehen und nicht aus einem Rohr. Solche Systeme werden Driftkammern genannt.»

Charpak entschuldigt sich – er möchte noch einiges an seinem Vorzeigezählrohr in Ordnung bringen. Wir verabschieden uns, und beim Weitergehen erzähle ich Barbara, daß Charpak 1992 für seine Beiträge zur Entwicklung dieser Drahtkammern den Nobelpreis erhalten hat. Er hat sich auch für andere Anwendungen seiner Kammern interessiert, besonders in der Medizin, zum Beispiel zum Nachweis von Röntgenstrahlen. Dabei kann die Strahlenbelastung der Patienten erheblich reduziert werden – ein sehr aktuelles Thema.

«Bei HERA haben wir uns doch zwei Großdetektoren angeschaut, in die Driftkammern eingebaut sind, die man freilich nicht sehen konnte, weil sie tief im Innern stecken. Ich würde aber gern wissen: Wozu wollt ihr die Spuren der Teilchen denn so genau ausmessen?»

«Es geht hier meist darum, den Impuls der in einer Reaktion erzeugten Teilchen zu bestimmen. Dazu braucht man ihre Richtung und die Krümmung ihrer Bahn in einem Magnetfeld. Deshalb sind solche Großdetektoren in einen Magneten eingebaut.»

«Krümmung… und Magnete… kommt hier die Lorentz-Formel ins Spiel?»

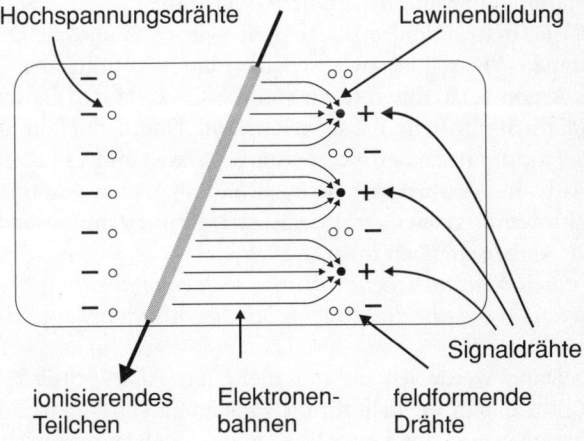

Querschnitt einer Driftkammer

«So ist es. Dabei ist jedoch die Krümmung oft sehr gering, und man muß schon sehr genau messen, um sie zu bestimmen.»

Um uns stehen viele solcher Driftkammern und die dafür nötigen Elektronikkomponenten.

«Aber wir sollten noch einmal zu unseren einfachen in ein Rohr eingebauten Drahtkammern zurückkehren.»

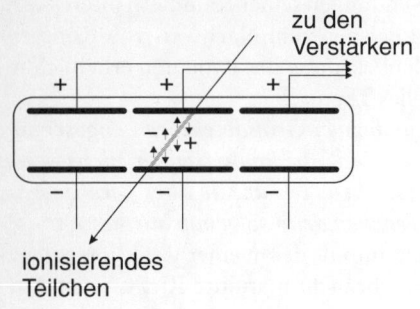

zu den
Verstärkern

ionisierendes
Teilchen

Schema einer Ionisationskammer, die meist mit flüssigem Argon gefüllt wird

Wenn man die Spannung zwischen Draht und Außenrohr noch geringer als in einer Driftkammer wählt, dann kommt es schließlich gar nicht mehr zur Lawinenbildung am Draht: Das Signal entspricht genau der Zahl der ankommenden Elektronen, ist aber sehr klein. Hier wären sehr aufwendige Verstärker nötig, um die Signale registrierbar zu machen. Es ist außerdem gar nicht mehr nötig, Drähte zu benutzen. Zwei ebene Platten tun es auch. Dies sind die sogenannten Ionisationskammern oder -zähler.

Um verwertbare Impulse zu erhalten, wird nun anstelle des Gases eine geeignete Flüssigkeit zwischen die Platten gefüllt, meist extrem sauberes Argon bei Temperaturen von etwa − 190 Grad Celsius, denn da befindet sich Argon im flüssigen Zustand. Das Signal fällt nun etwa um einen Faktor tausend größer aus als bei Gasen und kann mit akzeptablem Aufwand verstärkt werden. Auch diese Art von Kammern wird bei Detektoren in großer Zahl eingesetzt. Einige zehntausend Zellen sind heute keine Seltenheit mehr.

«*Mit der Ionisation scheint ihr ja eine Menge anzufangen*», meint Barbara. «*Aber bei mir dreht sich schon der Kopf vor lauter Detektoren!*»

«Gut. Dann werde ich dir nur mehr das Allerwichtigste zeigen. Halbleiter, wie man sie auch für die Erzeugung von Elektronik-Chips verwendet, reagieren auf die Ionisation der Teilchen, die durch sie hindurchfliegen. Damit können extrem genaue Ortsbestimmungen durch-

Absorberplatten

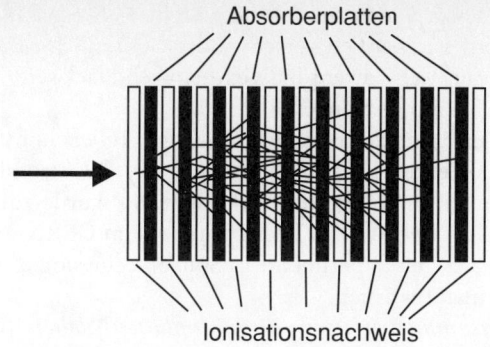

Ionisationsnachweis

Das Prinzip der Kalorimetrie

geführt werden. Und dann gibt es noch Zähler, die gar nicht die Ionisation ausnutzen, sondern andere Effekte, wie zum Beispiel die Tscherenkow- und die Übergangsstrahlung. Das lassen wir aber lieber für ein nächstes Mal.

Was ich vielleicht noch erwähnen sollte, sind die heute benutzten Kalorimeter: die findest du nämlich kaum in einem Lehrbuch. Es handelt sich um sandwichartige Stapel aus möglichst dichtem Material. Die Zwischenräume sind mit ionisationsempfindlichen Zählern (es werden hier verschiedene Arten benutzt) gefüllt.

Sinn dieser riesigen Anlagen ist die Bestimmung der Energie von Teilchen oder engen Teilchenbündeln im Bereich einiger hundert GeV. Hier ist die Krümmung der Teilchen in einem Magnetfeld viel zu klein, um noch gemessen werden zu können.

Die Teilchen verursachen Kernzertrümmerungen und andere Wechselwirkungen in den Materieplatten des Kalorimeters, deren Reaktionsprodukte dann in den ionisationsempfindlichen Zwischenschichten registriert werden. Die Summe dieser Signale ergibt die Gesamtenergie der einfallenden Teilchen oder Teilchenbündel, und zwar, was sehr erstaunlich ist, mit einer Genauigkeit von einigen Prozent.

«Warum nennt man diese Apparaturen ‹Kalorimeter›?»

«Unter Kalorimetrie versteht man die Bestimmung der Gesamtenergie – meist Wärmeenergie –, die zum Beispiel bei einer chemischen Reaktion entwickelt wird. Dabei muß sichergestellt werden, daß keine Energie (unbemerkt) nach außen verschwindet. So ähnlich ist es hier auch, und deshalb muß der Plattensandwich genügend dick sein: nichts darf (im Prinzip) nach außen dringen.»

Man sollte vielleicht noch erwähnen, daß den Teilchenphysikern eine führende Rolle bei der Entwicklung modernster Elektronik, Datenverarbeitung und Kommunikation zukommt. So wurde zum Beispiel das World Wide Web (WWW) des Internet beim CERN in Genf entwickelt. Für die riesigen Experimente ist Spitzentechnologie auf diesen Gebieten eben unentbehrlich.

«Ich versuche zusammenzufassen: Kernfotoplatten, Nebel-, Blasen- und Funkenkammern kommen ins Museum, Geigerzähler bekommen die Umweltschützer für die Suche nach radioaktivem Müll. Die ehrwürdigen Szintillationszähler, die uralten Ionisationskammern (jetzt mit flüssiger Füllung), die Proportionalzähler oder -kammern (mit moderner Driftzeitmessung) und einige besondere Halbleiter bilden 99 Prozent eurer heutigen superkalorimetrischen High-Tech-Detektoren. Ich schlage vor, daß wir wieder zu unseren Teilchen zurückkehren...»

3
Von Quanten und anderen Teilchen

Barbara versucht nun doch, eines der Elektronen, das in einem Gold-atom vor uns herumschwirrt, sanft zu streicheln. Kaum berührt sie es, springt es weg.

«Wenn du es berührst, stellst du fest, wo es vielleicht gerade vorher war. Wo es nun ist, weißt du dann aber wieder nicht. Außerdem findest du es bei jedem Versuch an einer anderen Stelle. Und wenn du seine Geschwindigkeit (oder genauer, seinen Impuls) bestimmen wolltest, würdest du auch jedesmal einen anderen Wert erhalten. Es ist, als wäre hier alles irgendwie nicht erfaßbar oder unbestimmt!»

«Du hast mir doch gerade von euren Super-Driftkammern erzählt, mit denen man den Ort, an dem sich ein Teilchen einmal aufgehalten hat, sehr genau bestimmen kann...»

«Für atomare Dimensionen war das gar nicht sehr präzise. Das ganze Gelände unseres Zoos ist doch etwa zehntausendmal kleiner als ein Zehntelmillimeter – das war die Genauigkeit der Messungen mit Driftkammern.»

«Und ich dachte immer, ihr Physiker könnt die Bahnen der Körper und Teilchen, die in der Welt herumfliegen, recht genau berechnen, wie ihr das ja auch mit den Planeten und Satelliten macht», kontert Barbara, während wir nun langsam weitergehen.

«Das war nur in der klassischen Physik so – hier aber nicht. Das ist wieder eine Eigenart der Quantenwelt.»

«Der teuflischen Quantenwelt...»

Heisenbergs unvermeidliche Unschärfe

«Was du eben streicheln wolltest, war eines der Elektronen eines Atoms, das sich um den Kern bewegt. Wenn du es berührst, veränderst du seinen Zustand radikal. Vielleicht ist es dabei auf einem höheren Energieniveau gelandet, also in einem angeregten Zustand, oder es hat sogar sein Atom ganz verlassen.»

«Das wäre dann wohl Ionisation...», meint Barbara.

Wenn man die Position eines Elektrons, das beispielsweise an einen Kern gebunden ist, wirklich messen könnte, und wenn man dies dann wiederholte, würde man normalerweise jedesmal einen anderen Wert erhalten. Und wenn man dann jeden gemessenen Wert der Position entlang einer Achse (oder Meßlatte) als ein Kreuzchen oder Kreis einträgt, ergibt sich ein mehr oder weniger breites Häufchen. Man nennt das eine «Verteilung». Ihre Breite zeigt grob an, wie groß das Atom ist.

Wir können vielleicht auch (wenigstens in Gedanken) die Geschwindigkeit – oder besser die Impulse – der angetippten Elektronen messen. Wenn wir nun auch diese Werte aufzeichnen, erhalten wir wieder eine Verteilung. Ich sollte es vielleicht etwas genauer formulieren: Man meint hier den Teil des Impulses in Richtung der Achse, auf der wir auch die Position gemessen haben. Man errechnet ihn aus der Geschwindigkeit in dieser Richtung.

Wir haben also schließlich zwei Verteilungen, eine für die Position und eine für den Impuls. Ich ziehe meinen Notizblock hervor und zeige, wie sie aussehen könnten.

«Breite und Form dieser beiden Häufchen sind wichtige und sogar recht präzise Aussagen über unser Elektron.»

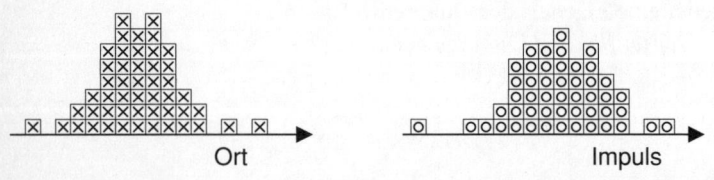

Ergebnisse der Messung des Ortes und des Impulses eines Teilchens im atomaren Bereich

Bei atomaren Systemen kann man nur die Wahrscheinlichkeit eines bestimmten Ergebnisses einer Messung angeben, zum Beispiel 5 Prozent für den hier markierten Bereich der Verteilung

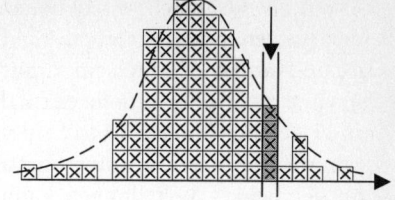

«*Das ist nicht viel. Und von ‹präzise› kann wohl keine Rede sein! Wir befinden uns in einer recht verschwommenen Welt!*» protestiert Barbara. «*Ich kann anscheinend prinzipiell nie genau feststellen, wo sich (innerhalb so einer Verteilung) ein Teilchen wirklich aufhält – oder welchen Impuls es hat. Was bedeutet das?*»

«Ich weiß im Grunde nur, daß ich als Ergebnis einer Messung Werte innerhalb der beiden Verteilungen erhalten werde. Für einen bestimmten Ort, zum Beispiel etwas rechts von der Mitte eines Häufchens, kann ich nur die ‹Wahrscheinlichkeit› für das Ergebnis einer Messung der Position angeben. Je hundert Versuche werde ich zum Beispiel in etwa fünf Fällen zwischen den zwei markierten Stellen ein Teilchen antreffen.»

«*Daß man für die Position nur eine Wahrscheinlichkeit angeben kann, ist mir unheimlich.*»

«Ist es auch! Aber nur im Mikrokosmos kommt dies zur Geltung.»

«*Diese Verteilungen könnten ja sonderbare Formen haben, womöglich auf jeder Seite lange Schwänze, wie du es in deiner Skizze ja angedeutet hast. Das bedeutet dann, daß sich ein Teilchen recht weit entfernt von seiner mittleren Position befinden kann, allerdings mit sehr geringer Wahrscheinlichkeit!*»

«So ist es tatsächlich!»

«*Dann gibt es also auch eine kleine Wahrscheinlichkeit, mich auf dem Mond zu finden, wenn man mich dort suchen würde?*»

«Ja, auch das ist wahr. Und man könnte die Wahrscheinlichkeit dafür sogar berechnen. Da müßte ich dich wohl viele Millionen Jahre auf dem Mond suchen!

Doch nun kommt das Wichtigste dieser ganzen Angelegenheit: Die Breiten dieser beiden Verteilungen (zum Beispiel in halber Höhe gemessen) sind grundsätzlich miteinander verknüpft. Multipliziert man die beiden Breiten, erhält man eine Zahl, die niemals kleiner als eine sehr wichtige Naturkonstante sein kann, und zwar die berühmte Planck-Konstante h, dividiert durch viermal die Zahl Pi (übrigens, die durch zwei Pi geteilte Planck-Konstante wird oft ‹reduzierte Planck-Konstante› oder ‹h-quer›, ein durchgestrichenes h, genannt). Je nach der Form der beiden Verteilungen kann das Produkt ihrer Breiten auch größer als diese Naturkonstante ausfallen, aber nie kleiner.

Dieses wichtige Gesetz gilt nicht nur für die Elektronen eines Atoms, sondern für alle Systeme, sowohl des Mikrokosmos als auch der normalen Welt. Es gilt nämlich immer, nur daß es bei den Dimensionen, die im täglichen Leben vorkommen, keine Wirkung hat, was sich aus dem kleinen Zahlenwert der Planck-Konstante ergibt. Wenn man zum Beispiel die Position eines fahrenden Autos auf einen Zentimeter genau bestimmen kann, dann würde man nach unserer Regel gleichzeitig seine Geschwindigkeit fast beliebig genau messen können, jedenfalls genauer als auf einen Kilometer pro Stunde, etwa sechsunddreißigmal durch zehn dividiert (!), was ja in der Praxis gar nicht machbar wäre: der Meßfehler wäre schon viel größer.»

«*Was wohl auch der Polizei genügen sollte!*»

«Für das Elektron eines Wasserstoffatoms würde man dagegen (aufgrund der Größe des Atoms) einen Geschwindigkeitsbereich von etwas mehr als tausend Kilometer pro Sekunde (nicht pro Stunde!) erhalten.»

«*Ganz schön schnell, diese kleinen Dinger! Wenn ich die Größe des Wasserstoffatoms aus deiner Tabelle als etwa zehntausend Femtometer annehme, könnte ich mir jetzt vielleicht vorstellen, wie klein die Planck-Konstante tatsächlich sein muß…*»

«Diese Regel hat noch eine andere Anwendung: Sobald man halbwegs die Größe eines beliebigen Gegenstands oder Systems ermittelt hat, kann man damit feststellen, ob es nach den Gesetzen der Quanten zu behandeln ist oder ob die klassische Mechanik dafür genügt. So ähnlich ist es ja mit der Lichtgeschwindigkeit c: Wenn die behandelten Teilchen oder Objekte ihr nahekommen, dann zeigt dies an, daß man die Formeln der relativistischen Mechanik einsetzen muß.»

«*Das ist ein Trost, denn Quantenwelt und Relativität sind mir noch etwas ungeheuer. So bleiben also die Grenzen der Gültigkeit der ver-*

gleichsweise soliden und verständlichen klassischen Physik recht gut festgelegt, wie mir scheint.»

«Wenn man die Größe eines atomaren Gebildes kennt, dann weiß man auch ungefähr, wie schnell im Durchschnitt die Teilchen sind, die in ihm umherfliegen, oder, wie ich es schon genauer formuliert habe, welche Werte der Impuls (in einer bestimmten Richtung) im Durchschnitt erreicht. Wir können die Aussage für jede beliebige Richtung wiederholen.»

Der Einsatz des Impulses (statt der Geschwindigkeit) beinhaltet, daß die Regel für alle Teilchen gilt, die sich in dem Gebilde befinden, unabhängig von ihrer Masse. Und sie gilt sogar dann, wenn die Teilchen sehr schnell sind und man für den Impuls die genaueren Formeln der Relativität anwenden muß.

Heisenberg

Je kleiner also ein Objekt ist, um so größer sind die Impulse der in ihm enthaltenen Teilchen. Die Planck-Konstante definiert diese Beziehung. Der merkwürdige Zusammenhang zwischen Ort, Impuls und Planck-Konstante gehört zu den berühmten von Werner Heisenberg 1927 formulierten Unschärfe- oder Unbestimmtheitsrelationen der Quantenmechanik.

«Gibt es denn da noch andere?» fragt Barbara besorgt.

«Ja, es gibt noch weitere, die auch für die Teilchenphysik besonders wichtig sind. So wie Ort und Impuls miteinander verknüpft sind, so hängen auch Zeit und Energie zusammen!»

«Das kann ja grausam werden!»

«Tatsächlich kann man mit der beobachteten Gesamtenergie eines Systems und so etwas wie seiner Lebensdauer wieder zwei Verteilungen bilden, deren Breiten nach derselben Regel mit der Planck-Konstante zusammenhängen. Die Zeit, die ein System im Durchschnitt lebt oder beobachtet wird, und seine mittlere Gesamtenergie ergeben dann miteinander multipliziert einen Wert, der nicht kleiner als die halbe reduzierte Planck-Konstante sein darf. Je kürzer ein System lebt oder beobachtet wird, um so größer ist die Energie, die es in dieser Zeit im Prinzip haben oder kurzfristig erreichen kann.»

Barbara überlegt einige Sekunden.

«*Moment: wenn also ein System extrem kurz lebt, dann kann seine Gesamtenergie horrend hohe Werte annehmen. Da wir nicht genau voraussagen können, welche Energie es dann hat – es handelt sich hier sicher um Wahrscheinlichkeiten –, wird dabei wohl meist der Erhaltungssatz der Energie arg verletzt! Hoffentlich hört uns Herr von Helmholtz jetzt nicht zu! Da sieht man doch, daß es mit der Erhaltung der Energie nicht ganz so ernst genommen wird!*»

«Sobald man aber ein Weilchen wartet, wird die Energie doch wieder recht genau erhalten bleiben! Der Zustand überhöhter Energie muß also sehr schnell wieder verschwinden. Im täglichen Leben können wir diese Energieschwankungen überhaupt nicht feststellen, und die Ruhe des Herrn von Helmholtz wird nicht gestört.»

«*Wenn ich jetzt noch die Äquivalenz von Masse und Energie laut Einstein berücksichtige, dann heißt das doch, daß ich während einer sehr kurzen Zeit sogar viermal so schwer wie normal sein könnte! Ich möchte lieber nicht daran denken.*»

$$\Delta_x \cdot \Delta_P \geqslant h/4\pi$$
$$\Delta_t \cdot \Delta_E \geqslant h/4\pi$$
$$\Delta_\phi \cdot \Delta_J \geqslant h/4\pi$$

«Ja, Ort und Impuls sowie Zeit und Energie sind jeweils durch die Unbestimmtheits- oder Unschärferelationen von Werner Heisenberg miteinander verknüpft – und dies wurde auch schon in unzähligen Experimenten überprüft. Eine weitere Beziehung dieser Art besteht zwischen Drehimpuls (oder Drall) und Winkelposition, beide immer auf eine bestimmte Achse bezogen (die man sich auch hier frei aussuchen kann). Dort hat jemand die entsprechenden Formeln in einen Stein gemeißelt.»

«*Die ich hoffentlich nicht verstehen muß*», bemerkt Barbara und macht sich trotzdem eine Notiz. «*Man kann ja nie wissen…*»

«Dazu noch eine Bemerkung: Wer viel mit Wellen zu tun hat, wie zum Beispiel Radartechniker, der kann sich Heisenbergs Unschärfe sehr gut vorstellen, weil beim Radar sehr ähnliche Beziehungen vorkommen, nämlich bei der Erzeugung sehr kurzer (also relativ gut lokalisierbarer) Wellenimpulse. Je besser das Wellenpaket (der Radarimpuls) lokalisiert ist, um so breiter ist das Spektrum der zu seiner Erzeugung nötigen Frequenzen (Breitbandsender).

All diese Zusammenhänge wurden experimentell überprüft und bestätigt.»

«*Womit wir es laut Chefideologe Galileo Galilei auch anerkennen müssen, ob es uns nun gefällt oder nicht. Wir sind ja nicht die Inquisition. Aber waren nicht Energie, Impuls und Drall gerade eure heiligen Kühe, die immer erhalten bleiben. Im Bereich der Quanten ist das wohl nicht mehr ganz wahr...*»

Langsam wandeln wir im Elektromagnetischen Garten weiter. Das mit der Unschärfe ist ein harter Brocken, den Barbara noch verdauen muß.

«*Woher kommt denn diese so wichtige und nützliche Planck-Konstante?*» möchte sie plötzlich wissen.

«Das sollte uns doch ein Spezialist erläutern.»

Plancks große Quantenrunde

Ich nehme Barbara vorsichtig am Arm und führe sie auf einem Seitenweg in eine Art Lustgarten. Wir setzen uns auf eine Bank, rund um uns sorgfältig gepflegte Hecken aus Molekülen verschiedenster Bauart, eine merkwürdige Skulptur und eine Reihe von Büsten anscheinend berühmter Herren. In der Mitte steht anstelle eines Springbrunnens ein schönes rundes Atom, wieder auf einem Sockel.

«Das erinnert mich alles irgendwie an die verträumten Ecken im Schloß Schönbrunn bei Wien, in die mich mein Großvater früher öfters geführt hat. Wir befinden uns jedoch im historischen Quantenrondell – in der Mitte unser Prachtexemplar: ein Uranatom mit insgesamt 92 Elektronen», erkläre ich Barbara.

«*Und wer ist da so groß verewigt worden?*» unterbricht sie mich und zeigt auf die seltsame Statue, die genau uns gegenüber steht.

«Das ist Max Planck. Es handelt sich um die Kopie einer umstrittenen Skulptur, die mir sehr gut gefällt. Das Original steht im Institut für Hochenergiephysik in Zeuthen südlich von Berlin, das nach der deutschen Vereinigung ein Teil des Forschungs-

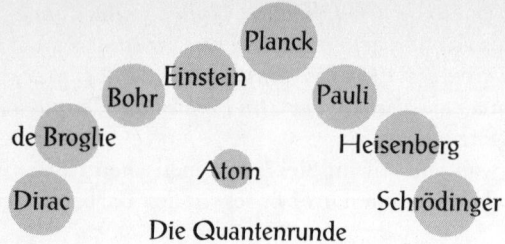

Planck
Einstein
Bohr   Pauli
de Broglie   Heisenberg
Atom
Dirac   Schrödinger
Die Quantenrunde

zentrums DESY geworden ist. Die Skulptur soll den berühmten Forscher darstellen, der von 1858 bis 1947 gelebt hat und als erster Kontakt mit der Welt der Quanten aufnahm. Er ist es, der die nach ihm benannte Konstante eingeführt hat», erkläre ich Barbara. «Ich habe mit ihm ein Treffen verabredet, und er wird sicher gleich hier sein, um uns einiges über die gute alte Zeit zu berichten.»

Wir warten geduldig, bis schließlich ein älterer Herr hinter uns erscheint. Ich stelle ihm unsere Besucherin vor, und nach einem freundlichen Händeschütteln setzt er sich zwischen uns auf die Bank. Er erklärt uns als erstes, daß er nicht glaube, je in seinem Leben so ausgesehen zu haben wie die Skulptur vor uns; aber man müsse den Künstlern ihre Freiheit lassen. Barbara läßt sich gar nicht erst auf eine Diskussion über Ästhetik ein, sie will gleich einiges von ihm wissen.

«Wie kamen Sie, Herr Professor, auf die heute nach Ihnen benannte Konstante, die ja, wie ich soeben erfahren habe, gewissermaßen die Grenze zur Quantenphysik darstellt?»

Planck

«Ich hatte schon kurz vor 1900 entdeckt, daß die Wärmestrahlung, die heiße Körper aussenden, in kleinen Portionen auftreten muß, die ich Quanten nannte. Ohne diese neue Annahme (also im Rahmen der konventionellen klassischen Physik) konnte ich die gemessenen Eigenschaften der Strahlung nicht erklären. Ich mußte eine einfache Beziehung zwischen der Energie (W) der abgestrahlten Portionen und der Schwingungsfrequenz (f) der Strahlung (es handelt sich ja um elektromagnetische Wellen) einführen: Das Verhältnis zwischen den beiden (*W* dividiert durch *f*) ergibt immer die gleiche Zahl, die Naturkonstante *h*. Hier erschien also zum erstenmal meine Konstante, noch ohne Querstrich. Ich nannte sie Wirkungsquant, weil sie in den Einheiten einer physikalischen Wirkung gemessen wird (als Produkt von Energie mal Zeit). Meine sonderbare Theorie der Wärmestrahlung hat sich als sehr brauchbar erwiesen, sie war also erfolgreich.»

«Schon wieder ist die Energie mit der Zeit verknüpft...»

«Zu meinem großen Entsetzen hat dann 1905 Albert Einstein diese Betrachtungen auch auf das Licht erweitert, abgeleitet aus den Ergebnissen von Experimenten, bei denen Licht an der Oberfläche von Körpern absorbiert wurde. Aber Einstein hatte schließlich recht: Auch das Licht kommt in kleinen Portionen, also in Quanten. Einstein kam zu dem Schluß, daß elektromagnetische Strahlung immer in Form von Quanten auftritt, die er dann Photonen nannte. Der unterschiedlichen Frequenz der Strahlung entsprechen in diesem Fall die Farbe des Lichts und jeweils eine Energie der Photonen.»

«Deshalb haben wir Einstein auch eine Büste gewidmet», unterbreche ich, «die gleich neben der Planck-Statue steht.»

«Aber er will hier persönlich nicht erscheinen, weil er später in seinem Leben der moderneren Quantentheorie sehr skeptisch gegenüberstand», klärt uns Planck auf.

«Die Planck-Konstante ist dann noch in vielen anderen Zusammenhängen aufgetaucht», erkläre ich Barbara.

Der französische Physiker Prinz Louis de Broglie etwa hat 1924 noch einen weiteren Schritt vorgeschlagen. Demnach sollten sich Teilchen mit Masse auch wie Wellen verhalten. Ihre Wellenlänge ist mit ihrem Impuls verknüpft: Das Produkt ergibt die Planck-Konstante und kann wieder als eine physikalische Wirkung betrachtet werden, es ist das gleiche Plancksche Wirkungsquant.

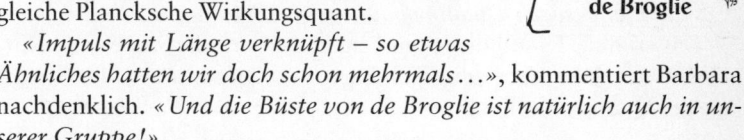

de Broglie

«Impuls mit Länge verknüpft – so etwas Ähnliches hatten wir doch schon mehrmals...», kommentiert Barbara nachdenklich. *«Und die Büste von de Broglie ist natürlich auch in unserer Gruppe!»*

Der Vorschlag von de Broglie wurde 1927 mit Elektronen getestet.

Das Ergebnis war klar und deutlich: Elektronen benehmen sich genauso wie elektromagnetische Strahlen (also Wellen) der entsprechenden Frequenz, wenn man sie nach der Formel von de Broglie umrechnet. Somit waren also diese Wellen-Teilchen-Vorstellungen voll bestätigt. Zu den Experimentatoren, die diesen eindeutigen Beweis erbrachten, zählte übrigens der Physiker Sir George Paget Thomson, der Sohn unseres Sir Joseph John Thomson, beide Nobelpreisträger.

Die Entwicklung schritt in diesen goldenen Jahren der Quantentheorie rasant voran. Der österreichische Theoretiker Erwin Schrödinger (der auch in unserer Runde steht) schlug schon 1926 eine Gleichung vor, deren Lösung die Zustände eines Teilchens oder Teilchensystems (und auch ihre Bewegung, solange sie nicht zu schnell war) darstellte. Hier kam der Wellencharakter sehr anschaulich zur Geltung. Allerdings handelt es sich um so etwas wie Wahrscheinlich-

Schrödinger

keitswellen und nicht um elektromagnetische Wellen oder oszillierende Felder wie beim Licht. Es wird daraus sehr klar verständlich, warum man für die Position eines Teilchens immer nur eine Wahrscheinlichkeit angeben kann. Man nennt diese Theorie Wellenmechanik. Werner Heisenberg arbeitete schon 1925 an diesen Problemen (als Vierundzwanzigjähriger bei Niels Bohr in Kopenhagen) und kam dann praktisch zur gleichen Zeit, jedoch mit ganz anderen mathematischen Mitteln zu sehr ähnlichen Ergebnissen. Sehr bald zeigte sich, daß diese beiden anscheinend so unterschiedlichen Darstellungen äquivalent sind.

Heisenberg hat 1927 mit Hilfe der Planck-Konstante auch das formuliert, was uns hier gerade beschäftigt hat: die Unschärfe in der Welt der Quanten.

«*Wir stehen also in Heisenbergs Nebel! Und ich hoffe, daß ich die Schrödinger-Gleichung nicht unbedingt lösen muß, um mich in der Welt der Planckschen Quanten halbwegs wohl zu fühlen.*»

«Das stimmt. Es soll dir ja nur zeigen, wie sich die Sache geschichtlich entwickelt hat», beruhige ich Barbara. «Dies war also die Grundlage der Quantenmechanik.»

Diracs Antiteilchen

Bald darauf schlug der englische Physiker Paul Adrienne Maurice Dirac eine Wellengleichung vor, die auch für sehr schnelle Teilchen gültig ist, weil sie die relativistische Mechanik von Einstein berücksichtigt. Er kam bei seinen Untersuchungen im Jahr 1928 außerdem zu dem Schluß, es müsse zu den Elektronen, die ja von seiner Gleichung beschrieben werden, auch noch Teilchen oder Zustände mit negativer Energie geben, die dann allerdings auf sehr seltsame Art in Erscheinung treten müßten, nämlich durch ihr Fehlen. Nach einem recht skurrilen Argument, das ich dir hier nicht erklären kann (ich glaube, ich verstehe es selbst nicht anschaulich genug), folgerte er, es gebe in der Natur auch elektrisch positiv geladene Elektronen, eine Art Spiegelbild der Elektronen, die Positronen genannt wurden.

Dirac

«Sind das die berühmten Antiteilchen? Die schwarzen Schafe in unserer schneeweißen Elektronenherde?»

«Genau!»

«Und sie wurden erstmals rein theoretisch vorausgesagt?»

«Ja! Aber schon vier Jahre danach hat Carl Anderson, ein Schüler von Robert Millikan (der mit den Tröpfchen), bei der Untersuchung der Höhenstrahlen Spuren von einem Teilchen entdeckt, das sich wie ein Elektron benahm, jedoch positive elektrische Ladung hatte. Er konnte dies durch die Ablenkung der Teilchen in einem Magneten feststellen: Die Bahnen negativer Teilchen krümmen sich nämlich in eine Richtung, die der positiven in die entgegengesetzte.»

Anderson

Ich skizziere auf meinem Block für Barbara, was ich damit meine, und sie nimmt das Blatt gleich an sich.

«Und wenn das Teilchen nun andersrum fliegt, dann ist alles falsch!»

«Tatsächlich mußte Anderson auf ein Teilchen warten, von dem er die Flugrichtung kannte, weil es in einer Metallplatte Energie verloren

hatte. Dabei konnte er auch seine Masse bestimmen und es so als positives Elektron identifizieren. Sehr bald wurde seine Entdeckung auch von anderen Forschern bestätigt. Es stellte sich heraus, daß die positiven Teilchen sehr oft paarweise mit normalen (negativen) Elektronen erzeugt wurden. Auch dies entsprach Diracs Idee! Somit war das erste Antiteilchen identifiziert, und die Quantentheorie feierte eine sehr wichtige Bestätigung!»

«*Daß bei der Erzeugung eines positiven Teilchens auch ein negatives dazugehört, kann man wohl aus der Erhaltung der elektrischen Ladung ableiten, wenn ich nicht irre.*»

«Jein. Ein Positron könnte zum Beispiel auch aus einem Proton entstehen, das ja die gleiche elektrische Ladung hat. Das Proton würde sich dabei in ein Neutron verwandeln, und die Summe der elektrischen Ladungen bliebe erhalten. Hier handelt es sich aber um einen komplizierteren Vorgang, mit dem wir uns noch beschäftigen werden.»

Wie sich bald herausstellte, haben alle Teilchen Antiteilchen mit genau der gleichen Masse, aber umgekehrter Ladung. Es handelt sich also um ein allgemeines Naturgesetz, das im Laufe der Jahre sehr oft bestätigt wurde. Für fast alle Teilchen wurden auch die entsprechenden Antiteilchen gefunden, Ende 1995 sogar Anti-Wasserstoffatome.

Wenn Teilchen und ihre Antiteilchen aufeinandertreffen, kann es zu spektakulären Vernichtungsprozessen kommen. Dabei kann sich zum Beispiel die gesamte Masse beider Teilchen in Energie umwandeln und dann in Form von Photonen explodieren.

«*Wenn es in der Höhenstrahlung Antiteilchen gibt, müßte unsere Erde doch schon langsam in die Luft gehen!*»

«Nein. Die Antiteilchen der Höhenstrahlung werden erst in der Atmosphäre erzeugt, es sind also relativ wenige, und sie werden dann sehr bald wieder vernichtet. Aus dem All erreichen uns kaum Antiteilchen. Alle Beobachtungen weisen bis jetzt darauf hin, daß es in unserem Universum nur Galaxien aus Materie gibt – und keine aus Antimaterie. Es gibt auch schon Theorien, mit denen man verstehen kann, wieso nach dem Urknall die ursprünglich vorhandene Antimaterie vollständig verschwunden ist.»

«Ich sollte vielleicht wieder einmal meinen Kosmologie-Freund besuchen...»

Planck erklärt uns nun, daß er das Glück hatte, all diese interessanten Arbeiten seiner jüngeren Kollegen noch viele Jahre bis zu seinem Tod 1947 verfolgen und bewundern zu dürfen. «Es war erstaunlich, was da alles herausgefunden wurde und wieviel davon auch zum Fortschritt der Menschheit beigetragen hat. Die Erforschung des Aufbaus der Atome war mit der Entwicklung der Quantenmechanik eng verknüpft. Beides gehört wohl zu den wichtigsten wissenschaftlichen Errungenschaften der ersten Hälfte des 20. Jahrhunderts.»

«Was aber 1945 auch mit der schrecklichen Atombombe und der umstrittenen Energieerzeugung aus Uran endete!» meldet sich Barbara zu Wort.

«Ja, die hat uns alle sehr betrübt, besonders die Bombe und ihr tatsächlicher Einsatz. Aber zu diesen Entwicklungen war eigentlich nur ein sehr kleiner Teil des neuen Grundwissens notwendig und dann enorm viel Geld und Technologie», antwortete Planck.

Ich bemerke noch dazu, daß wissenschaftlicher Fortschritt und überhaupt jede Entwicklung im allgemeinen auch für böse oder schädliche Zwecke eingesetzt werden kann. Aus Eisen macht man auch Waffen, und mit elektrischem Strom betreibt man auch Folterwerkzeuge. Die Forscher haben allmählich gelernt, daß sie eine besonders große Verantwortung haben: Sie besteht darin, vor den Gefahren jedes neuen Wissens eindringlich und unüberhörbar zu warnen. Das ist wohl öfter versäumt oder überhört worden.

«Gut, daß darüber viel nachgedacht wird. Ich möchte jetzt nicht darüber streiten. Das können wir später nachholen.»

«Trotzdem kann es zu einem kleinen Überblick dienen: Das 19. Jahrhundert hat uns die klassische Physik beschert, die Grundlage der Industrialisierung. Die erste Hälfte des 20. Jahrhunderts brachte uns die von Max Planck schon erwähnte Atom- und Quantenphysik, die den Weg für unser elektronisches Zeitalter bereitet hat. Und in der zweiten Hälfte wurden dann die Quarks, ihre superstarken Kräfte und weitere Details über die Wechselwirkungen entdeckt. Was uns dies nun bringen wird, wissen wir noch nicht, genauso wie man zu Maxwells Zeiten nicht wußte, wozu die Elektrizität gut sein würde.»

«Oder auch welche Gefahren sie birgt...»

Barbara faßt dabei die Elektronen, die im Uranatom auf dem Steinsockel vor uns herumflitzen, fest ins Auge.

«Die sausen jetzt angeblich alle wie wild um ihren winzigen Kern herum, vielleicht auch mit tausend Kilometern pro Sekunde – mit Heisenbergs Unschärfe. Schön, daß sie hier so ungeheuer groß dargestellt sind – und langsam. Wo bleibt denn da der Kern?»

«Bei einem Durchmesser des ganzen Atoms von etwa einem Meter – den das Uranatom vor uns freilich nur in unserer Gedankenwelt hat – würde der Kern so groß wie ein Staubkorn sein, also nur etwa ein Zehntel eines Millimeters, was ja kaum sichtbar ist.»

«Da das Atom friedlich vor uns liegt, kann ich wohl annehmen, daß die Elektronen schon genügend Energie abgestrahlt haben und sich nun alle in ihrem Grundzustand befinden. Sie scheinen sich aber nicht alle auf der kleinsten Bahn zu bewegen. Da stimmt wohl was nicht!»

«Liebes Fräulein», meint hierzu Planck, «der Schritt von einem einfachen Wasserstoffatom mit nur einem Elektron und seinen möglichen angeregten Zuständen zu den komplizierteren Atomen mit mehr Elektronen, also höherer Ordnungszahl, war recht schwierig.»

«Der berühmte dänische Physiker Niels Bohr (dessen Büste ebenfalls hier steht) hat dafür wichtige und bahnbrechende Annahmen eingeführt. Die Elektronen eines stabilen Atoms befinden sich in Zuständen, die durch Quantenzahlen genau definiert sind.»

«Die magischen Quantenzahlen…»

«Diese Quantenzahlen entsprechen Eigenschaften (etwa Energie und Drehimpuls), die man

N. Bohr

auch bei den Bahnen von Planeten (zum Beispiel im Sonnensystem) vorfindet. Deshalb spricht man von Elektronenbahnen um den Kern, obwohl wir heute wissen, daß es genaue Bahnen gar nicht gibt, sondern nur verschwommene Anwesenheitswahrscheinlichkeiten.»

Niels Bohr, der für die Quantenphysiker eine Art Vaterfigur war (und auch heute noch ist), hat schon 1913 schlichtweg postuliert, daß die Elektronen stabil auf diesen unterschiedlichen Bahnen kreisen und eben nicht durch die Abstrahlung tiefer in das Atom fallen können.

Bohr hat sich hauptsächlich um die Grundideen gekümmert. Eine präzisere mathematische Formulierung oder Ableitung wurde später von seinen meist jüngeren Kollegen erledigt. So war es der österreichische Physiker Wolfgang Pauli, der Anfang 1925 erkannte, wie die unterschiedlichen Bahnen von Bohr im Rahmen der Quantenmechanik genauer zu verstehen sind. Die verschiedenen Elektronen in einem Atom müssen sich immer durch ihre Quantenzahlen unterscheiden: Nie

Pauli

können also zwei mit genau den gleichen Quantenzahlen auf der gleichen Bahn kreisen. Dies ging als das «Pauli-Prinzip» (auch Exklusionsoder Ausschließungsprinzip genannt) in die Geschichte der Physik ein, und Pauli erhielt dafür 1945 den Nobelpreis.

«Wenn also der Grundzustand schon belegt ist, dann muß sich das nächste Elektron weiter außen ansiedeln und das nächste noch weiter außen... Ist eigentlich klar! Dann könnte man sich denken, daß die möglichen Bahnen oder Zustände in einem normalen Atom, von innen angefangen, mit Elektronen gefüllt werden, bis das ganze Atom elektrisch neutral ist und keine weiteren Elektronen mehr anziehen kann.»

«So ist es tatsächlich!»

Danach wurde aber noch viel mehr dazugelernt. Heute wissen wir zum Beispiel, daß alle Teilchen grundsätzlich in zwei verschiedene Arten unterteilt werden können, nämlich in Fermionen und Bosonen, benannt nach den Physikern Enrico Fermi und Satyendra Nath Bose (letzterer aus Indien stammend). Die Elektronen gehören zu den Fermionen; und für alle Fermionen in einem aus mehreren Teilchen bestehenden System gilt das Pauli-Prinzip. Für die Bosonen dagegen gibt es kein Pauli-Prinzip: Ein Atom aus Bosonen fiele kläglich in sich zusammen, hypothetische Bose-Elektronen würden vom Kern der Reihe nach verschluckt werden!

«Nun haben wir also alles, was es gibt, in Fermionen und Bosonen eingeteilt. Da steckt aber doch sicher noch mehr dahinter?» fragt Barbara nach.

«Stimmt, und das hat etwas mit dem Drehimpuls zu tun. In einem vom Rest der Welt isolierten System bleibt der Gesamtdrehimpuls (oder -drall) immer gleich – wenn sich die Teilchen um sich selbst oder um einander drehen. Dieser Drehimpuls wird im Prinzip aus den Geschwindigkeiten und Massen berechnet. Und er bleibt immer konstant, genau wie die Gesamtenergie und der Gesamtimpuls.»

«Die drei heiligen Kühe… wohl abgesehen von Heisenbergs Sonderbedingungen! Aber der Drehimpuls scheint ja bei euch einen besonderen Stellenwert zu haben.»

«Für den Drehimpuls eines Systems (zum Beispiel zwei Teilchen, die sich um einander drehen) gilt in der Quantenmechanik, daß er nur in winzigen h-quer-Portionen (die reduzierte Planck-Konstante) vorkommt, wie es schon bei den Elektronenbahnen im Atom der Fall war. Wir benutzen deshalb h-quer als Einheit des Drehimpulses.»

«Das waren wohl auch die verschiedenen Zustände, in denen wir uns bei unserer Ankunft im Zoo um einander drehten – bis wir uns von den teuflischen Quanten seelisch losgelöst hatten!»

«Genau. Aber es kommt noch etwas dazu. Auch einzelne Teilchen können einen Drehimpuls haben. Man stellt sich dabei vor, daß sie sich wie Kreisel um ihre eigene Achse drehen. Zwei holländische Physiker, George Eugene Uhlenbeck und Samuel A. Goudsmit, haben 1925 aus den Eigenschaften des von Atomen abgestrahlten Lichts abgeleitet, daß jedes Elektron einen eigenen inneren Drehimpuls haben muß und daß dieser nur einen Wert von einem halben h-quer annehmen kann, was im Rahmen der Quanten- oder Wellenmechanik sogar verständlich erschien.»

«Nun ist es mit den pythagoreischen ganzen Zahlen wohl zu Ende…», nörgelt Barbara.

Diese sonderbaren Folgerungen wurden zwar anfangs angefochten, doch bald allgemein akzeptiert. Der innere Drehimpuls wird nun Spin genannt und durch einen Pfeil in Richtung der Drehachse gekennzeichnet. Der Wert des Spins (½ von h-quer) hat noch eine Besonderheit: Er kann nur nach oben oder nach unten zeigen. Es gibt keine Zwischenwerte. Ein Elektron kann man sich also wie eine Art magischen Kreisel vorstellen, der sich aber nur nach links oder nach rechts dreht, wenn man versucht, seine Drehrichtung auf einer (beliebig gewählten) Achse zu bestimmen.

«Nun mach mal'n Punkt! Wir hatten uns doch geeinigt, daß die Elektronen so klein sind, daß sie weder Form noch Größe haben. Wie

kann ich dann je feststellen, ob sich so ein punktförmiges Objekt ohne Form überhaupt um sich selbst dreht?»

«Tatsächlich handelt es sich um eine Eigenschaft der Teilchen, die man nur in der Quantenmechanik vorfindet. Die Vorstellung eines drehenden Minikörpers kann man hier lediglich als grobe Analogie betrachten. Wenn man es zu ernst nimmt, gerät man in Widersprüche! Die Drehrichtung stellt außerdem noch eine weitere Quantenzahl für den Zustand des Elektrons im Atom dar, die neben den schon erwähnten (zum Beispiel für Energie und Drehimpuls) zu berücksichtigen ist. Entsprechend kann sich ein Elektron auf einer bestimmten Bahn in einem Atom entweder um sich selbst nach rechts oder nach links drehen, das heißt, sein Spin kann nach oben oder nach unten gerichtet sein...»

«Das bedeutet also, daß man im Prinzip zwei Elektronen auf der gleichen Bahn vorfinden kann, eines dreht sich nach links und eines nach rechts!»

«Stimmt. Tatsächlich ist das so.»

«...und die prallen nicht zusammen?»

«Nein, weil wir ja gar nicht von echten Bahnen sprechen dürfen, sondern nur von Zuständen, die durch bestimmte Quantenzahlen charakterisiert sind!»

Erst 1940 erkannte dann Pauli, daß zwischen dem Spin der Teilchen und ihren Eigenschaften als Bose- oder Fermiteilchen eine Beziehung besteht: Alle Teilchen mit halbzahligem Spin gehorchen dem Pauli-Prinzip und gehören zu den Fermionen, während alle Teilchen mit ganzzahligem Spin als Bosonen betrachtet werden müssen. Ganz allgemein gilt noch, daß Fermionen nur in Paaren (zum Beispiel aus Energie) erzeugt werden können und auch nur in Paaren verschwinden, während Bosonen in beliebiger Zahl (auch einzeln) abgestrahlt oder eingefangen werden können.

Alle Teilchen, die hier als Urteilchen der Materie bezeichnet werden, also die Quarks, das Elektron und ihre Antiteilchen, haben Spin $\frac{1}{2}$ und gehören deshalb zu den Fermionen. Aber es gibt natürlich noch viele andere Fermionen, wie zum Beispiel das Proton und Neutron, die dann auch nur in Paaren erzeugt werden können.

Die Photonen dagegen gehören zu den Bosonen. Sie können also in beliebiger Zahl abgestrahlt oder eingefangen werden, wie das bei Licht ja offensichtlich der Fall ist.

*«Paarerzeugung hatten wir schon bei den Antiteilchen kennenge-
lernt. Für die Fermionen gilt dies also etwas allgemeiner.»*

«Genau, für Fermionen gilt das immer!»

*«Einen Moment! Vorhin hast du mir erklärt, daß ein Positron, also
ein Fermion, auch von einem Proton abgestrahlt werden kann. Wo
bleibt nun das zum Paar gehörende zweite Fermion?»*

«Bravo! Hier wird tatsächlich ein zweites Fermion mit abgestrahlt.
Es handelt sich um das Neutrino, das Wolfgang Pauli schon 1930 eingeführt hatte, um gewisse Probleme zu lösen, die beim radioaktiven
Betazerfall aufgetaucht waren. Das Neutrino gehört natürlich auch zu
den Fermionen, und somit ist unser Grundsatz gerettet. Über die Neutrinos werde ich später aber noch mehr erzählen!»

«Ich werde versuchen, mir das zu merken», erwidert Barbara ernst.
*«Alles sehr interessant, aber diese Quantenrunde war doch etwas viel
für mich. Ich versuche zusammenzufassen. Professor Planck hat also
die Quanten zur Jahrhundertwende eingeführt, Einstein und de Broglie haben sie auf alle Teilchen erweitert, Bohr hatte schon vorher das
Atom quantifiziert. Schrödinger, Heisenberg und Dirac haben eine
schöne Theorie dazu entwickelt, Pauli hat sein Prinzip beigesteuert,
und schließlich konnten die Physiker damit anscheinend den Aufbau
der Atome und wohl noch vieles mehr verstehen, zum Beispiel die Existenz der Antiteilchen.»*

«Schöner kann man es gar nicht in einem Satz formulieren», meine
ich, und Planck fügt bescheiden hinzu: «Wir sollten aber nicht vergessen, daß die hier genannten Physiker (und auch ich) stellvertretend für
sehr viele Kollegen stehen, die zwar nicht so bekannt sind, aber doch
Wesentliches beigetragen haben. Die Öffentlichkeit erfährt meist nur
einige wenige Namen, die dann oft wiederholt werden, und es wird
vergessen, daß all diese Entwicklungen erst durch das Zusammenwir-
ken sehr vieler Forscher möglich wurden.

Aber noch mal zum Thema Quantenphysik: Der Weg von meinen
Wirkungsquanten bis zu Diracs Gleichung zur Beschreibung der Bewegung schneller Elektronen war zwar sehr ergiebig, doch dann stieß man
auf gewisse Schwierigkeiten, die anzeigten, daß diese Theorie die elektromagnetischen Eigenschaften der Teilchen doch noch nicht genügend genau beschrieb. Diese Probleme und ihre brillante Lösung sollte
Ihnen aber ein jüngerer Kollege erklären.»

Planck geht nun an den Rand des Rondells und betätigt einen großen Gong, der dort unauffällig zwischen zwei Molekülbüschen hängt. Ein schöner, tiefer Ton hallt über den Elektromagnetischen Garten, während sich Planck von uns verabschiedet.

Feynman und die Sprache der Elektronen

Der Gong ist noch nicht verklungen, da ertönt schon ein rhythmisches Trommeln aus dem Dickicht der Moleküle.

«Das war wohl ein verabredetes Signal», meint Barbara prompt und steht neugierig auf. Aber auch auf Zehenspitzen kann sie nichts erkennen.

Wir machen uns hastig auf den Weg in Richtung Trommelei. Sehr bald sehen wir vor uns eine Lichtung mit dem üblichen Atom auf einem Sockel in der Mitte. Ein lässig gekleideter Herr sitzt vor dem Atom am Boden und erzeugt mit den Fingern auf einer kleinen Trommel die Sequenzen einer brasilianischen Samba. Er ist offensichtlich Experte auf diesem Gebiet. Ein hell- und dunkelgrün kariertes Hemd, ein rotes Halstuch und passende Jeans vollenden sein Las-Vegas-Outfit.

Fasziniert sehen wir eine Weile zu, während die Töne gelegentlich sehr heftig werden und der lockere Typ dabei vergnügt lächelt.

Feynman

«Das habe ich am Botafogo-Strand in Rio, ganz in der Nähe unseres Instituts, gelernt, als ich 1951 dort war. Klingt doch fantastisch – oder?» sagt er, als er uns entdeckt. Er unterbricht seine Samba, steht auf, verbeugt sich theatralisch vor uns und begrüßt Barbara mit einem höflichen Handkuß.

Aus einer seiner Taschen zieht er ein kleines Büchlein: «QED» steht groß auf dem Umschlag und darunter etwas kleiner: «Die seltsame Theorie des Lichts und der Materie».

«Und wenn Sie jetzt, liebes Fräulein, gleich gar nichts mehr verstehen von dem, was ich Ihnen erzählen werde, dann können Sie es zu Hause nachlesen. Wie man mir in vielen Rezensionen bekannter Zeitschriften ja bescheinigt hat, ist hier alles wirklich einfach und verständlich erläutert – was eigentlich gar nicht möglich ist… Sie wissen sicher schon, daß Sie in der Welt der Quanten ganz prinzipiell nichts verstehen können. So einfach wie im täglichen Leben geht hier nämlich so gut wie nichts. Aber anschaulich können Sie ja auch nicht verstehen, daß wir uns wahnsinnig schnell mit unserer Erde im Weltraum bewegen – ohne davon etwas zu merken.»

«Ich akzeptiere alles, was den Erscheinungen der Natur entspricht oder sie korrekt beschreibt oder durch Experimente bestätigt wird. Ich habe Galileos Ideologie in der Zwischenzeit voll in mein Denken integriert!» erwidert Barbara selbstbewußt – und erntet dafür ein verschmitztes Lächeln.

«Just call me Dick – gestatten: Richard Philips Feynman, zuletzt Professor am California Institute of Technology in den USA.»

Ich erkläre Barbara, daß Feynman Jahrgang 1918 ist und bis 1988 recht vergnügt unter uns weilte.

«Und Physik zu erklären – vielleicht sogar ganz anders, als es andere tun – hat mir immer recht viel Spaß gemacht.» Selbst auf deutsch kommt sein New Yorker Akzent voll durch.

«Tanzen wir eine Runde?» Er zieht ein Paar gerillte Hartholzstäbchen aus der Tasche, mit denen er grillenartige Töne hervorzaubert. Dann übergibt er mir die Trommel, hilft Barbara aus ihrer Jacke und führt sie auf die freie Fläche. Es geht weiter mit der Samba, wie am Strand von Rio de Janeiro. Er klatscht gelegentlich mit den Händen und erzeugt passende Schnalzgeräusche dazu. Ich versuche, so gut es geht, auf der Trommel mitzuhalten. Barbara ist voll dabei. Die Formeln auf ihrem T-Shirt kommen hervorragend zur Geltung – was Feynman gebührend würdigt. Sie folgt ihrem Partner in seinen eleganten Bewegungen, und es geht mit zunehmendem Tempo mehrmals um das Atom herum, bis Barbara schließlich erschöpft in seine Arme fällt. Dann setzen sich beide neben mich.

«Das vor uns ist ein Uranatom», meint Feynman leise. «Habe selbst im Krieg am Bau der Uranbombe mitgewirkt, im Manhattan Project. Wir hatten ja große Angst, daß Heisenberg die Bombe für Hitler bauen würde. Aber die Angst war unbegründet – wie wir dann später erfuhren.»

«Dann tragen Sie wohl auch dafür Verantwortung!» entgegnet Barbara ein wenig scharf.

«Sicher, aber darüber würde ich mich gern in Ruhe mit Ihnen unterhalten – lieber ein anderes Mal, sonst wäre Ihr Zoobesuch womöglich hier zu Ende. Und das wollen wir nicht! Aber ich bin sicher, daß wir uns darüber und über vieles mehr sehr bald sehr einig sein würden», erklärt Feynman etwas nachdenklich.

Nach einer gebührenden Atempause holt er aus einem Versteck hinter einem großen Molekül eine kleine Tafel hervor und stellt sie neben dem Uranatom auf.

«I am ready, let's start! Ich bin soweit, fangen wir an!» meint er nun lächelnd, und man sieht ihm die Vorfreude an, die ihm sein Auftritt bereitet. Wir setzen uns vor ihn auf den Boden.

«Die Tatsache, daß Sie mein Büchlein später werden lesen können, verdanken Sie den Elektronen der Atome des Papiers und der Druckerschwärze. Diese haben nämlich Lichtstrahlen, die ursprünglich von der Sonne oder von einer Lampe stammen, erst aufgesaugt und dann mit unterschiedlicher Farbe an Ihre schönen Augen weitergeleitet. In Ihren Augen sind es wieder Elektronen, die diese Lichtstrahlen aufnehmen und in Impulse verwandeln, die an das Gehirn geschickt werden, woran wiederum Elektronen wesentlich beteiligt sind. Man könnte sagen, die meisten Vorgänge um und in uns sind irgendwie mit der Kommunikation zwischen Elektronen verknüpft. Und Elektronen sprechen eben miteinander oder schicken sich gegenseitig Briefe zu, indem sie Lichtstrahlen oder besser Lichtteilchen austauschen.»

Feynman belegt seine Worte mit ausdrucksvoller Gestik. Ich muß an einige seiner früheren Vorträge denken, die ich miterlebt hatte. Seinen immer freundlich lachenden Ausdruck – er hat wirklich Spaß am Erklären – und seinen überzeugenden und penetranten Blick kann man nie vergessen! Es ist ein ganz anderer Stil als der, den wir von vielen unserer ehrwürdigen Professoren gewöhnt sind.

Feynman

«Das war wohl ein bißchen viel für mich auf einen Schlag, besonders Ihr letzter Satz!» sagt Barbara zu Feynman.

«Natürlich geben Elektronen keinen Ton von sich, haben keine Ohren; lesen und schreiben können sie schon gar nicht. Alles, was zwischen ihnen vor sich geht, erfolgt eben durch den Austausch von Lichtteilchen, die allerdings nicht immer für unser Auge sichtbar sind. Röntgenstrahlen beim Arzt und Mikrowellen in der Küche gehören übrigens auch zu den lichtähnlichen Erscheinungen, und diese können wir ja genausowenig ‹sehen›. Nur in einem relativ kleinen Bereich kann unser Auge elektromagnetische Strahlung überhaupt wahrnehmen.»

«*Immer in Form der von Einstein eingeführten Photonen?*»

«Im Prinzip ja. Aber eigentlich hatte schon Newton eine Theorie der Optik aufgestellt, in der das Licht als Teilchen betrachtet wurde. Dies waren jedoch nicht genau die hier gemeinten Photonen der Quantenphysik.»

«*Aber Maxwell hat doch das Licht dann als elektromagnetische Schwingung oder Welle entlarvt, wenn ich mich richtig entsinne.*»

«Und deshalb wurde in der Physik soviel über den Dualismus Welle-Teilchen diskutiert, der nun in der heutigen QED, der Quantenelektrodynamik, sehr gut verstanden wird. Angefangen hat diese Entwicklung mit der Dirac-Theorie der Elektronen, die ja recht erfolgreich war und die dann doch in eine Sackgasse geriet.»

«*Max Planck hat das zwar angedeutet, aber nicht erklärt, um was es ging*», meint Barbara, und ich komme mir allmählich überflüssig vor.

«Also: Dirac konnte mit seiner Theorie die Elektronen ganz gut beschreiben und außerdem 1930 ihre positiv geladenen Antiteilchen voraussagen, die man dann ja in der Höhenstrahlung entdeckt hat. Ein Riesenerfolg für Dirac. Nun konnte man ja nach dieser Theorie erst den Spin ½ der Elektronen verstehen und dann auch ableiten, daß Elektronen sich wie kleine mit elektrischem Strom durchflossene Spulen verhalten. Solch eine Spule bildet nach Maxwells Gleichungen einen Magneten (etwa wie einen Klingelmagneten), der einen Nord- und einen Südpol hat. Elektronen kann man also wie winzige Elektromagnete betrachten!»

«*Horror! Meine Elektrönchen sollen sich um sich selbst drehen und dann Strom um sich herum haben – und dabei noch punktförmig sein. So etwas geht wohl nur im Reich der Quanten?*»

«Nach Diracs Theorie konnte man sogar die Stärke der von Elektronen gebildeten Magnetchen berechnen, was anfangs bis auf einige Promille mit den experimentell gemessenen Werten übereinstimmte. Um 1948 gab es dann viel genauere Daten – und die konnte man mit Diracs Theorie nicht mehr darstellen. Der erste Gedanke war, man könnte kleine Korrekturen in die Theorie einbringen, die auf die Abstrahlung und Absorption von Lichtteilchen zurückzuführen wären. Diese Idee endete in einer Katastrophe. Die berechnete Stärke der Minimagnete ergab sich als unendlich groß, was ja offensichtlich falsch ist. Nun, wie man in meinem QED-Büchlein nachlesen kann, wurde dieses Problem von drei Physikern gelöst: Julian Schwinger, Sin-Itiro Tomonaga und... einem gewissen Richard Feynman!»

«Die dafür 1965 den Nobelpreis für Physik erhielten», mache ich mich bemerkbar.

«Daraus entstand die heutige QED, die genaueste je von Menschen aufgestellte Theorie.»

Tomonaga

«Dick, Sie übertreiben doch hoffentlich nicht?»

«Ich gebe Ihnen gleich mal ein Beispiel für die außerordentliche Genauigkeit dieser Theorie: Die Stärke der Elektronenmagnetchen wurde auf ein Zehntel eines Milliardstels ihres Wertes genau gemessen. Der aus der QED berechnete Wert stimmt damit überein!

Es wäre, als würde man den Abstand zwischen Los Angeles und New York auf den Durchmesser eines menschlichen Haares genau messen (wenn ich mich in meinem Büchlein nicht verrechnet habe). Das ist fast unvorstellbar genau! Und man kann die Genauigkeit auch noch weiter steigern, durch die Berücksichtigung minimalster Korrekturen», meint Feynman stolz.

«Bevor wir uns aber noch mehr mit den so wichtigen Photonen der QED befassen, sollte Ihnen Pedro etwas über die in der Natur tatsächlich auftretenden Photonen erklären, während ich mich an meiner Trommel entspanne.»

Ich erwähne als erstes einige einfache Beispiele der Fernverbindung zwischen Elektronen: Bei den elektrischen Signalen einer Fernsehsendeantenne handelt es sich beispielsweise um lichtähnliche Erscheinungen, die als Wellen von schwingenden Elektronen in kleinen Paketen abgeschickt werden. Dieses «Licht» wiederum bringt Elektronen in

Schwinger

der Empfangsantenne zum Schwingen, was dann über die Antennenleitung ebenfalls von Elektronen bis zum Verstärker unseres Fernsehgerätes weitergeleitet wird. Ähnlich funktioniert auch die Übertragung von Rundfunksignalen.

«*Es handelt sich doch um elektromagnetische Wellenvorgänge, die man mit den Maxwell-Gleichungen schon recht gut verstanden hatte*», gibt Barbara zu bedenken und zeigt auf ihr Hemd.

«Im Grunde, ja. So hatte man aus vielen Messungen und auch aus der schönen klassischen Theorie von Maxwell schon im 19. Jahrhundert erkannt, daß sich alle elektromagnetischen Schwingungen im luftleeren Raum mit genau der gleichen Geschwindigkeit bewegen, nämlich mit Lichtgeschwindigkeit. Damals wußte man zwar noch nichts von der Existenz der Photonen, aber die Aussage gilt auch für sie, weil es sich dabei ja auch um elektromagnetische Schwingungen handelt: Alle Photonen bewegen sich im Vakuum mit der schon mehrmals erwähnten Lichtgeschwindigkeit c, die etwa 300 000 Kilometer pro Sekunde beträgt.»

«*Oder, laut vorgeschriebener Norm, genau 299 792,458. Ich bin ja noch immer von der physikalischen Einsicht der Gesetzgeber beeindruckt...*»

Die Elektronen bedienen sich also des schnellsten Verbindungsmittels, das man sich in der Natur überhaupt vorstellen kann. Wir nutzen das bei unseren Funkverbindungen für Telegramme und Fernsehübertragungen freilich auch aus – mit Hilfe der Elektronen in zahlreichen Sende- und Empfangsantennen. Die Photonen, die ein Elektron aussendet, können wir uns auch wie Telegramme oder Briefe vorstellen, mit denen ein Elektron einem anderen (oder einem beliebigen elektrisch geladenen Teilchen) einfach etwas mitteilt.

«*Die Photonen sind Lichtteilchen, und bei Teilchen darf man doch fragen, ob sie nicht vielleicht, genauso wie die Elektronen, auch eine Masse haben, oder?*»

Den klassischen Physikern wäre diese Frage nie eingefallen, weil sie nicht wußten, daß es sich bei den elektromagnetischen Wellen auch um Teilchen handelt. Das kam erst später, als man erkannte, daß alles, was uns umgibt, irgendwie quantifiziert ist, also aus kleinen Stückchen besteht, besonders die elektromagnetische Strahlung.

«Was wohl Planck und Einstein herausfanden.»

Dabei schien es recht natürlich, den Photonen keine Masse zuzuordnen. Der ketzerische Zweifel tauchte erst später auf. Tatsächlich haben sich dann Physiker Gedanken darüber gemacht, doch alle durchgeführten Messungen beweisen, daß die Photonen keine Masse haben.

Jedes sichtbare Photon hat jedoch eine Farbe im herkömmlichen Sinn, die einer Frequenz der Schwingungen entspricht. Jeder Radiosender hat seine eigene Frequenz, die beim Empfang einer Station eingestellt werden muß. Und zu jeder Frequenz gehört eine Energie der Photonen, wie es Einstein vorgeschlagen hat.

«Was dann noch von de Broglie mit dem Impuls und der Wellenlänge auf alle Teilchen verallgemeinert wurde.»

«Das riesige Gebiet der elektromagnetischen Schwingungen, also der Photonen, haben wir in einem Diagramm dargestellt.» Ich hole ein Blatt aus meiner Tasche und zeige es Barbara. «Selbst zum Kochen kann man sie benutzen, nicht nur zum Telegraphieren!

Und seit Ende 1895 werden wir mit den von Konrad Röntgen entwickelten Strahlen durchleuchtet – obwohl man erst sechzehn Jahre später verstanden hat, daß es sich um elektromagnetische Strahlen handelt.

Zu jeder Frequenz ist in unserem Schema auch eine Wellenlänge auf einer getrennten Skala angegeben. Daneben wird die Energie der entsprechenden Photonen gezeigt.»

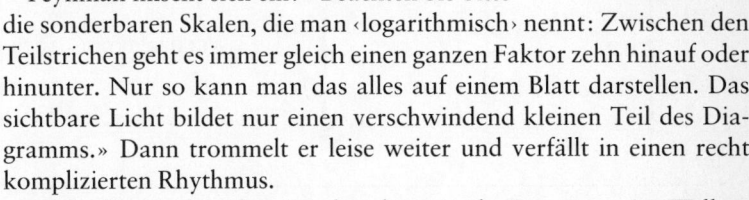

Röntgen

Feynman mischt sich ein: «Beachten Sie bitte die sonderbaren Skalen, die man ‹logarithmisch› nennt: Zwischen den Teilstrichen geht es immer gleich einen ganzen Faktor zehn hinauf oder hinunter. Nur so kann man das alles auf einem Blatt darstellen. Das sichtbare Licht bildet nur einen verschwindend kleinen Teil des Diagramms.» Dann trommelt er leise weiter und verfällt in einen recht komplizierten Rhythmus.

«Jedes Photon hat also eine charakteristische Frequenz, eine Wellenlänge und auch eine Energie. Die zu einem bestimmten Photon gehörenden drei Werte kann man auf einer waagrechten Verbindungslinie

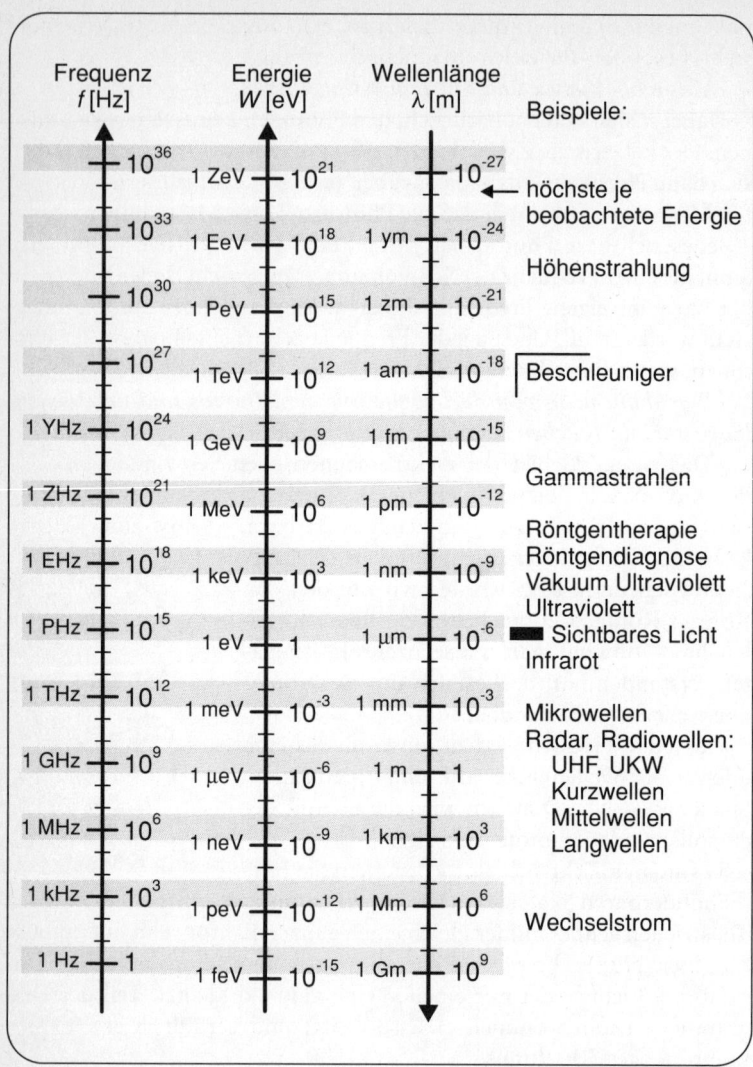

Frequenz, Wellenlänge und Energie der Photonen. Rechts einige Beispiele.

aus den Skalen ablesen. Mit gar nicht sehr komplizierten Formeln kann man auch zwischen ihnen umrechnen.»

«Ich lese es lieber aus dem Diagramm. Und daß die Photonen Energie besitzen, leuchtet mir ein: Die Lichtteilchen der Sonne hinterlassen ja sichtbare Spuren auf unserer Haut! Und hier sehe ich eine Anwendung der Energieeinheiten, die wir mit Hilfe der Braunschen Röhre für Elektronen definiert haben!»

Photonen kann man allerdings nicht mit elektrischen Spannungen beschleunigen wie Elektronen, ja man kann sie nicht einmal ablenken. Daraus folgerten die Physiker prompt: Photonen haben keine elektrischen Ladungen.

«Kann man das denn absolut ausschließen? Wenn sie nun doch eine kleine Ladung hätten?»

Ich zücke meine Teilchentabelle und schlage nach: «Ungeachtet aller Theorien, die den Photonen die Ladung null zuschreiben, wurde bei Beobachtungen verschiedener Art festgestellt, daß ihre Ladung kleiner sein müßte als zwei Elektronenladungen, zweiunddreißigmal durch zehn geteilt. Hier steht auch noch, daß ihre Masse kleiner als die eines Elektrons sein müßte, einundzwanzigmal durch zehn geteilt. Aber die Photonen haben trotzdem Energie.»

«Wie kommen die Photonen denn zu ihrer Energie?»

«Darauf hättest du selbst kommen können. Es ist sehr einfach: Wenn ein Atom oder ein Elektron ein Photon abstrahlt, dann verringert sich seine eigene Energie – genau um den abgestrahlten Betrag.»

Photonen kann man mit genügend empfindlichen Zählern einzeln nachweisen. Es «klickt» dann in einem Lautsprecher, oder das Signal wird elektronisch verarbeitet. Niemand würde heute daran zweifeln, daß es sich um Teilchen handelt.

Photonen werden von elektrischen Ladungen «abgestrahlt» und auch wieder von elektrischen Ladungen eingefangen oder «absorbiert», wie Physiker es lieber ausdrücken. Sie werden gelegentlich auf diese Art zwischen zwei Ladungen «ausgetauscht». Bis jetzt ist das Elektron mit einer negativen Ladung dabei unser Lieblingspartner gewesen. Aber positive Ladungen, wie die der Protonen, benehmen sich ähnlich.

«Wenn Photonen in beliebiger Zahl abgestrahlt und eingefangen werden können, also nicht nur in Paaren, dann müßte es sich doch um Bosonen handeln und nicht um Fermionen?»

Feynmans intensiveres Tamm-Tamm signalisiert ein klares «Korrekt!», und ich füge hinzu:

«Die Photonen haben zudem einen inneren Drehimpuls oder Spin.»

«Daß Lichtteilchen sich auch noch um sich selbst drehen sollen, erscheint mir etwas kurios.»

«Ihr Spin beträgt genau eins. Die Ausrichtung des Spins der Photonen eines Lichtstrahls in einer bestimmten Richtung entspricht übrigens seiner sogenannten Polarisation, die schon in der klassischen Theorie (also auch bei Maxwell) wohlbekannt war. Wenn Licht zum Beispiel von glänzenden Flächen reflektiert wird, kann es polarisiert werden. Störende Effekte solcher Reflexe kann man durch Tragen geeigneter Brillen verringern.»

«Also: Photonen sind Bosonen – und haben Spin gleich eins! Klingt fast wie ein Gedicht...»

«Bevor es so lyrisch weitergeht, sollte ich dazu sagen, daß der Spin 1 nur drei Richtungen im Raum einnehmen kann (der Spin ½ hatte ja nur zwei), was wiederum aus der Quantentheorie hervorgeht. Wenn man versucht, ihn in einer bestimmten Richtung zu messen, erhält man als Ergebnis entweder ‹nach oben› oder ‹nach unten› oder eben ‹quer›, was man sich ganz gut vorstellen kann. Aber das soll uns jetzt nicht von den wichtigen Reaktionen ablenken, die durch den Austausch von Photonen stattfinden.»

Die unmöglichen Briefe

Feynman beendet abrupt sein verträumtes Trommeln und springt mit einem Satz auf.

«Jetzt kommt der erste Hammer: Aus der Summe der Wirkung vieler Photonen-Austauschvorgänge errechnen wir Physiker mit höchster Präzision alle Effekte der elektrischen Kraft – Maxwell voll inbegriffen. Damit ist auch die klassische Physik gemeint, nach der unter anderem Motoren funktionieren, Fernseher und Computer laufen, Lampen brennen, aber auch Blitze zwischen Wolken und Erde leuchten. Schließlich wird so auch beschrieben, wie Atome und Moleküle zusammenhalten. Das ist eine ganz neue Art, Kräfte darzustellen. Es ist die erfolgreiche und glorreiche QED!»

«Das klingt zu schön und einfach, um wahr zu sein! Alles, was mit elektrischen Ladungen zu tun hat, soll also durch den Austausch von Photonen vor sich gehen, einschließlich der Maxwell-Formeln auf meinem T-Shirt?»

«Im Prinzip ja. Physiker berechnen auf dieser Basis alle elektrischen Vorgänge und beweisen damit sogar die fundamentalen Gesetze der Elektrizität und des Magnetismus, an die Sie sich vielleicht aus dem Schulunterricht erinnern. So zum Beispiel das schon angedeutete Gesetz der elektrischen Kräfte (das Coulomb-Gesetz): Die Kraft zwischen zwei Ladungen ist dem Produkt der Ladungen proportional und nimmt mit dem Quadrat des Abstandes ab.»

Selbst die «Kraftfelder», die auf mysteriöse Art zwischen geladenen Körpern «auf Distanz» wirken – die meisten werden die schönen Darstellungen von «Kraftfeldlinien» aus Eisenspänen noch in Erinnerung haben –, werden nun durch Photonenaustausch anschaulich dargestellt. Der Effekt «auf Distanz» erscheint so plausibler.

Wir können praktisch alle Aussagen der Quantenelektrodynamik als überprüft und gültig betrachten. Und wir können im täglichen Leben getrost weiterhin die Regeln und Formeln der klassischen Schulbücher anwenden, da sie alle von der als grundlegend betrachteten QED bestätigt wurden.

«Nur ganz so anschaulich wie im täglichen Leben (zum Beispiel beim Licht) geht es mit den Austauschphotonen dann doch nicht immer, besonders nicht im atomaren Bereich, wie ich dir anhand einiger einfacher Beispiele zeigen möchte», erkläre ich Barbara, wobei Feynman gleich hinzufügt:

«Hier kommt jetzt der zweite, allerdings sehr stark dämpfende Hammer. Jetzt müssen Sie sich auf einiges gefaßt machen!»

Ich fahre fort: «Betrachten wir das Prachtexemplar vor uns auf dem Sockel, ein Uranatom. In der Atomhülle befinden sich 92 Elektronen, die so ziemlich kreuz und quer herumschwirren. Wir suchen uns eines aus und überlegen, warum es um den Kern herumfliegt: Der Kern ist positiv geladen und zieht es an. Wenn unsere Gedankengänge stimmen, müßten wir diese Anziehung durch den Austausch von Photonen darstellen können.

Wer einmal Ball gespielt hat, wird bestätigen, daß man durch Hin- und Herwerfen eines Balles zwischen zwei freistehenden Kontrahenten immer nur Abstoßung (also ‹Rückstoß›) verursachen kann, nie Anziehung!

Als Ausweg könnte man sich vielleicht vorstellen, daß der Atomkern ein Photon in die entgegengesetzte Richtung des Elektrons abschickt und daß dieses Photon eine Art Bumerangkurve dreht, um dann das Elektron von hinten zu treffen. Das klingt jedoch viel zu abenteuerlich, und wir sollten auf den Bumerangwurf lieber verzichten.»

Die Kommunikation zwischen Elektronen durch Austauschphotonen ist also doch nicht ganz so einfach, wie man aufgrund des Austausches normaler Lichtteilchen vermuten würde.

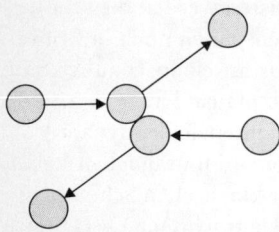

Ich kann Barbara noch ein zweites Beispiel vorführen: «Betrachten wir zwei Elektronen, die sich mit gleicher Geschwindigkeit im Raum gegeneinander bewegen. Das eine schickt ein Photon aus, und das andere saugt es auf. Dabei ändern hier beide Teilchen nur ihre Flugrichtung. Ihre Geschwindigkeit, also auch ihre Bewegungsenergie, bleibt genau gleich. Dies würde einem kleinen Stoß oder einem leichten Antippen entsprechen, ohne weitere Konsequenzen. Man kann sie sich wie zwei zusammenstoßende Glasmurmeln vorstellen, die sich nach dem Stoß gleichschnell wieder voneinander weg bewegen.»

Jetzt überlegen wir uns aber, welche Eigenschaften das ausgetauschte Photon in diesem Fall haben muß. Es überträgt einen kleinen Stoß – von dem einen auf das andere Elektron. Es «überträgt» (und trägt) aber keine Energie, denn die Energie der beiden Elektronen bleibt ja genau gleich; nur ihre Richtung hat sich nach dem Stoß verändert. Das ausgetauschte Photon hat (oder «trägt») also keine Energie, ich kann es auf dem Diagramm der vielen verschiedenen Photonenarten nicht finden. Entweder es gibt solch ein Photon gar nicht, oder es ist ein Unding – oder meine Gedankengänge sind irgendwie total falsch!

«*Wenn dieses Photon gar keine Energie hat, dann kann ich mit meinem Einstein-Dreieck nichts Vernünftiges anfangen. Die Hypotenuse, also die Energie, hat sich auf einen Punkt reduziert, während der Impuls wohl nicht null ist!»*

«Laut Pythagoras ergibt doch die Summe der Flächen der Quadrate über den Schenkeln genau die Fläche des Quadrats über der Hypotenuse.»

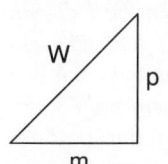

«Unangenehme Erinnerungen aus der Schulzeit werden wach!»

«Der Widerspruch, der hier entsteht, ist aber verständlicher, wenn wir es als Gleichung aufschreiben:

$$W^2 = p^2 + m^2 = 0$$

Damit diese Summe null wird, müßte eines der Quadrate negativ sein. Es stellt sich also heraus, daß bei unserem Unding entweder die Masse oder der Impuls, mit sich selbst multipliziert, einen negativen Wert ergeben müßte. Das wäre eine sogenannte ‹imaginäre Zahl› – die man sich als physikalische Größe gar nicht vorstellen kann. Nur in der Mathematik kommt so etwas vor.»

«Ich glaube alles!»

«Die Geschwindigkeit ergab sich durch Division des Impulsschenkels und der Hypotenuse: Unser Photon wäre viel schneller als das Licht (sogar unendlich schnell), was laut Einstein nicht möglich ist. Dieses Austauschphoton verletzt anscheinend gleich mehrere grundlegende physikalische Regeln!»

«Sehr unbefriedigend, was du da erzählst!»

«Ganz anders ist natürlich die Lage bei den echten oder meist als ‹reell› bezeichneten Photonen, die als Lichtteilchen oder Radiowellen frei in der Natur auftauchen. Diese bewegen sich immer genau mit Lichtgeschwindigkeit, und ihre Masse ist gleich null.»

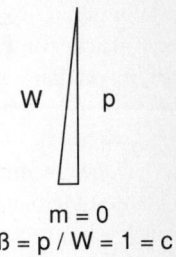

«Das hatten wir schon mal: ein schmales, hohes Einstein-Dreieck», meint Barbara.

Die echten Photonen werden natürlich von der QED korrekt beschrieben und können «beobachtet» werden, zum Beispiel in Antennen, in unseren Augen oder mit sehr empfindlichen Zählern. Doch auch die soeben entdeckten Undinge entsprechen trotz allem der so erfolgreichen QED, nur erscheinen sie eben nicht als frei beobachtbare Lichtteilchen in der Natur! Diese kuriosen Objekte gibt es also nur als

Austauschteilchen unter ganz bestimmten Bedingungen. Sie werden als «virtuelle Photonen» bezeichnet, womit man allerdings «nicht beobachtbar» meint und nicht, daß es sie etwa nicht gäbe.

«Dreimal darfst du raten, was mit unseren Undingen schiefgelaufen ist.»

«Da brauche ich vielleicht nur einen Versuch. Den Tip hast du mit dem Ausdruck ‹nicht beobachtbar› gegeben. Hier ist offenbar Heisenbergs Unschärfe im Spiel, und wir dürfen weder von Bahnen noch von erhaltener Energie sprechen! Wenn zwei Teilchen sich sehr nahe kommen, wird ihr Impuls recht unbestimmt, also auch ihre Bahn. Und das gleiche gilt für das Austauschteilchen – es ist im Quantennebel unauffindbar!»

Feynman schaltet sich erneut ein: «Dies ist alles sehr wichtig, weil die Physiker heute überzeugt sind, daß nicht nur die elektrischen Kräfte durch photonenähnliche Austauschteilchen, die zwischen Ladungen herumschwirren, korrekt beschrieben und berechnet werden, sondern alle Kräfte oder Wechselwirkungen, die in unserem Zoo überhaupt vorkommen. Zur Beschreibung der in der Natur bis jetzt beobachteten Kräfte dienen also die jeweiligen Ladungen – als Quellen der Kräfte – und die Quanten der Kraftfelder, dargestellt durch Austauschteilchen, die wir manchmal auch Bindeteilchen oder Kräfteträger nennen.»

Zurück zur Praxis: Im Moment des Austausches dürfen wir uns nicht von den seltsamen Werten der Masse, der Energie oder des Impulses stören lassen. Mit diesen Größen dürfen wir erst dann genau rechnen, wenn die Unschärfebeziehungen nicht mehr wirksam sind.

«Dagegen muß zum Beispiel die elektrische Ladung immer genau erhalten bleiben – für sie gibt es keine Unschärfe –, und das werden wir auch schamlos ausnutzen! Bei allen Vorgängen, selbst bei den allerschnellsten, muß die Summe der elektrischen Ladungen aller beteiligten Teilchen immer exakt erhalten bleiben.»

«Werde ich mir merken!»

Das zwischen zwei Ladungen ausgetauschte Photon können wir uns wie eine verschlossene Postsendung vorstellen, durch die zwei Menschen miteinander kommunizieren, ohne zu wissen, auf welchem Weg sie transportiert wurde. Die Sendung kann eine gute oder eine schlechte Nachricht enthalten oder sogar ein Geschenk. In der Physik würde man das als Anziehung, Abstoßung oder als eine andere Wechselwirkung betrachten. Aber auf keinen Fall dürfen wir dabei an einen Ball denken, der einfach hin- und hergeworfen wird.

«Das scheint mir nun klar und verständlich», meint Barbara abschließend.

Die magischen Hieroglyphen

Barbara hat inzwischen einen Blick in Feynmans QED-Büchlein geworfen.

«Dafür werde ich aber doch einige Zeit brauchen», meint sie etwas besorgt.

«Natürlich», antwortet Feynman. «Das sollten Sie aber später machen. Ich hätte jetzt eine weniger wissenschaftliche Frage: Haben Sie denn gar keinen Appetit?»

Barbara guckt auf die Uhr: Es ist längst 22 Uhr vorbei. Wir haben in unserem Eifer gar nicht gemerkt, wie lange wir schon unterwegs sind.

«Ein Glück, daß ich zu Hause Bescheid gesagt habe!»

«Ich schlage vor, wir lassen uns im QED-Palast verwöhnen», meint Feynman, der sich auch auf diesem Gebiet anscheinend sehr gut auskennt. «Ich habe dort alles vorbereiten lassen! Please, follow me! Bitte folgen Sie mir», fügt er hinzu und trommelt leise vor uns her – jetzt allerdings mit Rumba-Schritten.

Es geht einen engen Pfad entlang, der uns bald auf eine breite Promenade führt. Hier erblicken wir den prunkvollen Palast zu Ehren der berühmten QED auf dem höchsten Hügel des Elektromagnetischen Gartens. Es ist weit und breit das schönste Bauwerk.

«Scheint doch was Wichtiges zu sein, diese QED!» seufzt Barbara und zählt dabei die Stufen, die wir emporsteigen. Das Tor steht weit offen, und Feynman führt uns in einen großen Saal.

«Hier ist wohl die Prominenz der Quantenphysik versammelt. Ich erkenne all diejenigen, die unten im Park in Stein verewigt waren. Aber es sind ja noch viele mehr!»

Ein Tisch für drei ist offensichtlich für uns gedeckt. Sofort steht ein Kellner bereit, nimmt unsere Aperitif-Wünsche entgegen und kündigt ein üppiges Menü an.

«Dort drüben sitzt ja Planck, mit Einstein, Bohr, de Broglie und Schrödinger. Und weiter hinten sehe ich Heisenberg, Pauli und Dirac an einem Tisch...»

Feynman läßt sich von dem Rummel überhaupt nicht beeindrucken. Er nimmt dicht neben Barbara Platz und setzt seine Erklärungen fort, während im Hintergrund diskret eine Jazzband spielt.

«Also, wesentlich für alle Berechnungen der QED sind die sogenannten Amplituden, die man aus den Wellenfunktionen und der Wellengleichung (zum Beispiel von Schrödinger oder Dirac) ableitet. Das ist alles etwas schwierig und unübersichtlich, muß ich gestehen. In meinem Büchlein habe ich es mit drehenden Pfeilchen halbwegs anschaulich dargestellt – oder darstellen wollen. Vielleicht verstehen Sie es.

Andererseits kann ich Ihnen sehr einfache Grafiken zeigen, mit denen man diese recht komplizierten Berechnungen der Wechselwirkungen auf sehr einfache Art darstellt. Ich habe sie ursprünglich für den Austausch von Photonen eingeführt und benutzt und dann auch für andere Reaktionen erweitert. Ich bin sicher, Sie werden begeistert sein. Im Prinzip handelt es sich nur um eine symbolische Zeichnung der ‹Bahnen› der Teilchen in Zeit und Raum.»

«Raum und Zeit – Raum-Zeit... Sie meinen hoffentlich nicht die krumme Raum-Zeit aus Einsteins allgemeiner Relativitätstheorie, die ich gar nicht verstehen kann!» meint Barbara.

«Nein, keine Sorge. Mit Einsteins Theorie hat das nichts zu tun. Unsere Raum-Zeit ist ganz normal. Die Raumachse stellt eine Länge oder eine Position dar, die wir uns jedesmal in geeigneter Form aussuchen werden. In meinem Buch habe ich die Zeitachse nach oben dargestellt und die Ortsachse nach rechts. Aber man kann es auch andersherum machen, das ist Geschmackssache. Ein Teilchen wird durch eine Linie dargestellt, die man sich als seine Bahn denken kann. Wenn sie zum Beispiel parallel zur Zeitachse verläuft, dann bleibt seine Position für alle Zeiten gleich, das Teilchen ruht. Wenn die Teilchenlinie zur Orts-achse parallel verläuft, dann gilt das Teilchen als unendlich schnell, was ja unmöglich ist. Je nach Wahl der Einheiten wird ein Teilchen mit Lichtgeschwindigkeit durch eine mehr oder weniger schräge Linie dar-gestellt. Die Linien der Teilchen, die wirklich herumfliegen, müssen also im Prinzip irgendwo dazwischen liegen.

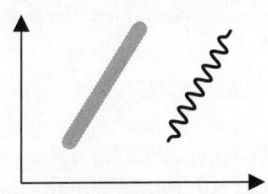

Darstellungen eines Photons

Wir benutzen hier zwei Arten von Li-nien: Die einfachen schwarzen stellen Ladungsträger dar, meist Urteilchen (manchmal auch Verbindungen aus Ur-teilchen), also die Quellen der Kräfte, während die breiteren grauen (abgerun-deten) den Austauschteilchen der Kräfte entsprechen, also vorerst den Photonen. In der Literatur werden die Photonen meist als Schlangenlinie dargestellt – was etwas komplizierter zu zeich-nen ist.

Bei den Urteilchen handelt es sich immer um Fermionen, die wohlge-merkt nur in Paaren entstehen oder verschwinden, während die Aus-tauschteilchen als Bosonen in beliebiger Zahl abgestrahlt und absor-biert werden können.

«*Das hat wohl auch mit dem Spin zu tun: Halbzahliger Spin ergibt Fermionen, ganzzahliger Bosonen.*»

Feynman erklärt nun Barbara mit der Gabel auf der Tischdecke, daß sich in seinen Diagrammen immer nur drei Linien an einem Punkt tref-fen, was man einen «Vertex» nennt. Das ergibt sich eigentlich schon

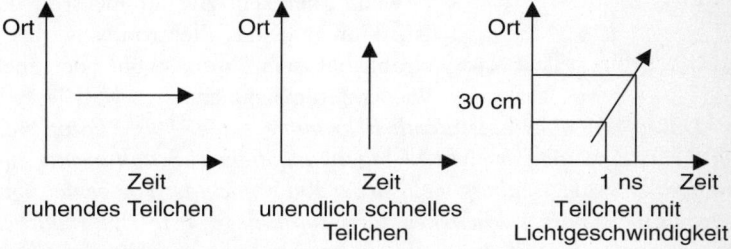

Linien zur Darstellung von Teilchen in Feynman-Graphen

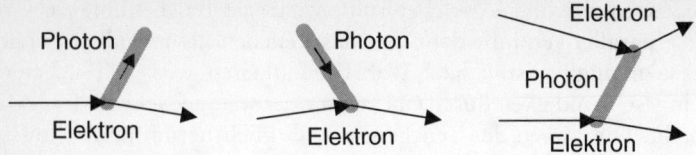

Links die Abstrahlung eines Photons durch ein Elektron, in der Mitte die Absorption eines Photons und rechts der Stoß eines Elektrons auf ein ruhendes mit Austausch eines Photons

aus den Eigenschaften der Bose- und Fermi-Teilchen. Alle komplizierteren Reaktionen muß man aus solchen Vertices zusammenbauen, eine Art Puzzlespiel, mit dem die Physiker sehr viel Zeit verbringen.

«Das ist alles viel einfacher, wenn wir uns einige Beispiele ansehen.» Feynman zeichnet etwas auf meinen Notizblock.

«Hier ist die Zeit wieder nach rechts dargestellt und der Ort nach oben. Die Achsen denken wir uns einfach immer dazu. Nun malen wir ein Elektron (von links nach rechts), das ein Photon abstrahlt. Und dann ein Elektron, das ein Photon absorbiert. Es handelt sich um Vorgänge, die man sich meist im Rahmen von Heisenbergs Unschärferelationen unbestimmt vorstellen muß – sie würden nämlich Grundgesetze der Physik verletzen. Ein physikalisch möglicher Vorgang ist dann zum Beispiel der Austausch eines Photons zwischen zwei Elektronen. Wenn sich die Elektronen frei bewegen können, ergibt dies eine Änderung ihrer Impulse, wie sie bei einem Stoß vorkommt. Für ruhende Elektronen stellt es die elektrische Kraft dar, die zwischen ihnen wirkt.

Wenn aber kein zweites Elektron da ist, dann muß das Elektron, das abgestrahlt hat, sein Photon wohl oder übel wieder zurücknehmen.»

«*Das ergibt aber eine ziemlich krumme Linie. Das Photon hat dann eine Zeitlang gar nicht Lichtgeschwindigkeit! Schon wieder ein Unding. Doch Heisenberg weiß sicher Rat – nach der von seiner Unbestimmtheit vorgeschriebenen Zeit wird der ganze Spuk vorbei sein.*»

«Genau richtig. Um ein Elektron herum gibt es immer solche sogenannten virtuellen Photonen, die man nicht beobachten kann und die gleich wieder zu ihm zurückkehren müssen.

Aber die Sache ist noch komplizierter. Laut Dirac gibt es doch Antielektronen (Positronen), die man zusammen mit Elektronen als Paare erzeugen kann. Die Darstellung ist hier sehr einfach. Aus einem Photon kann ein solches Paar entstehen.»

Auch hier ist die Angelegenheit im Sinne der Erhaltungssätze nicht ganz einwandfrei, und wenn keine Hilfe von außen erfolgt, muß der Vorgang wieder rückgängig gemacht werden.

«*Daß hier ruhende Photonen eingezeichnet sind, scheint euch wohl gar nicht zu stören! Oder ist die Zeitachse einfach verdreht?*»

«Ja – ganz so ernst nimmt man es mit den Richtungen nicht. Wir wissen ja, was wir dabei meinen. Aber die ruhenden Photonen gibt es auch wirklich!»

Das Elektron und das Positron können sich also wieder zurück in ein Photon verwandeln. Jedes Photon verbringt dementsprechend einen Teil seines Lebens als Elektron-Positron-Paar. Wenn man es fotografieren könnte, würde im Durchschnitt auf etwa jedem 137. Bild ein virtuelles Elektron-Positron-Paar erscheinen – anstelle des Photons –, so oft passiert das. Diese Häufigkeit zeigt übrigens sehr anschaulich, wie stark die elektrische Kraft ist.

«*In einem Lichtstrahl befinden sich also immer auch Elektron-Positron-Paare, die man normalerweise nicht beobachten kann.*»

«Stimmt. Bei Photonen sehr hoher Energie kann ein Elektron-Positron-Paar auch ‹echt› werden. Dies passiert zum Beispiel in der Höhenstrahlung und wurde dort auch schon oft beobachtet. Um die Erhaltungssätze der Physik zu befriedigen, muß das Photon dabei recht nahe an einem Atom (das etwas Impuls übernimmt) vorbeifliegen.»

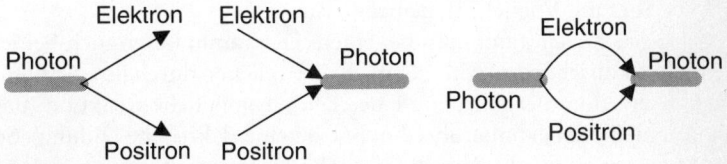

Zur Elektron-Positron-Paarerzeugung und -vernichtung

Plausible Umwandlung des Diagramms einer Elektron-Positron-Paarvernichtung in eine Photon-Abstrahlung

«In der Höhenstrahlung, die dauernd auf uns eintrommelt, gibt es demzufolge auch Positronen, das heißt: Antimaterie – klingt ja gräßlich!»

«In der Höhenstrahlung hat man auch zum erstenmal einzelne Antiprotonen beobachtet, noch bevor man sie an Beschleunigern in größeren Mengen erzeugen konnte.»

Feynman hat gleich noch etwas zu den Antiteilchen zu sagen: «In meinen Diagrammen kann man ein Teilchen meist durch sein Antiteilchen ersetzen, das dann aber in entgegengesetzter Richtung ‹fliegt› (wobei man also seinen Pfeil umdreht!). Daraus ergibt sich oft ein Diagramm eines tatsächlich stattfindenden oder wenigstens möglichen Vorgangs. Damit das Teilchen dann nicht in der Zeit nach hinten fliegt, biegen wir es einfach nach vorn.

«Wenn man sich die bis jetzt gezeigten Vertices näher ansieht, stellt man fest, daß sie alle durch Drehung oder Spiegelung (und geringe Verformung) eines einzigen Grundvertex entstehen können. Auch die Umdrehung der Achsen ist erlaubt – und wo es nötig ist, werden Teilchen in ihre Antiteilchen umgewandelt.»

«Hier scheint es ja eine ziemliche Narrenfreiheit zu geben!»

«Die aber mit Vorsicht zu genießen ist.

Ganz prinzipiell kann man bei einem Diagramm (aber auch bei jedem physikalischen Vorgang) einfach alle Teilchen durch ihre Antiteilchen ersetzen und erhält dann eine ebenfalls mögliche Reaktion (das Photon bleibt dabei unberührt – es hat ja keine elektrische Ladung). So etwas nennt man ‹Ladungskonjugation›, ‹charge conjugation› im Fachenglisch oder auch ‹Operation C›.»

*«Klingt wie ein Geheimcode und ist doch recht verständlich: Eine
Welt, in der alle Ladungen umgekehrt wären, könnten wir gar nicht von
unserer unterscheiden. Alles müßte genauso funktionieren! Das Vorzeichen der Ladung des Elektrons war ja eine reine Abmachungssache.
Mit der Zeitachse stehe ich allerdings auf Kriegsfuß. Sie sind doch
sehr liberal damit umgegangen.»*

«Daß man die Zeit auch nach hinten ablaufen lassen kann, ist wohl
eine Frage der Vorstellungskraft. ‹Im Prinzip› können doch all meine
Vorgänge auch umgekehrt vor sich gehen – wenigstens in Gedanken.
Solch eine Umkehrung nennt man ‹Operation T›, Zeitumkehrung oder
‹time inversion›. In der normalen Welt gibt es Vorgänge, die uns klar
zeigen, in welcher Richtung die Zeit abläuft, zum Beispiel bei der Mischung von Gasen, die sich nie wieder von selbst entmischen würden.
Aber bei den Elementarvorgängen kann man Reaktionen auch ‹nach
hinten› als möglich ansehen – wenigstens im Prinzip. Die Paarerzeugung und -vernichtung war doch ein blendendes Beispiel!»

*«Sie möchten mich wohl total durcheinanderbringen, Dick! Aber
ich finde Ihre Geheimoperationen recht faszinierend. Aus dem gleich-
mäßigen Ablauf der Zeit (nach vorn) hatten intelligente Köpfe abgeleitet, daß die Energie eines Systems erhalten bleibt. Nun drehen Sie die
Zeit nach hinten und behaupten, daß solch eine Welt – wenigstens zum
Teil – funktionsfähig wäre. Haben Sie noch weitere solche Operationen auf Lager?»*

«Aber sicher! Es gibt noch eine dritte, und sie heißt ‹Operation P›, P
von Parität oder Gleichheit. Sie betrifft den normalen Raum.»

*«Jetzt werden Sie den wohl auch umdrehen oder vielleicht sogar
‹umstülpen›!»*

«So ist es! Aber damit werden Sie keinerlei Probleme haben. Wenn
Sie sich im Spiegel betrachten, sehen Sie einen Menschen, der sein Herz
rechts hat, und Ihre rechte Hand ist eine linke. Schriften sind verkehrt
herum und schwer zu lesen.

Eine Schraube mit Rechtsgewinde kann ich noch so oft drehen: sie
bleibt im normalen Raum immer eine Rechtsschraube. Nur im Spiegel
passiert das Wunder: sie verwandelt sich in eine Linksschraube – Operation P hat gewirkt! Das gleiche gilt für Schneckengehäuse und DNS-
Moleküle. Hier findet also eine Umkehrung im Raum statt, eine Spiegelung.

Wenn man aber einen Stein fallen läßt, geht das genau nach den Gesetzen unserer ungespiegelten Welt. Klar?»

«Soll das heißen, daß die Physik im Spiegel nicht von der normalen zu unterscheiden ist? Ist unsere normale Welt im Spiegel nicht ganz anders?»

«In unserer elektromagnetischen Welt geht im Spiegel alles genau wie sonst. Aber ich muß gleich zugeben, dies ist nicht bei allen physikalischen Vorgängen der Fall. Die Natur kann in bestimmten Fällen sehr wohl eine Linksschraube von einer Rechtsschraube unterscheiden – was aber bei elektromagnetischen Vorgängen nicht geht.»

«Die Gleichmäßigkeit des Raumes hat doch zur Impulserhaltung geführt – seine Umkehrung im Spiegel beschert uns jetzt eine Regel, die anscheinend mit Vorsicht zu genießen ist.

Insgesamt haben wir jetzt drei Geheimoperationen: P, C und T. Aber was nun?»

Ich melde mich zu Wort: «Beim Zeichnen der Feynman-Graphen berücksichtigt man diese Regeln meist unbewußt und fast automatisch – darin liegt ihr großer Vorteil. Mit dem, was du über Paare (Fermi- und Bose-Teilchen) und über Antiteilchen weißt, kommst du hier schon recht gut aus.»

Um aber die Geschichte der Operationen abzuschließen, muß ich noch einen wichtigen Satz hinzufügen: Wenn man P, C und T hintereinander anwendet, erhält man auf jeden Fall eine physikalisch mögliche Welt («CPT-Theorem») – also auch ein gültiges Feynman-Diagramm. Darauf sind die Physiker sehr stolz.

«Und ich bin eigentlich stolz darauf, eine gewisse Ahnung davon zu haben!»

«Und noch etwas: Wenn man die Operationen C und P hintereinander anwendet, bleibt die Welt (oder besser: die Physik) nicht genau gleich. Man nennt dies CP-Verletzung. Es ergeben sich daraus minimale Veränderungen beim Zerfall bestimmter Teilchen, die schon beobachtet wurden. Dies hat dann weitreichende Konsequenzen, zum Beispiel für die Entstehung des Universums: Unter bestimmten Voraussetzungen kann man somit das Verschwinden der Antimaterie im All verstehen.»

«Finde ich faszinierend!»

«Ursprünglich entstand fast gleichviel Materie wie Antimaterie im

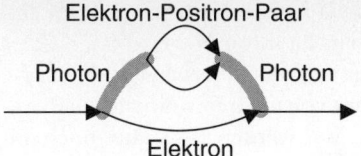

Zur Entstehung der virtuellen Elektron-Positron-Wolke in der Umgebung einer elektrischen Ladung, zum Beispiel eines Elektrons

All. Aufgrund der CP-Verletzung ergab sich aber ein kleiner Überschuß von dem, was wir heute Materie nennen. Danach haben sich Materie und Antimaterie gegenseitig vernichtet, und was übrigblieb, das sind wir – und unser heutiges Universum...

Nun aber Schluß mit der Verdrehung der Graphen und zurück zu unserem braven Elektron. Die immer wieder abgeschickten und zurückkehrenden Photonen bilden eine zwar nicht direkt beobachtbare (also ‹virtuelle›), aber doch existente Photonenwolke, die jedes Elektron umgibt. Und diese Photonen verwandeln sich hin und wieder in Elektron-Positron-Paare.

Im Endeffekt ist also das Elektron von schnell wieder verschwindenden Ladungen umgeben. Da es selbst negativ geladen ist, werden die virtuellen Positronen angezogen und die virtuellen Elektronen abgestoßen. Den Grundvorgang können wir halbwegs anschaulich darstellen. Diese Art von Diagrammen werden im Rahmen der QED genau berücksichtigt.»

«*Die elektrische Ladung eines Elektrons ist also doch eine recht komplizierte Angelegenheit!*»

«Und nur so können wir die Ladungsverhältnisse um ein Elektron herum korrekt beschreiben.

Ich habe aber noch einen Vorgang, den ich gern erklären möchte. Es handelt sich um die Vernichtung eines Elektrons mit einem Positron, wie sie bei Frontalzusammenstößen in Speicherringen stattfindet. Dabei entsteht nämlich das sonderbare Photon im Ruhezustand.»

«*Das Photon, das sich gar nicht bewegt! Hoch lebe Werner Heisenbergs Unschärfe! Dann ist sein Impuls also gleich null, des Photons, meine ich... Nach meinem Einstein-Pythagoras-Dreieck muß nun seine Ruhemasse genau der vorhandenen Gesamtenergie entsprechen. Also doch ein Photon mit Masse!*»

«Ja, es muß sich deshalb sofort wieder in andere Teilchen verwandeln, am einfachsten natürlich zurück in ein Elektron-Positron-Paar. Aber denkbar ist zum Beispiel auch eine Umwandlung in zwei Photonen, die tatsächlich beobachtet wird. Das ist eine von mehreren möglichen Reaktionen, die dabei stattfinden können. Wir werden uns später noch mit einigen anderen befassen.»

«Das alles klingt gar nicht mehr so kompliziert, wenn man es sich als Feynman-Graphen vorstellt.»

«Um die fast unvorstellbare Genauigkeit der QED zu erreichen, müssen die Physiker noch Korrekturen anbringen, die durch Hinzufügen weiterer Diagramme repräsentiert sind. So kann zum Beispiel ein Photon irgendwo abgestrahlt werden. Dadurch entsteht im Diagramm ein weiterer Vertex. Die Wahrscheinlichkeit, daß so etwas passiert, ist nun viel geringer. Für jeden zusätzlichen Vertex setzt man so etwas wie einen Faktor $1/137$ ein.

Erst wenn man möglichst viele solcher Graphen berechnet und nach den Regeln der Quantentheorie zusammenaddiert hat, erhält man eine gute Übereinstimmung mit den Ergebnissen von Experimenten. Aber die Graphen geben den Physikern sehr schnell einen guten Eindruck von der Komplexität eines Vorgangs.»

«Ich erinnere mich an einen Ihrer Vorträge, Herr Feynman, in dem Sie vor der Erklärung Ihrer Diagramme einen sehr interessanten Vergleich anstellten: In Indien gebe es Priester, die aufgrund der mehr oder weniger komplexen Aderstruktur einer Scheibe Leber von einer geschlachteten Ziege die Zukunft voraussagen. Genau so – sagten Sie damals – benutzen manche Physiker Ihre Diagramme, die ‹Feynman-Graphen›.»

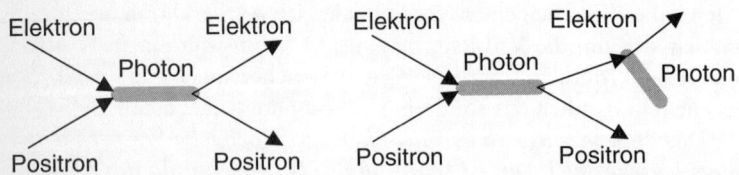

Die Vernichtung eines Elektrons und eines Positrons zu einem ruhenden Photon mit Masse, das sich sofort wieder in ein Elektron-Positron-Paar verwandelt. Daneben ein Vorgang höherer Ordnung.

«Das bezog sich auf diejenigen, die damit doch etwas unvorsichtig umgehen, was uns hier nicht passieren wird – ich bin ja dabei.»

«Und worin liegt nun der große Unterschied zwischen den anscheinend gescheiterten Berechnungen aufgrund der Diracschen Theorie und denen von Feynman & Co zu den Minimagnetchen der Elektronen?»

Ich versuche es zu erklären: «Es ist die ‹Sprache der Elektronen›, die hier ausschlaggebend war und ist – also die Berücksichtigung der verschiedenen Wechselwirkungen mit den Photonen, die durch Feynmans Graphen klar dargestellt werden. Die Verständigung zwischen den Elektronen (und auch anderen elektrischen Ladungen) hat den großen Durchbruch gebracht.»

«Gar nicht schlecht ausgedrückt!» meint Feynman. «Man kann heute wirklich die QED als wichtigste Grundlage vieler Bereiche der Naturwissenschaften betrachten. Dazu zählt als erstes die Atomphysik, die uns ja auf die Spur des Ganzen brachte, aber dann auch die Chemie, die Biologie, die Festkörperphysik und vieles mehr. Auch die vielen Anwendungen, die mit elektrischen Ladungen irgendwie etwas zu tun haben, wie zum Beispiel moderne Halbleiter, Hologramme und Laserstrahlen. Die klassische Elektrizitätslehre hat durch die QED eine solide Basis erhalten, die nun auch für die kleinsten heute bekannten Materieteilchen gilt!» Feynman ist schon wieder begeistert bei der Sache.

Und es geht noch weiter: Die QED ist nicht nur die genaueste aller bis heute in der Physik aufgestellten Theorien, sie hat auch eine Vorreiterrolle für die Theorien aller anderen Kräfte der Natur gespielt. Deshalb ist die Einführung der anschaulichen Feynman-Graphen so wichtig: Man kann sie – mit gewisser Vorsicht – auch auf anderen Gebieten einsetzen.

Wir sind beim Dessert angekommen, und es ist schon fast Mitternacht. Feynman wird auf einmal recht unruhig.

«Eigentlich habe ich noch eine Verabredung. Es gibt heute eine besondere Veranstaltung in Hamburg, die ich nicht versäumen möchte. Aber vorher soll ich euch noch in euer Nachtquartier einweisen. Es ist gar nicht weit von hier!»

Diskret verkneifen wir uns die Frage, was Feynman denn noch vorhabe, und verzehren unseren Nachtisch so schnell es nur geht. Ein Teil der Gäste hat sich schon zurückgezogen. Mit einem Kopfnicken verabschieden wir uns von den noch Anwesenden und machen uns auf den Weg. Es geht erst die vielen Stufen des QED-Palastes hinunter und dann wieder durch den Dschungel der Moleküle.

«Dies ist der Baum der Erkenntnis», sagt Feynman vor einem riesigen Gewächs, das mitten auf einer weichen Mooswiese steht. «Am besten lernt man im Schlaf – was ich euch innigst empfehle! Aber ich möchte mich jetzt verabschieden und wünsche noch viel Vergnügen im Zoo!» Dann zu Barbara: «Sie haben morgen noch sehr viel vor, versuchen Sie also, sich möglichst gut auszuruhen. Ich werde dafür sorgen, daß es etwas später angenehm dunkel wird.»

Dann gibt er Barbara einen väterlichen Kuß auf die Stirn, winkt mir nach amerikanischer Art zu und verschwindet im Gebüsch – die Trommel fest unter dem Arm.

Wir setzen uns auf das weiche Moos, unterhalten uns noch ein bißchen über das Erlebte und bewundern dabei die schönen Atome und Moleküle rundherum.

Die schwereren Elektronen

«Die vielen weißen Tierchen sind also unsere treuen Elektronen, und hin und wieder erscheint auch eines ihrer schwarzen Antiteilchen, ein Positron. Das ist mir jetzt alles recht klar. Da läuft aber schon wieder ein Riesenelektron herum – wohl eines der seltenen Muttertiere», meint Barbara erstaunt und zeigt dabei auf ein in der Tat zu groß geratenes Elektron. *«Du wolltest mir doch erklären, um was es sich dabei handelt!»*

«Das ist ein Myon, ein Teilchen, von dem wir wirklich nicht wissen, warum es existiert. Es benimmt sich wie ein Elektron, ist aber 206mal schwerer. Es gilt genauso als punktförmig und wird hier nur für unsere Gedanken etwas größer dargestellt.  Myonen wurden schon 1937 in der Höhenstrahlung entdeckt, aber erst zehn Jahre später im Teilchenzoo als schwere Elektronen richtig eingeordnet. Während meines Studiums habe ich viele Myonen beobachten können, als wir in Argentinien unser erstes Pion aus den Anden nach Hause brachten. Positive

Pionen, die zur Ruhe kommen, zerfallen sogar in Myonen, was in unseren Kernplatten sehr schön zu sehen war. Ich werde dir später ein Bild davon zeigen. Die meisten Myonen der Höhenstrahlung stammen übrigens aus dem Zerfall von Pionen. Und mit diesen Pionen werden wir uns noch beschäftigen.»

«Muß ja ein eigenartiges Teilchen sein, dieses Myon. Wie konnte man es denn von einem Elektron unterscheiden, wenn es letztlich auch so winzig klein ist?»

«In Meereshöhe beobachtet man nur die Reste oder Endprodukte der Reaktionen, die in der oberen Atmosphäre von einfallenden Teilchen sehr hoher Energie herrühren. Es erreichen uns praktisch nur mehr Elektronen, Photonen und eben Myonen. Während man die Elektronen und Photonen in einigen Zentimetern Blei absorbieren kann, durchdringen die Myonen viel dickere Materieschichten. Sie wurden deshalb als harte Komponente

Höhenstrahlenschauer

der Höhenstrahlung bezeichnet. Heute nutzen wir diese Eigenschaft, um Myonen in unseren Experimenten zu erkennen: Man läßt sie durch dicke Materieschichten laufen (zum Beispiel Eisenplatten, insgesamt einen Meter dick), in denen alle anderen Teilchen infolge verschiedener Reaktionen absorbiert werden. Die Myonen sind nicht stabil, sie zerfallen im Durchschnitt in etwa zwei Mikrosekunden. Wenn sie hohe Geschwindigkeit haben, können sie recht weit fliegen.»

Barbara überlegt einen Augenblick. *«Fast so schnell wie das Licht, würden sie für die dreißig Kilometer von der oberen Atmosphäre bis zum Meeresspiegel immer noch etwa hundert Mikrosekunden brauchen. Da würden ja nicht viele von ihnen hier ankommen!»*

Barbara hat doch wahrlich außerordentliche Fähigkeiten. «Hier hilft uns wieder Einstein, mit seinem Zwillingsparadoxon. Die schnellen Myonen leben eben für uns ruhende Erdbewohner viel länger. Nur weil sie so ‹relativistisch› schnell sind, können sie den Meeresspiegel

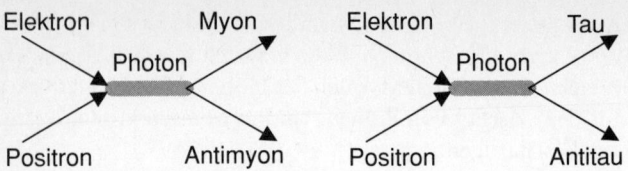

Die Erzeugung von Myon- und Tau-Paaren beim Elektron-Positron-Zusammenstoß an Speicherringen mit kollidierenden Strahlen

erreichen! Es ist genau wie mit den Zwillingen, von denen uns Einstein erzählt hat.»

«Glaubt man das einfach, weil es Einstein so gesagt hat, oder hat man es auch durch Experimente bestätigt?»

«Man hat sehr schnelle Myonen in Ringen gespeichert und dabei sehr genau festgestellt, wie ihre Lebensdauer entsprechend Einsteins Theorie länger wird. Wenn wir auf den Myonen mitreisen könnten, würden unsere Uhren anders gehen – und ihre mittlere Lebensdauer käme uns ganz normal vor. Klar?»

«Und was passiert mit den Myonen am Ende ihres Lebens?»

«Beim Zerfall eines schnell fliegenden Myons wird ein Elektron oder Positron abgestrahlt, je nach der Ladung des Myons. Die elektrische Ladung muß ja erhalten bleiben.»

«Also doch ein Muttertier!»

«Wir werden es später sogar als ein Exemplar einer höheren Generation einstufen. Aber ganz treffend ist deine Bezeichnung doch nicht. Das Myon zerfällt in ein Elektron oder Positron, und dann existiert es nicht mehr – was vielleicht doch etwas anderes ist als eine Geburt.

Es gibt also elektrisch negativ und positiv geladene Myonen, wobei man die negativen als Teilchen und die positiven als Antiteilchen bezeichnet, genau wie bei den Elektronen. Es gibt – ebenso wie bei den Elektronen – auch keine neutralen Myonen.»

«Wobei die Antimyonen hier hoffentlich schwarz erscheinen! Aber noch etwas: Wenn das Myon dem Elektron so ähnlich ist, müßte ein negatives Myon mit einem positiven Kern doch auch ein Atom bilden können, das dann wahrscheinlich nicht sehr lange lebt.»

«Das tut es auch, und man hat diese Atomart schon untersucht. Das negative Myon kreist jedoch in seinem Grundzustand sehr nahe um den Kern herum und wird bald eingefangen. Es verbindet sich mit einem Proton des Kerns, das sich dabei in ein Neutron verwandelt und meist aus dem Kern geschleudert wird. Das ist ein etwas komplizierterer Prozeß, mit dem wir uns auf der Wiese aller Wechselwirkungen beschäftigen werden. Ein positives Myon kann sogar mit einem negativen Elektron ein kurzlebiges exotisches Atom bilden, das Myonium genannt wird. Hier nimmt das Myon die Stelle des Kerns ein.»

«Exotisches gibt's hier genug, glaube ich ...»

«Ja, da muß ich dir gleich einen weiteren Exoten unseres Zoos vorstellen. Es gibt eine noch schwerere Ausführung des Elektrons – du würdest es als Großmutter betrachten, aus einer noch älteren Generation, was wiederum nur halbwegs zutrifft. Es wird Tau genannt und wurde 1975 am Elektron-Positron-Speicherring SPEAR in Stanford entdeckt und in Hamburg bei DORIS fast gleichzeitig bestätigt. Die Ideen für die Suche nach diesem Teilchen wurden von dem amerikanischen Physiker Martin Perl bei SPEAR entwickelt, der dafür 1995 den Nobelpreis erhielt.

Das Tau ist 3480mal schwerer als das Elektron, also fast doppelt so schwer wie ein Wasserstoffatom. Seine Lebenserwartung ist grob eine millionmal kleiner als die des Myons. Entsprechend kann es nicht sehr weit fliegen. Aber es wurde aufgrund seiner typischen Zerfallsart leicht erkannt.»

«Hast du noch mehr solche Teilchen auf Lager?»

«Nein. Das Elektron hat nur diese zwei geladenen Partner. Sie gehören alle drei in die Kategorie der Leptonen – der ‹leichten Teilchen›. Man dachte erst, es gebe nur leichte Leptonen – daher der Name; dies erwies sich allerdings als falsch.»

«Sind Leptonen nicht die kleinsten griechischen Münzen, ein Hundertstel einer Drachme?»

Perl

«Daher kommt anscheinend auch der Name», antworte ich und sinniere laut: «Wenn es noch weitere Leptonen geben sollte, dann müßten sie viel schwerer als das Tau sein. Ihre Erzeugung wäre mit unseren Teilchenbeschleunigern nicht möglich. Es wird heute angenommen, daß es in dem uns heute zugänglichen Energiebereich nur die drei geladenen Leptonen (Elektron, My und Tau) gibt – und natürlich ihre Antiteilchen. Wir werden später ihre neutralen Partner kennenlernen. Das sind jedoch ganz andere Teilchen, die im Elektromagnetischen Garten nichts zu suchen haben…»

«Jetzt habe ich genug für heute…»

Bald darauf wird es tatsächlich dunkel, wie es Feynman angekündigt hat. Barbara legt das QED-Büchlein unter einen kleinen Molekülhaufen, der ihr als Kopfkissen dienen wird: *«Soll ja wirken»*, meint sie.

«Maxwell hat uns mit seinem Schlüssel hier hereingelassen. Planck hat uns den ehrwürdigen Quantenverein vorgestellt und Feynman schließlich die glorreiche QED – und auch seine narrenfreien Hieroglyphen… Sehr sympathisch, der Dick… Hoffentlich träume ich nicht von weiteren Generationen von Elektronen…»

4
Das Revier der wilden Quarks

«Hi, wake up! Aufwachen! Wie geht es euch denn? Habt ihr gut geschlafen? Lange genug war's jedenfalls!»

Es ist mein Freund Robert Hofstadter, der uns unsanft aufweckt. In einem Picknickkorb hat er alles Nötige für ein üppiges Frühstück mitgebracht.

Hofstadter

Mit verschlafener Stimme stelle ich Barbara und Robert einander vor. Barbara unterbricht mich: «*Aber sind Sie nicht der Vater von Douglas Hofstadter, der das berühmte Buch ‹Gödel, Escher, Bach› geschrieben hat, ‹die Bibel der Computerkultur›, wie man sagt?*»

«Doch, das stimmt! Und ich bin auch sehr stolz auf meinen Sohn.»

Die modernen Indianer

Ich erzähle Barbara von Roberts Experimenten Anfang der fünfziger Jahre, die uns sehr beeindruckt haben: Er konnte nachweisen, daß die Protonen, also die Kerne des Wasserstoffatoms, nicht punktförmig sind, wie viele von uns damals noch annahmen, sondern einen meßbaren Durchmesser haben.

«*Hast du nicht einmal bei einem Größenvergleich verschiedener Objekte das Proton als Einheit benutzt? Es sollte doch etwas größer als einen Femtometer sein?*» fragt Barbara dazwischen.

«Ja, das ist es, was Hofstadter gemessen hat, und es ist der Wert, den man heute akzeptiert. Durch Beschuß mit schnellen Elektronen fand Hofstadter nicht nur die Größe der Protonen heraus, sondern auch die Verteilung der elektrischen Ladung in ihrem Innern.»

«Ja, so ist es», fügt Hofstadter hinzu. «Die elektrische Ladung ist über das ganze Innere verschmiert und nicht etwa an einem einzigen Punkt konzentriert oder nur auf der Oberfläche verteilt, wie man vielleicht naiv annehmen könnte.»

Ich erinnere mich an ein Abendessen nach einer Tagung, es war im September 1961 in Aix-en-Provence, als Robert Hofstadter uns jüngeren Physikern (er ist 1915 geboren und 1990 gestorben) begeistert erklärte, daß auch das Neutron, das ja insgesamt elektrisch neutral ist, in seinem Innern verteilte elektrische Ladungen hat – und natürlich auch einen Durchmesser, der etwa dem des Protons entspricht. Noch im selben Jahr erhielt Hofstadter für seine Arbeiten den Nobelpreis für Physik.

Das Wichtigste an diesen neuen Erkenntnissen war folgendes: Sie gaben den ersten konkreten Hinweis auf eine innere Struktur der Protonen und Neutronen. Irgend etwas mußte ja drin sein in diesem zwar kleinen, aber doch meßbaren Volumen!

«Meine Kollegen in Stanford und in anderen Laboratorien, wie zum Beispiel an der Universität Cornell, haben damals sofort neue Experimente geplant und auch durchgeführt, um festzustellen, woraus das Proton besteht», meint Hofstadter. «Sie haben mit Elektronen immer höherer Energie auf die Protonen geschossen, wodurch sie wesentlich kleinere Details erkennen konnten.»

«Erinnert mich an die Indianeranalogie beim Experiment von Lord Rutherford! Hattest du es nicht ‹Streuexperimente› genannt?»

«Ja, so ist es. Man kann es sich auch so vorstellen, als würde man vom normalen Mikroskop zum Elektronenmikroskop übergehen: Bei höherem Impuls der Teilchen wird ihre Wellenlänge immer kleiner und dabei auch ihre Abmessungen. Dadurch verbessert sich ganz natürlich das Auflösungsvermögen.»

«De Broglie macht's möglich!»

Ich erkläre Barbara, daß seit 1964 auch bei DESY in Hamburg solche Experimente durchgeführt wurden, mit einem Ringbeschleuniger (einen «Synchrotron»), in dem Elektronen damals 6 GeV erreichten. Im Stanford Linear Accelerator Center SLAC in Kalifornien, wo Robert Hofstadter auch tätig war, benutzten sie einen großen Linearbeschleuniger, der Elektronen schon 1966 auf 20 GeV brachte.

Mit den schnellen Elektronen wurde auf Protonen geschossen, die

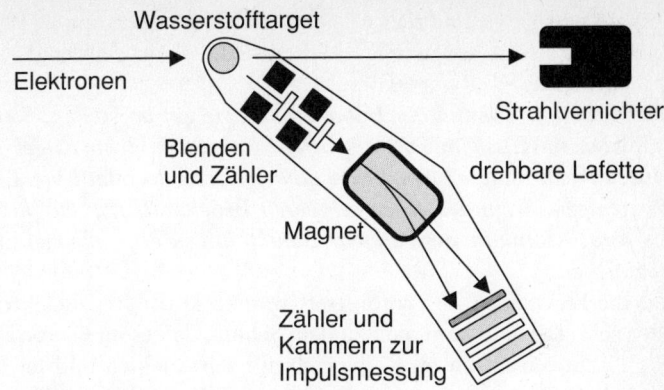

Prinzip eines Spektrometers in der Teilchenphysik

zum Beispiel in einem gekühlten Behälter mit flüssigem Wasserstoff enthalten waren. Es wurde untersucht, wieviel Energie die Elektronen beim Stoß an die Protonen abgeben. Dabei mißt man die Energie (genauer: den Impuls), die den Elektronen nach dem Stoß übriggeblieben ist, und den Winkel, mit dem sie abgeprallt sind. Dazu dient ein sogenanntes Spektrometer, das aus einem Ablenkmagneten, Zählern, Kammern und Blenden besteht.

Viele Elektronen prallen ab wie kleine Glasmurmeln und geben dabei nur wenig Energie an das Proton, während es andere in sogenannte angeregte Zustände versetzen, über die man damals schon recht gut Bescheid wußte. All dies erkannte man also an der Energie der abgeprallten Elektronen. Aber es gab auch Elektronen, die viel mehr Energie als erwartet im Proton hinterließen. Dieser Effekt wurde zuerst bei DESY beobachtet, man fand dafür allerdings keine geeignete Erklärung. Man nennt es «tief inelastische Streuung».

Der Durchbruch kam erst 1968, als Physiker vom SLAC und vom berühmten Massachusetts Institute of Technology MIT bei Boston (die «SLAC/MIT-Gruppe») Messungen bei höherer Energie im SLAC-Linearbeschleuniger durchführten. Mit Hilfe der beiden Theoretiker James Bjorken und Richard Feynman (genau jener mit der Trommel und der QED) konnten sie schließlich beweisen, daß die Elektronen im

Proton auf sehr kleine und relativ leichte Teilchen stoßen, die sie Partonen nannten, also so etwas wie «Teilteilchen» – von dem englischen Wort «part», das «Teil» bedeutet.

«Kann ich mir anhand der Indianeranalogie gut vorstellen: Sie haben die kleinen Nüsse im Sack getroffen. Wenn eine kleine Kugel oder Murmel auf eine andere kleine trifft, dann kann sie ihr relativ viel Energie übertragen. Wenn sie einen schweren Brocken trifft, wie das bei Rutherfords Atomkern der Fall war, dann prallt sie ab, ohne viel Energie abzugeben.»

Was die Elektronen im Proton treffen, muß in der Regel elektrisch geladen sein. Deshalb kam man zu dem Schluß, daß es im Proton elektrische Ladungen geben muß, die sich auf sehr kleinen und leichten Teilchen befinden, welche außerdem fast frei herumfliegen. Wenn sie sehr stark an die anderen Teile des Protons gebunden wären, würden sie wieder wie schwere Kugeln wirken.

«Also: leicht, klein und frei – drei wichtige Eigenschaften!»

Später konnte man zeigen, daß es im Neutron sehr ähnlich aussehen muß.

Feynman hat die für uns leicht verständliche Erklärung der Zusammenhänge, die anschauliche Partonen-Theorie, dafür geliefert, während Bjorken schon vorher die genauere, jedoch etwas abstrakter klingende theoretische Grundlage erarbeitet hatte. Die drei Hauptverantwortlichen des SLAC/MIT-Experiments, der Kanadier Richard Taylor vom SLAC und die Amerikaner Gerome Friedman und Henry Kendall vom MIT, haben 1990 dafür den Nobelpreis erhalten.

«Proton und Neutron bestehen also aus kleineren Bausteinen, wie es einige Theoretiker schon 1964 vorgeschlagen hatten. Allerdings stellten sie sich diese etwas anders als die Partonen des SLAC/MIT-Experiments vor», meint Hofstadter nachdenklich. Dann zu Barbara: «Aber das werden Sie ja bald alles viel genauer erfahren, wenn Sie das Quarkrevier besuchen. Ich werde euch gleich zum Eingang führen.»

Schließlich sind wir mit dem Frühstück fertig und machen uns auf den Weg.

«Ich hatte eine schöne Zeit bei DESY, als ich mit meiner Gruppe am Speicherring DORIS die Zusammenstöße von Elektronen mit Positronen untersuchte. Das Experiment hatte den Namen CRYSTAL BALL, Kristallkugel...», bemerkt Hofstadter im Gehen.

Wir kommen zu einer Art tiefem Brunnen, der von einer Brüstung aus schwarzen Steinen umrandet ist.

«Ist es das, was wir schon von oben als dunklen Fleck gesehen haben?» fragt Barbara mit besorgter Miene.

«Ja, tief unten und noch zehntausendmal kleiner, als wir jetzt sind, habe ich die Quarks und alles, was mit ihnen zu tun hat, zusammengestellt. Das ist unser nächstes Ziel; der Abstieg wird etwas mühsamer. Es gibt nämlich keinen Aufzug nach unten!»

«Ein Glück – dann gibt es auch keine enge Kabine!» erwidert Barbara erleichtert.

«Aber wir müssen steil an der Wand auf einer Sprossenleiter hinunterklettern. Am sichersten ist es, wenn wir uns anseilen wie in den Bergen.»

«Ich habe alles Nötige für euch vorbereitet», sagt Hofstadter, «Schutzhelm mit Lampe, Seil und Gürtel mit Halterungsöse, damit ihr keinerlei Gefahr ausgesetzt werdet.»

Barbara ist sofort begeistert und setzt sich den Helm auf, legt sachkundig den Gürtel um, fädelt das schon vorbereitete Seil durch die Öse und schlingt es um ihr linkes Bein, so daß sie daran Stück für Stück hinabgleiten kann, auch wenn sie versehentlich einmal neben eine Sprosse tritt. Ich folge ihr. Robert befestigt das Ende des Seils an einem Haken am Brunnenrand.

«Ihr seht wie professionelle Höhlenforscher aus», amüsiert er sich.

Wir steigen behutsam von Sprosse zu Sprosse. Schwindelfrei scheint Barbara zu sein, was man von mir nicht sagen kann. Aber ich muß ja nicht nach unten schauen.

Nach einiger Zeit hören wir ein deutliches Klicken, das wir schon aus der Shuttle-Röhre kennen.

«Den ersten Faktor zehn Verkleinerung hätten wir wohl geschafft», ruft Barbara mir zu. Ihre Stimme hallt gespenstisch aus der Tiefe zurück. Ich muß unweigerlich an den Rückweg denken – das Ganze wieder nach oben...

Nach einer guten halben Stunde Turnerei und einem vierten Klick sind wir am Grund des Brunnens angelangt und befreien uns von Seil und Gürtel. Die Umgebung wird nur kärglich von unseren Helmlampen beleuchtet. Ich führe Barbara zu einer kleinen Tür mit der Aufschrift «Vorsicht Quarks!», durch die wir in das Heiligtum eintreten.

Wir stehen nun offensichtlich auf einem kleinen Hügel, inmitten einer eindrucksvollen und vollständig farblosen Mondlandschaft, die sich erstreckt, so weit das Auge in dem fahlen Licht reicht. Hinter uns der Abstiegsschacht, der von außen eher wie ein riesiger Fabrikschornstein erscheint.

«Das sieht hier alles nur so groß aus, weil wir so klein geworden sind», erkläre ich Barbara. Überall liegen mächtige Kugeln oder Blasen herum. Einige sind wirklich kugelrund, andere etwas länglich, wie dicke Zeppeline. Sehr viele sind weiß, einige sind schwarz und ein paar der länglichen sogar grau – keine Farbe weit und breit. Sie scheinen ein aktives Innenleben zu haben, denn sie beulen sich immer wieder an verschiedenen Stellen aus, als würde etwas in ihnen zappeln und dabei gelegentlich an die elastische Wand stoßen.

«Das ist mir unheimlich: erst mal das Licht und dann diese Lebendigkeit... als ob so ein Gebilde gleich aufspringen oder explodieren könnte...», flüstert Barbara.

In der Ferne sehen wir einige Gruppen solcher Kugeln, die wohl aneinander kleben und dabei unruhig hin und her zappeln. Sie bestehen aber nur aus weißen runden Blasen.

«Die meisten der kugelrunden weißen Gebilde um uns herum sind Nukleonen, also Protonen und Neutronen. Sie können sich auch zu Atomkernen zusammenschließen. Das sind dann die größeren Gruppierungen weiter hinten. Die schwarzen Kugeln sind ihre Antiteilchen, die auf unserer Erde nur sehr selten vorkommen. Wir befinden uns in der u-d-Halle des Zoos, mitten im Quarkrevier. Bald wird dir klar sein, warum diese Halle so heißt. Aber erst einmal werden wir uns so ein einfaches Proton näher ansehen!»

«Verrate mir doch vorher noch, was die länglichen Gummiblasen darstellen!»

«Es handelt sich um sogenannte Mesonen, wie das Pion, das ich als Student in·den Anden gefunden habe. Die weißen sind Mesonen, die schwarzen Antimesonen. Und bei den seltenen grauen handelt es sich um neutrale Mesonen besonderer Art – sie sind gleichzeitig ihre eigenen Antiteilchen…»

«Und warum heißen sie ‹Mesonen›?»

«Zuerst nannte man sie Mesotronen, weil man sie als mittelschwer, etwa zwischen Elektronen und Protonen, befand (heute wissen wir allerdings, daß dies gar nicht auf alle Mesonen zutrifft). Aus Mesotron entstand dann das Wort Meson.»

«Allmählich gewöhne ich mich an das Licht – ich werde neugierig!»

Mit Gell-Mann im Proton

Arm in Arm wandern wir nun zu der am nächsten liegenden Kugel. Eine Leiter führt zu einer kleinen Einstiegsluke. Barbara ist viel schneller als ich, erklimmt die Leiter und klopft an die Eingangsklappe.

«Come in», ertönt eine Stimme aus dem Inneren.

Barbara rüttelt an der Klinke, öffnet die Klappe und springt gelenkig hinein. Ich folge ihr keuchend und schließe die Klappe hinter mir.

Drinnen ist es extrem hell und sehr bunt, als würde gerade ein Feuerwerk stattfinden. Allmählich gewöhnen wir uns an das grelle, blendende Licht.

«Hi, Pedro, having a nice time? Scheint dir wohl recht gutzugehen», fragt nach einem interessierten Blick auf Barbara ein rüstiger Herr mit dicker Hornbrille, der relaxed in einem Liegestuhl anscheinend schon auf uns wartet.

Gell-Mann

«Hallo, Murray, admiring your quarks? Bewundern Sie Ihre Quarks? Ich habe heute Besuch mitgebracht. Darf ich vorstellen: Barbara, eine Künstlerin – sie malt und zeichnet –, die sich gelegentlich für Philosophie und vieles andere interessiert, wie Sie ja auch.»

Zweig

Und dann zu Barbara: «Das ist Murray Gell-Mann, er hat 1964 in Amerika, fast gleichzeitig mit seinem jüngeren Kollegen George Zweig, der gerade im CERN arbeitete, die Existenz der Quarks vorgeschlagen. Er wird uns hier, im Innern eines Protons, einiges dazu erläutern können. So hoffe ich wenigstens.»

«Yes, natürlich werde ich einer so charmanten Dame, was immer sie darüber wissen möchte, gern erklären – soweit ich es selber weiß! Ich habe auch für euch Liegestühle besorgt, damit wir das Quarkpanorama von hier aus genießen können.»

Wir setzen uns neben ihn, Barbara natürlich in die Mitte, und staunen über den wirklich eindrucksvollen Anblick. Es ist viel bunter und abwechslungsreicher als ein Feuerwerk, und vor allem scheint es überhaupt nicht aufzuhören. Hunderte von Teilchen schwirren mit sehr hoher Geschwindigkeit um uns herum. Barbara kann sich gar nicht satt sehen. Hin und wieder schielt sie allerdings auch voller Bewunderung zu Gell-Mann hinüber.

«‹Das Quark und der Jaguar› habe ich gerade gekauft. Jetzt werde ich es wohl mit ganz anderen Augen lesen!» raunt sie mir zu. Aber Gell-Mann hat das Wort Jaguar doch verstanden.

«Wenn Sie sich nach der Lektüre mit mir über die Probleme der einfachen und der komplexen Systeme unterhalten möchten, stehe ich Ihnen jederzeit zur Verfügung. Sie können mir auch an das Santa Fe Institute schreiben.»

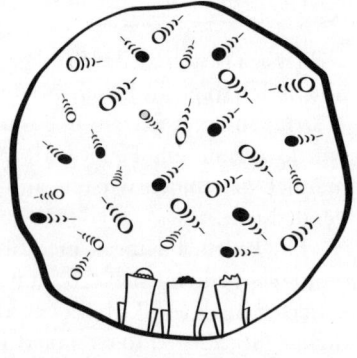

Dann meint er mit beruhigender Stimme: «Dagegen werden Sie hier vieles über die Quarks erfahren oder sogar selbst erkennen durch Beobachtung all dessen, was vor Ihnen jetzt passiert. Es ist gar nicht so kompliziert! Und Pedro hat dazu einige sehr anschauliche und vereinfachte Darstellungen, die Ihnen sicher weiterhelfen werden.»

«*Als erstes scheint mir, daß die Quarks, oder was immer hier Farbiges umherfliegt, ganz schön hell sind!*» Barbara überlegt einen Augenblick. «*Da wir aber von Herrn Hofstadter gerade erfahren haben, wie groß unser Proton ist, müßte ich jetzt sofort ausrechnen können, wie schnell die Teilchen sind, die hier herumschwirren, oder genauer, was für einen Impuls sie im Durchschnitt haben. Ich brauche dazu eigentlich nur den Wert der Planck-Konstante. Kann mir jemand den Wert sagen?*»

Ich hole meinen kleinen Teilchenphysiker-Kalender aus der Tasche und schlage die Seite «Naturkonstanten» auf. Barbara erkennt auf einen Blick, daß die Impulse der Teilchen im Proton durchschnittlich etwa einige 100 MeV (bei $c = 1$) betragen müssen, weil nämlich diese Zahl, mit Hofstadters Protonendurchmesser multipliziert, den Wert der Planck-Konstante ergeben muß! Ich kann das nicht nachvollziehen, weil ich bei den Umrechnungsfaktoren immer ins Schleudern komme.

«*Heisenbergs Unschärfe macht's möglich, und 100 MeV ist ja ein beachtlich hoher Impuls! Hier fliegt wahrscheinlich alles fast mit Lichtgeschwindigkeit herum, da ich wohl annehmen kann, daß die rasenden Glühwürmchen keine sehr große Ruhemasse besitzen, nach all dem, was wir von den SLAC/MIT-Indianern gelernt haben. Energie und Impuls sind dann fast gleich, und die Geschwindigkeit ist praktisch die des Lichtes. Einsteins Dreieck habe ich ja gut im Griff, und hier ist es dann sehr langgestreckt!*» bemerkt Barbara süffisant, und wir nicken zustimmend.

«*Ich erkenne zwei Arten von leuchtenden Pünktchen: Die einen haben nur eine Farbe, die sich oft ändert. Die anderen haben immer gleich zwei Farben eng nebeneinander, die sich auch oft ändern. Hin und wieder trennen sich die beiden Farbpünktchen, laufen eine kurze Zeit auseinander, kommen schnell wieder zusammen und fliegen als Zweierfarbtupfer weiter.*

Drei der einfarbigen Pünktchen scheinen eine Sonderstellung einzunehmen, denn viele der Teilchen schwirren um sie herum, oder besser: rasen dauernd hinter ihnen her.»

Ich fühle mich angesprochen und antworte: «Die einfarbigen, also diejenigen, die immer nur eine Farbe haben, auch wenn sie diese oft ändern, das sind die Quarks. Darunter auch die drei Haupt- oder Valenzquarks, die man leicht erkennen kann, weil so viele andere um sie herumflitzen. Die zweifarbigen dagegen sind die Austauschteilchen der Kraft zwischen den Quarks, die Gluonen. Sie halten die Quarks aneinander fest.»

«*Entsprechen sie damit etwa den Photonen im Elektromagnetischen Garten?*» möchte Barbara wissen. «*Klingt ja irgendwie ähnlich.*»

«Ja, nur daß sie zwischen den extrem starken Ladungen der Quarks, den sogenannten Farbladungen, umherschwirren. Diese Tatsache wurde eigentlich schon 1966 von dem japanischen Theoretiker Yiochiro Nambu erkannt, aber erst 1973 von Gell-Mann so dargestellt, wie wir es heute verstehen. Die Tatsache, daß die Kräfte so stark sind, wird durch einen sehr häufigen Austausch von Gluonen dargestellt, der jedenfalls viel häufiger ist, als es bei den Photonen der Fall war. Genau wie die Photonen haben die Gluonen keine Masse und keine elektrische Ladung. Und sie können auch in beliebiger Zahl abgestrahlt oder wieder eingefangen werden.»

«*Dann sind es also Bosonen, genau wie die Photonen!*»

«Ja, sie haben auch ganzzahligen Spin, oder genauer: Spin 1. Aber fangen wir vielleicht doch die Geschichte von vorn an und untersuchen erst einmal ein einzelnes Quark.»

Gell-Mann lächelt schelmisch und holt unter seinem Liegestuhl einen kleinen Käfig hervor.

«Dies ist ein d-Quark, etwas vergrößert — du brauchst es nicht zu zeichnen, ich habe dir einige Darstellungen mitgebracht, die aus meinen Vorträgen stammen», erkläre ich Barbara.

«Das Quark ist in einem besonderen, quarkkraft-isolierenden Behälter eingesperrt, den es natürlich nur in unserer Gedankenwelt gibt. Es sieht uns grimmig an, weil es allein sehr unglücklich ist. Es versucht dauernd, Gluonen abzuschießen, um sich mit anderen Quarks zu liieren. Aber die Gluonen können durch die Gitterstäbe nicht weit reichen. In der Natur kommt so etwas natürlich gar nicht vor! Unser Quark hat nämlich eine sehr sonderbare elektrische

Ladung, die man frei noch nie beobachtet hat: genau ein Drittel der Ladung eines Elektrons!»

«Millikan hat doch klar bewiesen, daß es so etwas gar nicht gibt!» unterbricht mich Barbara vorwurfsvoll.

«Ja, das stimmt», muß ich verlegen zugeben. «Aber ich habe auch immer sorgfältig hinzugefügt: ‹frei in der Natur›! Andere Ladungen kann es also geben, jedoch nur in Verbindungen, nicht frei. Jedenfalls hat man noch nie freie Drittelladungen beobachtet. Dagegen gibt es sehr wohl Experimente, mit denen bewiesen wird, daß die gebundenen Quarks Drittelladungen haben.»

«Womit die Pythagoreer wieder einmal recht haben: Die Natur liebt ganze Zahlen! Die Drittelladungen müssen verborgen bleiben...»

«Es gibt noch ein zweites Quark, das u-Quark. Es sieht sehr ähnlich aus, hat aber Ladung + ⅔.

Und nun kommt etwas sehr Wichtiges: Sobald sich drei dieser u- und d-Quarks miteinander verbinden, ergibt sich immer eine ganzzahlige elektrische Ladung – oder Ladung null. Aus zwei dieser Quarks dagegen kann man nie eine ganzzahlige Ladung bilden. Das kannst du auch leicht nachprüfen. Das Proton, in dem wir gerade sitzen, enthält drei Hauptquarks. Zwei davon haben Ladung + ⅔, es sind u-Quarks, und eines, so wie das hier im Käfig, hat Ladung − ⅓, das d-Quark. Die Summe der Ladungen ergibt also eins. Wenn du genau hinsiehst, wirst du das zufriedene Gesicht der drei Hauptquarks da oben in unserer Protonenblase bemerken.»

«Wenn sie nur einen Moment stillhalten würden...»

Aus einer meiner Taschen hole ich wieder eine Zeichnung und zeige sie Barbara. «Habe die winzigen Pünktchen etwas vergrößert und stilisiert dargestellt.»

«Darf ich davon ausgehen, daß diese Gesichter nur in unserer sonderbaren geistigen Welt existieren? Du hast mir ja schon früher verraten, daß ihr Physiker die Quarks als punktförmig betrachtet, wie die Elektronen», meint Barbara ernst.

«Das stimmt natürlich», antworte ich.

«Und da habe ich gleich noch eine Frage: Wird die elektrische Ladung des Protons nur von den drei Hauptquarks bestimmt? Liefern denn die vielen anderen Teilchen, die da herumschwirren, gar keinen Beitrag dazu?»

«Genauso ist es. Alle anderen Teilchen haben zusammen Ladung null. Das hat einen ganz einfachen Grund, der dir bald sehr klar sein wird. Die drei Hauptquarks werden deshalb auch ‹Valenzquarks› genannt, eine Bezeichnung, die wohl von den Valenzelektronen der Chemie abgeleitet wurde.

Aus u- und d-Quarks kann man noch andere Verbindungen bilden, die ebenfalls ganzzahlige Ladungen haben. Zwei d-Quarks und ein u-Quark ergeben zusammen Ladung null. Dies ist genau das Neutron, das zusammen mit den Protonen die Atomkerne bildet.»

«Jetzt ist mir auch klar, warum die elektrisch neutralen Neutronen in ihrem Innern doch elektrische Ladungen haben, wie es ja schon Hofstadter herausgefunden hatte. Es sind die Quarks in ihnen, die ja alle elektrisch geladen sind!»

«Elektrisch neutrale Quarks gibt es nicht, da hast du ganz recht.»

«Aber ich kann aus deinen beiden Quarkarten noch andere Verbindungen mit ganzzahliger Ladung bilden: drei u-Quarks, zum Beispiel, würden ein Teilchen mit Ladung + 2 ergeben. Wo bleiben die denn?»

«Tatsächlich: Es gibt sie, sie heißen Delta-Teilchen und zerfallen sehr schnell in leichtere Teilchen. In der stabilen Materie spielen sie nur eine geringe Rolle.

Aber hier kommt noch etwas sehr Wichtiges hinzu: Wie Dirac aus der Quantentheorie abgeleitet hat, gehört zu jedem Teilchen ein Antiteilchen mit entgegengesetzter Ladung. Zu den Elektronen gehören die Positronen, wie wir schon erfahren haben. So gibt es auch zu jedem Quark ein Antiquark.»

Gell-Mann holt einen zweiten kleinen Käfig unter seinem Liegestuhl hervor und zeigt Barbara ein recht unglückliches Antiquark.

«Man sollte euch beim Tierschutzverein anzeigen», meint Barbara. *«Das ist ja Tierquälerei! Können wir ihm nicht schnell zwei Partner*

suchen, mit denen es eine ganzzahlige Ladung bilden kann und dann nicht mehr so traurig ist?»

«Natürlich, wir könnten ihm zwei geeignete Antiquarks dazugeben, dann
würde ein Antiproton oder ein Antineu-
tron entstehen, die in der Natur durchaus
existieren. Sie sind genauso stabil und haben die gleiche Masse wie ihre normalen
Pendants – das Antiproton jedoch entgegengesetzte (also negative) elektrische
Ladung.

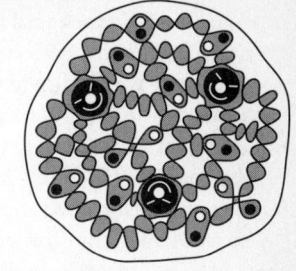

Aber man könnte unserem Antiquark auch ein normales Quark als
Partner zuordnen. Wir können uns sogar eine beliebige Paarung eines
Quarks und eines Antiquarks aussuchen: Sie alle haben ganzzahlige
Ladung, wie du selbst überprüfen kannst! Ein u-Quark mit Ladung
+ ⅔ und ein Anti-d-Quark mit Ladung + ⅓ zum Beispiel bilden ein
elektrisch positives Pi-Teilchen mit der Ladung + 1.»

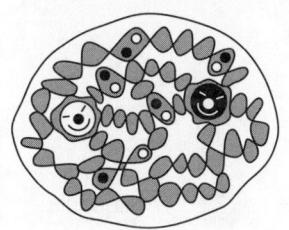

*«Ist das nicht das Teilchen, das du am
Anfang deiner Karriere in den Anden auf-
gestöbert hast?»*

«Ja, genau das ist es. Es gehört zu den
Mesonen.»

*«Und das waren die länglichen Blasen,
die dicken Zeppeline, die wir im Quarkrevier gesehen haben.»*

«Stimmt. Alle Zweierverbindungen eines Quarks und eines Antiquarks, die man überhaupt bilden kann, haben ganzzahlige elektrische
Ladung (einschließlich null) und werden Mesonen genannt. Einige von
ihnen leben lange genug (also einen kleinen Bruchteil einer Sekunde),
um beobachtet zu werden, wie eben die Pi-Teilchen oder Pionen der
Höhenstrahlung. Aber sehr lange können sie alle nicht überleben, weil
sie ja aus Materie und Antimaterie bestehen, die immer einen mehr
oder weniger komplizierten Weg finden, sich gegenseitig zu vernichten
und dabei in leichtere Teilchen zu zerfallen. Das werde ich dir später
noch etwas genauer vorführen.»

Ich fasse zusammen: Quarkverbindungen mit ganzzahliger Ladung
können

a) aus drei Quarks bestehen, den «Baryonen»,
b) aus drei Antiquarks, den «Antibaryonen», und
c) aus einem Quark und einem Antiquark, den «Mesonen».

«Die ich ja schon kenne.»

«All diese Verbindungen aus Quarks und Antiquarks werden gemeinsam ‹Hadronen› genannt, womit nun diese exotischen Namen genau definiert wären.»

«Baryon und Hadron – wieder recht interessante Wortschöpfungen, die sehr griechisch klingen.»

«So ist es auch. Baryon kommt von ‹schwer›, und Hadron soll soviel wie ‹groß› oder ‹stark› bedeuten.

Nun versuch doch mal, aus den zwei Quarkarten u und d und ihren Antiquarks Verbindungen mit ganzzahliger Ladung zu bilden. Hier nochmals die Ladungen: $-\frac{1}{3}$, $-\frac{2}{3}$, $+\frac{1}{3}$ und $+\frac{2}{3}$.

Du findest ganz automatisch nur Baryonen, Antibaryonen oder Mesonen. Gemischte Dreierverbindungen aus Quarks und Antiquarks haben nie ganzzahlige Ladung – es gibt sie auch nicht!»

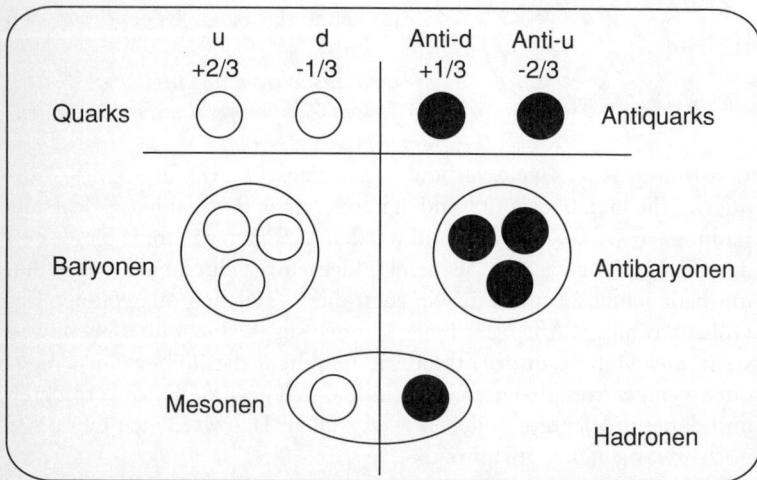

Quarkverbindungen mit ganzzahliger elektrischer Ladung

«Das muß ich mir in Ruhe überlegen.»

«Ich finde es auch recht erstaunlich! Und die meisten dieser Teilchen wurden auch in der Natur gefunden. Es gibt nur sehr wenige Teilchen, die nicht in eine dieser drei Kategorien passen – und die haben wir alle fest im Griff. Dazu gehört zum Beispiel das Elektron und seine zwei schwereren Verwandten, das My und das Tau.»

«Könnte es nicht auch Verbindungen mit noch mehr Quarks geben, zum Beispiel vier oder sechs Quarks, die ganzzahlige Ladung haben?» möchte Barbara nun wissen.

«Ja, natürlich. Aber man kann sie im Prinzip immer als Verbindungen aus den schon erwähnten drei Arten von Hadronen ansehen. Es wurden auch bis heute noch keine zusammengesetzten Systeme mit mehr als drei Quarks einwandfrei nachgewiesen – außer den Atomkernen, die man vielleicht als solche betrachten könnte.»

«Jetzt möchte ich doch gern wissen, woraus eigentlich der Rest des Feuerwerks in unserem Proton besteht. Bis jetzt hast du mir ja nur die drei Haupt- oder Valenzquarks vorgestellt, die hier herumschwirren!»

Gluonen, Farben und die QCD

«Dann machen wir jetzt weiter. Du weißt ja schon, daß die Kraft zwischen den Quarks durch den Austausch von Gluonen dargestellt wird, etwa so wie man die elektromagnetische Kraft durch den Austausch von Photonen beschreibt. Diese Austauschteilchen existieren meist nur im Rahmen der Unschärfe von Heisenberg, was dir jetzt auch schon klar sein sollte.»

Allerdings haben die Gluonen eine bestimmte Eigenschaft, die sie nun doch deutlich von den Photonen unterscheidet. Die Gluonen tragen nämlich selbst auch Farbladungen (es sind sogar Doppelladungen), können sich also gegenseitig anziehen, während die Photonen elektrisch neutral sind und halbwegs unabhängig voneinander im Raum herumfliegen. Den Unterschied versteht man vielleicht am besten mit Hilfe einer Grafik.

Die hier gezeigten Kraftlinien, die angeben, in welcher Richtung die Kraft auf eine gedachte Testladung jeweils wirkt, breiten sich bei den

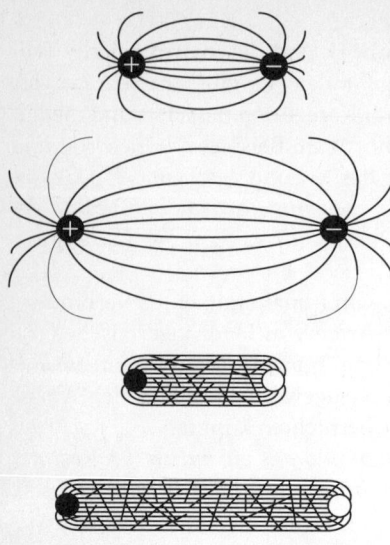

Die Kraftlinien zwischen elektrischen Ladungen und Farbladungen

elektrischen Kräften im ganzen Raum aus. Im Falle der Gluonen bilden sie dagegen ein Band – weil sich die Gluonen gegenseitig anziehen. Dies zeigt, daß in den beiden Fällen ein ganz anderes Kräftegesetz gilt. Während bei den Photonen die Kraft zwischen Ladungen bei doppeltem Abstand auf ein Viertel zurückgeht (was man schon beim Spielen mit Papierschnipseln bemerkt), bleibt bei den Gluonen die Kraft halbwegs gleich, oder sie wird sogar stärker, wenn sich der Abstand zwischen den Quarks vergrößert. Wir können uns deshalb die Quarkkräfte, mit denen die Quarks zusammengehalten werden, etwa wie Gummibänder vorstellen. Das wären die Doppellinien meiner Grafiken, die allerdings die schnell umherflitzenden Gluonen durch so etwas wie ihre Spuren darstellen.

Bei einem Abstand von etwa zwei Femtometern wird die Kraft zwischen den Quarks (und natürlich auch zwischen den Gluonen) so stark, daß sie ein weiteres Auseinanderfliegen verhindert. Dadurch ist die Größe der Protonen und Neutronen praktisch festgelegt. Quarks und Gluonen sind also

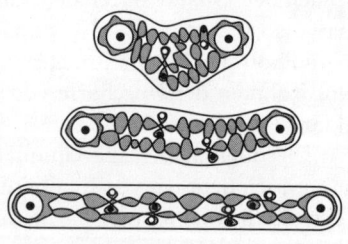

stark aneinander gebunden, und keines kann einzeln aus einer Verbindung ausreißen. Dies nennt man «confinement», also «Eingesperrtsein», und genau deshalb wurden noch nie freie Quarks beobachtet.

«*Klar*», beanstandet Barbara: «*Ihr habt die Theorie der Quarkkräfte so hingefummelt, daß sie genau das tut, was ihr von ihr wollt.*

Mir scheint, die fehlenden freien Quarks haben zu eurer ‹confinement-Theorie› geführt, und nicht umgekehrt!»

«Sicher, die Theorie rechtfertigt (zum Glück) Tatsachen, von denen wir schon vorher wußten. Wenn man frei herumfliegende Quarks gefunden hätte, müßte die Theorie wohl anders aussehen! Dieses Hand-in-Hand-Gehen von Theorie und Experiment kommt sehr häufig vor und ist eigentlich nicht zu beanstanden.

Aber zurück zu unseren Farbkräften. Die Kraft zwischen Quarkladungen ist bei geringeren Abständen relativ schwach, und wir sehen hier im Proton die Quarks und Gluonen an uns und aneinander recht ungestört vorbeisausen, als wären sie völlig frei in ihrer Bewegung. Dies nennen wir Physiker ‹asymptotische Freiheit›, und gemeint ist ‹frei bei kleinen Abständen›. In der Sprache unserer Gummibänder würden wir sagen, daß diese bei geringen Abständen durchhängen und somit kaum eine Wirkung haben. Die Quarks im Innern des Protons bewegen sich also recht frei herum – sie vergessen die Anwesenheit ihrer näherliegenden Partner. Ich erinnere: Dies ist genau das , was die Indianer im SLAC / MIT-Experiment entdeckt hatten!»

«Etwas vereinfacht dargestellt, aber sicher nicht ganz falsch», kommentiert Gell-Mann meine volkstümliche Beschreibung.

«*Und was für besondere Ladungen haben denn die Quarks?*» fragt Barbara.

«That's a good question», meint Gell-Mann und wiederholt auf deutsch: «Das ist eine gute Frage!» Mit einer Geste gibt er sie aber an mich weiter.

Ich erkläre Barbara, inwiefern die Quarkladungen eine gewisse Ähnlichkeit mit den elektrischen Ladungen haben: Es gibt immer ein Plus und ein Minus. Aber es gibt gleich drei verschiedene Arten von Plus und Minus. Das kann man aus experimentellen Ergebnissen ableiten, und es wurde mehrmals sehr genau bestätigt. Und außerdem: Bei allen Vorgängen und Reaktionen bleibt die Summe der Farbladungen erhalten, so wie es auch bei den elektrischen Ladungen der Fall war. Wenn also eine Farbladung entsteht (ein Plus), muß auch eine entsprechende Antifarbladung (ein Minus) erscheinen.

«Bei der klaren Formulierung dieser Zusammenhänge – es war wohl um 1971 – habe ich mit dem bekannten deutschen Theoretiker Harald Fritzsch eng zusammengearbeitet. Er war auf abenteuerliche

Weise aus der damaligen DDR geflüchtet und dann bei mir gelandet. Und er hat wichtige Ideen beigesteuert. Allerdings hatte es schon vorher Vorschläge in der gleichen Richtung gegeben, die jedoch wenig Beachtung fanden», unterbricht mich Gell-Mann.

Fritzsch

«Harald Fritzsch hat doch schöne Bücher über Quarks und über den Urknall geschrieben. Jetzt muß ich sie wohl lesen!»

Für die Bezeichnung der Quarkladungen hat man drei Farben ausgesucht – Rot, Grün und Blau, die jeweils das Plus darstellen, und entsprechend für die Antiladungen die aus der Fotografie bekannten Komplementärfarben Cyan (oder Blaugrün), Magenta (oder Violett) und Yellow (also Gelb). Einfacher ist es, für die Minus-Ladungen die Bezeichnungen Antirot, Antigrün und Antiblau zu benutzen, was wir hier auch tun werden.

«Das ist aber nicht komplementär im Sinne von Goethes Farbenlehre. Scheint sich auf die Farben im Fotolabor oder bei Druckverfahren zu beziehen.»

«Das sind alles Begriffe, die es nur in unserer Gedankenwelt gibt, denn echte Farben können die winzigen Quarks ja gar nicht haben! Jedes Quark kann also als rot, grün oder blau bezeichnet werden, jedes Antiquark dagegen als antirot, antigrün oder antiblau, wobei damit immer die Ladungen der Quarkkräfte gemeint sind.»

Die Theorie, die alles beschreiben soll, was mit den Farbkräften zu tun hat, wird seit 1975 Quantenchromodynamik oder kurz QCD genannt, nach einem Vorschlag von Gell-Mann und in Anlehnung an die glorreiche Quantenelektrodynamik oder QED, die wir schon bei den elektromagnetischen Vorgängen kennengelernt haben. Allerdings ist diese Theorie längst nicht so genau wie die QED.

«Die große Burg der QCD in unserem Zoo besteht aus schönen, aber doch recht groben Steinen und befindet sich zum Teil noch im Bau – wir werden sie später noch besuchen», erkläre ich Barbara. «Die Schwierigkeiten liegen in der Stärke der Quarkkräfte. Den Austausch von Gluonen kann man auch mit Feynman-Graphen darstellen; während aber in der QED schon das einfachste Diagramm eine sehr gute Näherung ergibt, muß man in der QCD viel mehr Diagramme berücksichtigen, um zu halbwegs brauchbaren Resultaten zu kommen. Die Gleichungen lassen sich nicht leicht lösen, und für die Berechnungen werden die größten heute verfügbaren Computer eingesetzt. Die Ergebnisse sind zwar im Prinzip richtig, stimmen aber meist nur grob mit den Messungen überein – verglichen mit der Präzision der QED.»

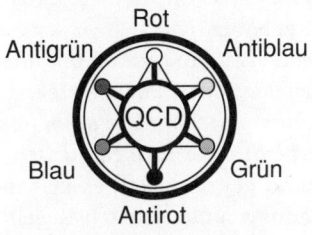

Gell-Mann holt nun einen Badge aus seiner Tasche: die sechs Quarkfarben rund um die «QCD» in der Mitte. Er befestigt ihn an Barbaras Blazer. «Das soll Sie an diesen Besuch erinnern.»

Aus ihrer Jackentasche ragt noch Feynmans Büchlein mit der großen Überschrift «QED».

«Paßt alles gut zueinander», freut sich Gell-Mann.

Ich erkläre nun, warum die Farbanalogie nicht ganz aus der Luft gegriffen ist: Wenn man den Bildschirm eines Fernsehgerätes mit einer Lupe betrachtet, entdeckt man winzige Dreiergruppen von Pünktchen, die jeweils rot, grün und blau leuchten. Wenn alle drei voll «da» sind, entsteht aus einiger Entfernung für das menschliche Auge der Eindruck, es handle sich um einen weißen Punkt (die unterschiedliche Stärke der drei Pünktchen ergibt dann alle möglichen Farben, was hier jedoch keine Anwendung findet). Die Entstehung des Fernsehweiß stand wohl Pate bei der Einführung der Quarkfarben: Die drei Quarkladungen ergeben addiert weiß oder, genauer, farbneutral.

Und nun kommt die Hauptregel der Quarkfarbenlehre:

«Frei in der Natur erscheinen nur farbneutrale Objekte!»

Denn farbgeladene Objekte würden sich mit enorm starken Gummibandkräften anziehen oder eventuell auch abstoßen. Ein einzelnes Quark etwa auf dem Mond würde sich sofort Partner auf der Erde oder auf anderen Planeten suchen.

«Das ist wohl ein etwas übertriebenes Beispiel», wendet Barbara nüchtern ein.

Auch die drei Antifarben ergeben zusammen farbneutral und ebenso eine Farbe und ihre Antifarbe. Damit wird erreicht, daß Dreiergruppen von Quarks oder Antiquarks und Paare aus einem Quark und einem Antiquark farbneutral sein können, was sie tatsächlich auch sind – sonst existierten sie nicht.

Nach diesen Farbprinzipien kann es also gar keine Zweier- oder Vierergruppen allein aus Quarks geben und auch nicht allein aus Antiquarks, sondern nur genau die drei Arten von Hadronen (Baryonen, Antibaryonen und Mesonen), deren Existenz wir schon aus den elektrischen Drittelladungen der Quarks abgeleitet haben.

«Mir scheint das alles doppelt gemoppelt! Jetzt kommst du mit den Quarkfarben zu den gleichen Teilchenarten wie vorher mit den elektrischen Drittelladungen. Das müßte doch etwas miteinander zu tun haben? Eigentlich brauchen wir doch die Farbladungen dazu gar nicht!»

«Tatsächlich wurden die Quarkfarben so gewählt, daß es keinen Konflikt mit den aus den elektrischen Ladungen abgeleiteten Regeln gibt: Wirklich existierende Quarkverbindungen haben also ganzzahlige elektrische Ladungen, und zusätzlich müssen die Quarks noch die richtigen Farben haben, damit das ganze farbneutral erscheint. Aber es gab ja auch zwingende Gründe, um die Quarkfarben einzuführen.»

«Das könntest du mir eigentlich noch verraten!»

«Gut: Es gibt Teilchen, wie das schon erwähnte Delta mit Ladung + 2, bei denen alle Quantenzahlen der drei Quarks exakt gleich sein würden, was ja nach dem Pauli-Prinzip (das bei den Atomen den Einsturz verhindert) streng verboten ist. Die Quarks haben Spin ½ und gehören also zu den Fermionen, sie gehorchen dem Pauli-Prinzip.

Da es nun aber diese doppelt positiven Delta-Teilchen doch gibt, wurde eine zusätzliche Quantenzahl eingeführt, die für jedes der drei Quarks einen anderen Wert hat. Und das ist genau die Farbquantenzahl oder Farbe, die später auch sehr eindrucksvoll mit Experimenten bestätigt wurde.»

«Also: Chefideologe Galileo ist glücklich! Und wir behalten unsere Farben, obwohl wir sie für die Erklärung der Teilchenarten im ersten Durchgang gar nicht brauchten.»

«Es ist aber noch etwas recht sonderbar», sinniere ich weiter: «Alle Teilchen mit elektrischer Drittelladung haben auch eine Farbladung. Sie treten nie frei in der Natur auf. Teilchen mit ganzzahliger elektrischer Ladung wiederum scheinen von außen gesehen keine Farbladung zu haben. Eine Erklärung für den Zusammenhang zwischen elektrischen Ladungen und Farbladungen kann ich dir leider nicht geben. Man kann es wohl einfach als experimentell bestätigte Tatsachen hinnehmen. Ich hoffe, eines Tages wird jemand diese Zusammenhänge verständlicher machen!»

«Und das Feuerwerk im Proton ist mir auch noch nicht klar…»

«Es fliegen im Proton sehr viele Gluonen herum», erkläre ich nun nochmals, «weil die Kraft zwischen den Quarks so stark ist und weil die Gluonen unter sich und mit den Quarks noch weitere Gluonen austauschen. Sie haben ja alle irgendwelche Farbladungen, die Gluonen sogar Doppelfarben.»

Barbara macht ein fragendes Gesicht.

Letzteres hat übrigens einen guten Grund: Wenn ein Quark (oder ein anderes farbgeladenes Teilchen) ein Gluon abstrahlt oder absorbiert, dann gibt es ihm seine Farbladung und übernimmt von ihm eine andere. Deshalb ändern sich die Farben so oft! Um diesen Farbladungsaustausch zu vollziehen, brauchen die Gluonen eine Farbe und eine Antifarbe. Gell-Mann, zusammen mit Fritzsch und Hans Leutwyler, haben diese Ideen im Rahmen der QCD entwickelt und 1973 in einer berühmten Arbeit veröffentlicht.

Noch einmal: Bei der Entstehung eines Gluons nimmt dieses dem Quark seine Farbe ab. Und um ihm eine neue Farbe zu geben, entsteht im Gluon die entsprechende Antifarbe, die es nun auch mitnehmen muß. Die Summe der Farben muß ja genau gleich bleiben.

Deshalb habe ich in meinen Zeichnungen die Gluonen in Form von zwei sich umschlingenden Linien dargestellt, eine Linie für seine Farbe und eine für seine Antifarbe.

«Aber ich sehe da noch mehr Quarks herumschwirren als die drei Hauptquarks», bemerkt Barbara.

«Ja, jetzt geht die Geschichte nämlich weiter: So wie sich Photonen gelegentlich in Elektron-Positron-Paare verwandeln können, meist nur kurzzeitig und im Rahmen der Heisenberg-Unschärfe, so können sich Gluonen unter ähnlichen Unschärfebedingungen in Quark-Antiquark-Paare verwandeln, wie ich es in meinen grafischen Darstellungen der Gluonen auch zeige: Die Doppellinien verzweigen sich in ein Quark-Antiquark-Paar. Die Wahrscheinlichkeit für solch eine Umwandlung ist recht groß.

Wenn ich ein Gluon beobachten oder vielleicht in Gedanken sogar

Zwei Darstellungen der Umwandlung eines Gluons in ein Quark-Antiquark-Paar

fotografieren könnte, würde ich es etwa jedes vierte oder fünfte Mal in einem Quark-Antiquark-Zustand vorfinden. Deshalb sehen wir in unserem Proton auch sehr viele Quark-Antiquark-Paare herumschwirren!»

«*Bei den Photonen war es doch nur jedes 137. Mal, daß auf so einem Gedankenfoto ein Elektron-Positron-Paar erschien, wenn ich mich richtig erinnere.*»

«Hier schlägt sich die unterschiedliche Stärke der beiden Kräfte nieder. Und nun wird es kriminell in unserem Proton: All diese farbgeladenen Objekte tauschen natürlich unter sich weitere Gluonen aus, und die Gluonen verwandeln sich in Quark-Antiquark-Paare, und so geht das Spielchen immer weiter, anscheinend so lange, bis dann einige tausend Teilchen in einem sonderbaren Gleichgewicht umherfliegen. Hier wird die Darstellung mit Feynman-Graphen etwas kompliziert, weil alle beteiligten Teilchen miteinander Gluonen austauschen. Man muß meist auf ihre Darstellung verzichten und sich auf das Wesentliche beschränken.»

«*Und warum werden die Gluonen, Quarks und Antiquarks im Proton nicht unendlich viele?*»

«Das ist es gerade, was zur Zeit am Speicherring HERA untersucht wird, und zwar beim Zusammenstoß von Elektronen und Protonen mit sehr hoher Energie. Das Elektron trifft dabei auch Quarks und Antiquarks, die im Zuge sehr vieler solcher Vermehrungsvorgänge entstanden sind. Es ist aber noch nicht klar, wie man diese Ergebnisse dann auch auf normale Energieverhältnisse übertragen kann – also auf ein Proton im Ruhezustand.»

«*Bedeutet das nicht eigentlich auch, daß in uns allen Antimaterie steckt, da wir ja zu einem großen Teil aus Protonen und Neutronen bestehen und diese nun auch Antiquarks enthalten?*»

«Genau richtig! Wir und all die Materie, die uns umgibt, bestehen zu jeder Zeit auch aus einigen Prozent Antiquarks, die allerdings keine Explosionen verursachen, sich nicht mit Materie vernichten, sondern immer gleich wieder verschwinden, nach Heisenbergs Regeln. Es sind ja virtuelle Antiquarks.

Wenn man aber Protonen mit sehr energiereichen Elektronen beschießt, trifft man gelegentlich auch auf eines dieser virtuellen Antiquarks, womit ihre Existenz bestätigt wird. Wie wir schon gesehen haben, können sich auch Photonen gelegentlich in virtuelle Elektron-Positron-Paare verwandeln, wobei ebenso Antimaterie im Spiel ist. Also selbst das normale Licht enthält einen kleinen Bruchteil virtueller Antimaterie!»

«Finde ich nach wie vor etwas kurios – aber doch recht interessant», resümiert Barbara.

«Unser Proton und entsprechend auch das Neutron sind also aus den drei Hauptquarks aufgebaut, die ihre elektrische Ladung bestimmen, und aus einer recht komplizierten Klebesuppe, die aus sehr vielen Gluonen und Quark-Antiquark-Paaren besteht.

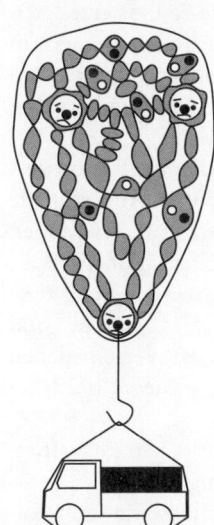

Da die Gluonen elektrisch neutral sind, ist es einleuchtend, daß weder sie noch die Quark-Antiquark-Paare (die insgesamt ebenfalls Ladung null haben) zur elektrischen Ladung der Nukleonen beitragen können. Das alles entspricht dem heutigen Stand unseres Wissens.

Die Farbkräfte, die all dies zusammenhalten, sind unvorstellbar stark. Es gibt Theoretiker, die berechnet haben, wieviel Energie nötig wäre, um ein Quark beispielsweise bis an den Rand eines Protons zu ziehen. In unsere normalen Einheiten übertragen bräuchte man dafür Kräfte, die einigen hundert Tonnen Gewicht entsprechen würden. Ich habe das so dargestellt, als könnte man einen Lastwagen an das Quark hängen.»

«Diese Zeichnung ist aber prinzipiell falsch», protestiert Gell-Mann. «Wenn ich nämlich so stark an einem

Quark ziehe (oder es auf andere Art genügend stark anstoße), dann reicht die Energie sehr bald aus, um die virtuellen Quark-Antiquark-Paare (in die sich Gluonen ja relativ oft verwandeln) reell werden zu lassen. Es entstehen also echte Quarks und Antiquarks, die nicht mehr (laut Heisenberg) schnell verschwinden müssen. Aus ihnen bilden sich nun neue Teilchen mit ganzzahliger Ladung, also Hadronen, die frei in der Natur existieren können.»

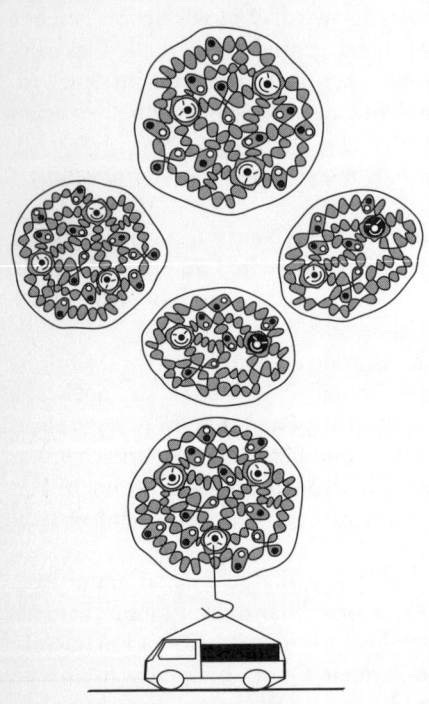

«Ja, so ist es», bestätige ich, «und das Ergebnis habe ich ebenfalls in einer Zeichnung dargestellt: Das ganze System zerreißt, und es bleibt am Ende eine ganze Schar von neuen Teilchen übrig. Solche Vorgänge werden bei hochenergetischen Kollisionen tatsächlich beobachtet. Die so erzeugten Teilchen sind dann meist in der Richtung gebündelt, in der das genügend kräftig angestoßene Quark ursprünglich sein Proton verlassen wollte. Angestoßene Antiquarks und Gluonen verursachen ähnliche Bündel. Sie werden sehr treffend ‹Jets› genannt und wurden an verschiedenen Beschleunigern beobachtet, Gluonen-Jets allerdings zuerst 1979 am Speicherring PETRA bei DESY.»

«*Woher kommt eigentlich der sonderbare Name ‹Quarks›?*» fragt Barbara nun in der Hoffnung auf etwas Entspannung.

Gell-Mann antwortet: «Ich habe schon mehrmals klargestellt, zuletzt in einem Interview mit der Zeitschrift *Scientific American* 1992, daß ich diesen Namen nicht direkt aus dem sehr schwierigen Roman

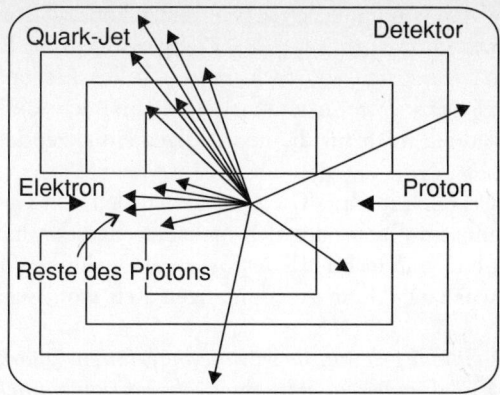

Darstellung des Zusammenstoßes eines Elektrons mit einem entgegengesetzt eintreffenden Proton, wobei ein Quark «herausgeschossen» wird, das sich in einen Jet verwandelt. Solche Reaktionen wurden am Speicherring HERA bei DESY beobachtet.

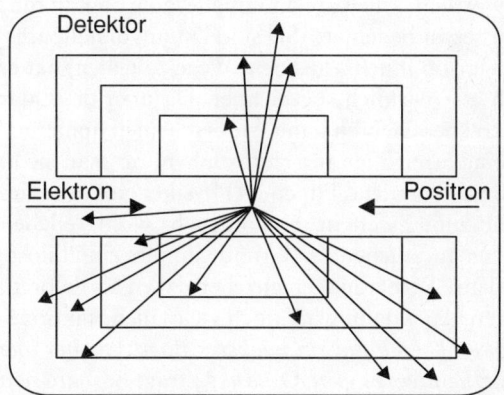

Darstellung einer Elektron-Positron-Vernichtung, bei der ein Quark-Antiquark-Paar erzeugt wird und zusätzlich ein Gluon, das einen dritten Jet verursacht. Mit solchen Vorgängen wurde 1979 am Speicherring PETRA bei DESY die Existenz der Gluonen sehr eindrucksvoll bestätigt.

‹Finnegans Wake› von James Joyce genommen habe, wie oft behauptet wird. Ich hatte schon vorher nur des Klanges wegen die Bezeichnung ‹kwork› benutzt, die sich auf ‹fork› reimen sollte. Erst später, als ich den Satz ‹three quarks for muster mark› in jenem Buch von James Joyce fand, entschied ich mich für die heute allgemein akzeptierte Schreibweise.»

Dazu bemerke ich noch: «Die Quarks wurden von George Zweig ‹Asse› genannt, ein Name, der sich nicht durchgesetzt hat. Aber das Wort Quark hat in dem Buch von Joyce eine vielfältige und unklare Bedeutung, was Gell-Mann zur damaligen Zeit wohl sehr entgegenkam.»

«*Ich habe einmal gelesen, daß es die berühmten Quarks gar nicht gibt, daß sie nur als eine rein mathematische Fiktion betrachtet werden oder als eine Art nützliche Arbeitshypothese ohne Realität*», bemerkt nun Barbara und fragt: «*Ist das heute noch haltbar?*»

«Es gab wohl Physiker, die solche Meinungen gelegentlich geäußert haben. In veralteten Lexika werden die Quarks auch oft noch als ‹hypothetische Teilchen› geführt. In seinem Interview von 1992 hat Gell-Mann aber klargestellt, er sei von der ‹Wirklichkeit› der Quarks immer überzeugt gewesen. Um jedoch einem Streit mit den Philosophen (er antwortete wörtlich: ‹they are an unbelievable pain in the neck, many of them›, was etwa bedeutet: ‹Sie sind ein unvorstellbarer Krampf im Nacken – viele von ihnen›) aus dem Wege zu gehen, hat er sie ungern ausdrücklich als ‹wirklich› bezeichnet. Da man die Quarks ja nicht einzeln und frei beobachten kann (sie erscheinen immer in Verbindungen), ist es eine Streitfrage für Philosophen, ob man sie als ‹existent› bezeichnen darf oder nicht. Für einen Physiker gibt es in dieser Hinsicht keinen Grund zum Zweifeln: Es kann sehr wohl Teilchen geben, die schlicht nie frei auftauchen. Im Grunde könnte ein Philosoph Quarks, Gluonen und ihre Farbladungen gleichermaßen als theoretische Fiktionen betrachten. Aber dann wäre noch vieles mehr Fiktion!»

«*Ein schönes Thema für ein nächstes Buch… Aber wie kamen Sie eigentlich auf die Idee, es gebe Quarks?*» fragt Barbara neugierig Gell-Mann.

«Aufgrund der damals bekannten Eigenschaften der Protonen und Neutronen wäre ich sicher nie darauf gekommen. Einen ersten Hinweis erhielt ich vielmehr durch andere Teilchen, die man zum größten Teil in der Höhenstrahlung beobachtet hatte. Ich fand heraus, daß sie in ein besonderes Ordnungsschema paßten.»

Ich füge hinzu: «Und eigentlich hat man ihm für dieses Ordnungsschema 1969 den Nobelpreis verliehen, als noch lange nicht alle Physiker an die Quarks glaubten. Ich erinnere mich an eine internationale Tagung in Pisa im Jahr 1955, wo sehr viel mit Gell-Mann und anderen über die Klassifikation der Teilchen diskutiert wurde. Man hatte schon damals den Eindruck, daß die vielen bis dahin entdeckten Teilchen gar nicht elementar sein konnten: Die Regelmäßigkeiten ihrer Eigenschaften suggerierten eine innere Struktur, also einen Aufbau aus noch kleineren Bauteilen.»

Die ersten Veröffentlichungen Gell-Manns über die Quarks waren sehr abstrakt. Sein Ordnungsschema hatte einen eher mathematischen Charakter. Aber er konnte viele Teilchen durch die Existenz von nur drei Quarkarten und ihren Antiteilchen erklären und damit sogar einige Teilchen voraussagen, die dann tatsächlich gefunden wurden. Das wichtigste war das berühmte Omega-Teilchen: Experimentatoren in Brookhaven entdeckten es noch in dem Jahr (1964), in dem die Quarks vorgeschlagen wurden.

Die Idee der Quarks wurde anfangs nur in einem engeren Physikerkreis gut aufgenommen. Viele betrachteten das Ganze tatsächlich als ein mathematisches Modell ohne tieferen physikalischen Sinn. George Zweig hatte in Europa noch größere Probleme, weil seine Hypothese hier von vielen Physikern als absurd eingestuft wurde und er selbst sogar als Spinner.»

«Wenn ich es richtig verstanden habe, bestand also das erste Quarkschema aus drei Quarkarten. Bis jetzt habe ich aber erst zwei kennengelernt.»

«Es gibt tatsächlich noch mehr Quarkarten, insbesondere die s-Quarks, die Gell-Mann in seinem Schema benutzte. Und durch sie konnte die Quarkstruktur der Materie aufgeklärt werden. Sie haben aber relativ wenig mit der stabilen Materie zu tun, die uns umgibt. Deshalb werden wir uns mit ihnen erst etwas später beschäftigen. Wir bleiben vorerst bei den u- und d-Quarks, und da möchte ich dir noch einiges zeigen», erwidere ich. «Die von Gell-Mann und Zweig vorgeschlagenen Quarks wurden erst im November 1974 von der Physikergemeinschaft allgemein anerkannt, im Anschluß an die Entdeckung des

J/Psi-Teilchens und somit noch einer weiteren Quarkart. Auch darüber werden wir uns später unterhalten.»

Gell-Mann nickt zustimmend, und wir beschließen, nachdem wir noch einige Zeit die herumschwirrenden Glühwürmchen bewundert haben, weiterzuwandern. Gell-Mann begleitet uns. Hintereinander schaffen wir auch den Abstieg über die Leiter.

«Das war wohl ein sehr wichtiger Teil unseres Rundgangs», meint Barbara abschließend.

«Wir werden hier unten gleich all die Teilchen sehen können, die im wesentlichen aus den so wichtigen u- und d-Quarks und natürlich aus ihren Antiquarks bestehen.»

Verbindungen aus u- und d-Quarks

Zusammen mit Murray Gell-Mann wandeln wir zwischen den vielen großen weißen, schwarzen und grauen Kugeln der Mondlandschaft. Sie liegen alle friedlich herum, anscheinend wirken kaum Kräfte zwischen ihnen; nur in ihrem Innern geht es offensichtlich ziemlich lebhaft zu.

Ich wiederhole, daß es sich bei vielen der Einzelkugeln um Nukleonen handle, also Protonen und Neutronen und um ihre entsprechenden Antiteilchen, jeweils weiß und schwarz.

Dazu kommen die etwas schwereren instabilen Delta-Teilchen (Symbol Δ), die in vier Varianten mit unterschiedlicher elektrischer Ladung auftauchen ($+2$, $+1$, 0 und -1), und wiederum ihre Antiteilchen, auch weiß und schwarz.

Und schließlich die Pi-Mesonen, die eine etwas längliche Form haben. Sie können elektrisch positiv, negativ und neutral sein, wobei man die positiven als Antiteilchen der negativen betrachtet, während die neutralen ihre eigenen Antiteilchen sind, was aus ihrer Quark-Zusammensetzung (u + Anti-u oder d + Anti-d) leicht zu erkennen ist.

Die neutralen Pionen stellen außerdem einen Sonderfall dar. Aus dem Zustand u-Anti-u kann ja sofort ein Gluon entstehen, das sich wiederum sehr schnell in ein Quark-Antiquark verwandelt, zum Beispiel ein d-Anti-d. Wenn man also ein neutrales Pion in Gedanken fotografiert, wird es zu 50 Prozent in dem einen und zu 50 Prozent in dem

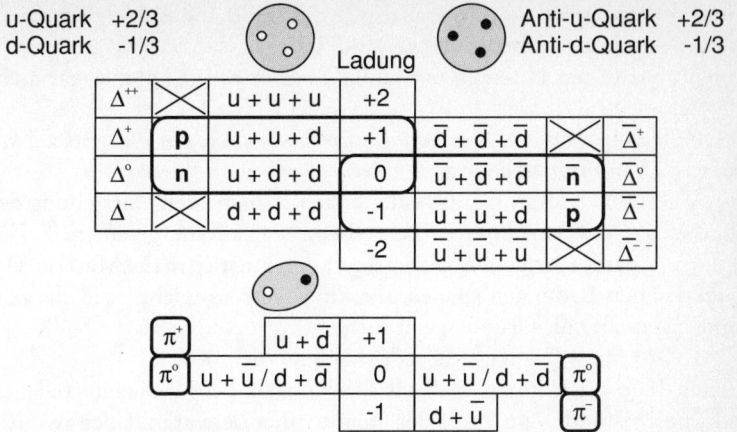

Zusammenstellung aller Zweier- und Dreierverbindungen mit ganzzahliger elektrischer Ladung, die man aus u-Quarks, d-Quarks und ihren Antiquarks bilden kann. Die Antiteilchen werden mit einem Balken über dem Symbol dargestellt.

zweiten Zustand erscheinen. In der Quantentheorie kann man solche Mischzustände verstehen und beschreiben.

Ich zeige Barbara ein Diagramm mit all den genannten Verbindungen: «Darüber mußt du sicher etwas länger nachdenken – du kannst es mitnehmen.»

«*Sieht ja interessant aus. Aber warum gibt es denn in deinem Schema für das Delta-Teilchen vier Ladungszustände, während für das Nukleon nur zwei Möglichkeiten dargestellt sind?*» fragt Barbara.

«Gute Frage», antworte ich. «Das hat mit dem inneren Drehimpuls oder Spin der Teilchen zu tun. Das Delta-Teilchen hat Spin $3/2$, während das Nukleon Spin $1/2$ hat.»

«*Also alles Fermionen!*»

«Aus der Quantentheorie kann man sehr allgemein ableiten, daß es die Spin-$1/2$-Verbindungen (also Nukleonen) mit Ladung $+2$ und -1 gar nicht geben kann, und entsprechend gibt es auch ihre Antiteilchen mit Ladung -2 und $+1$ nicht. Es handelt sich um eine Art verallgemeinertes Pauli-Prinzip. Für das Delta-Teilchen mit Spin $3/2$ gilt das nicht, und das normale Pauli-Prinzip wurde durch die Einführung der Farbladung entkräftet. Beim Nukleon mit Spin ½ geht so etwas überhaupt nicht. Fazit: Das Nukleon mit Ladung + 2 oder − 1 kann es gar nicht geben.»

«*Wir brauchen den Spin wohl nur recht selten, um hin und wieder gewisse Zusammenhänge zu erklären*», spekuliert Barbara.

«Tatsächlich kann man in einer ersten elementaren Darstellung der Teilchenphysik den Spin zurückstellen, ebenso eine genauere Erklärung der Farbladungen. Das erleichtert den Einstieg in die Materie. Die elektrischen Ladungen spielen allerdings eine so wichtige Rolle, daß man sie immer als Grundlage braucht.»

Gell-Mann wackelt etwas bedenklich mit dem Kopf.

Ich füge noch hinzu, daß all die bis jetzt besprochenen Teilchen «Grundzustände» im Sinne der Quantentheorie waren. Über zwanzig angeregte Zustände des Nukleons, ebenso viele des Delta-Teilchens und auch eine Reihe von angeregten Pi-Zuständen wurden schon beobachtet. Es handelt sich immer um die gleichen Haupt- oder Valenzquarks, die dann schneller hin- und herzappeln oder sich umeinander drehen. Angeregte Nukleonen oder Deltas können meist in ein normales Nukleon und ein Pion zerfallen, was auch in sehr kurzer Zeit passiert. Die vorhandene Energie reicht aus, um die oft auftauchenden virtuellen Quark-Antiquark-Paare reell werden zu lassen und somit die Zerfallsteilchen zu bilden.«Wir können uns diese Zerfälle mit einem Feynman-Diagramm verdeutlichen. Allerdings sind in ihm die vielen ausgetauschten Gluonen unterschlagen. Deshalb gibt es hier keine Vertices; die muß man sich denken. Eines der vielen Gluonen bildet das d-Anti-d-Quarkpaar, was durch die gebogene Verzweigung dargestellt wird.»

«*Woher weiß man dann, daß es diese höheren Zustände überhaupt gibt?*» möchte Barbara wissen.

«Im Experiment beobachtet man natürlich nur die Zerfallsteilchen, weil alles so schnell vor sich geht. Wenn man zum Beispiel Tausende von Pion-Proton-Stößen untersucht, in denen ein zusätzliches Pion erzeugt wurde, dann kann man für alle möglichen Pion-Proton-Paare die Ruhemasse im Endzustand errechnen und ihre Häufigkeit in einem Diagramm auftragen.»

«*Aus der Gesamtenergie und aus der Summe der Impulse der beiden*

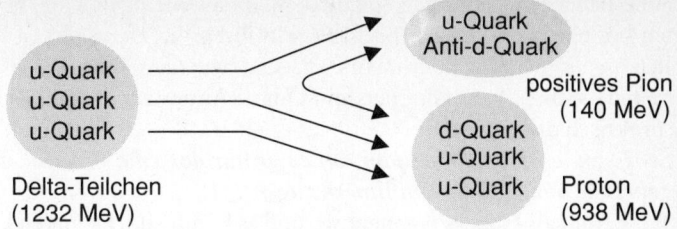

u-Quark
u-Quark
u-Quark

Delta-Teilchen
(1232 MeV)

u-Quark
Anti-d-Quark

positives Pion
(140 MeV)

d-Quark
u-Quark
u-Quark Proton
(938 MeV)

Der schnelle Zerfall des Delta-Teilchens. Die vielen ausgetauschten Gluonen werden nicht gezeigt, was jedoch durch die gebogene Linie des neu erzeugten Quark-Antiquark-Paares symbolisiert wird.

Teilchen kann man wohl mit Hilfe des Einstein-Pythagoras-Dreiecks alles berechnen», meint Barbara prompt.

«Wenn du daran denkst, die Impulse als Pfeilchen zu addieren!

Meist entspricht das Ergebnis einer rein statistischen Verteilung, die sich aus einer Mischung vieler Endzustände ergibt. Wenn aber bei einer bestimmten Ruhemasse (zum Beispiel bei der Masse des Delta-Teilchens) eine markante Anhäufung auftritt, dann spricht man von einem kurzlebigen Teilchen oder von einer Resonanz, was man allerdings noch durch andere Messungen bestätigen muß. Die Ruhemasse entspricht der Gesamtenergie im Ruhezustand und...»

«...wir können Heisenbergs Unschärfe zwischen Zeit und Energie anwenden, um die mittlere Lebensdauer des Zustandes zu berechnen!» unterbricht mich Barbara, die mittlerweile weiß, wie es geht.

«So kann man derart kurzlebige Teilchen doch beobachten.»

«Aus den u- und d-Quarks und ihren Antiquarks kann man also schon eine große Zahl von Teilchen zusammenbauen! Die meisten zerfallen schnell, und

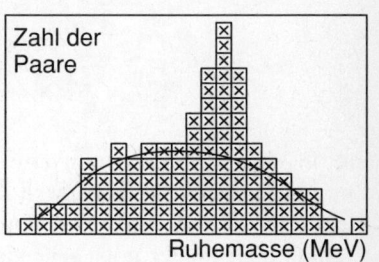

Zahl der
Paare

Ruhemasse (MeV)

Ruhemasse aller Pion-Proton-Paare, die bei der Reaktion $\pi + p \rightarrow \pi + \pi + p$ erzeugt werden

ich habe sie hier in Gedanken eingefroren, damit wir sie in Ruhe beobachten können», erkläre ich Barbara. «In ihrem Inneren sieht es sehr
ähnlich aus: Die Suppe oder das Feuerwerk (wie du es dir am liebsten
vorstellen möchtest) aus Gluonen und Quark-Antiquark-Paaren ist immer praktisch die gleiche.»

*«Sehr sonderbar, daß sie von außen so farblos sind – wenn man
bedenkt, wie bunt es in ihrem Innern zugeht!»*

«Ja, sie sind als Ganzes farbneutral, und es könnte höchstens elektrische Kräfte zwischen ihnen geben, die jedoch im Vergleich zu den
Quarkkräften recht schwach sind.»

Die Erklärung der Kernkräfte

Nun kommt aber etwas sehr Wichtiges hinzu. Wenn zwei solche Kugeln, zum Beispiel ein Proton und ein Neutron, die ja recht stabil sind,
sehr nahe aneinander geraten, dann kann in bestimmten Fällen eine
Anziehung entstehen, und sie bleiben aneinander kleben.

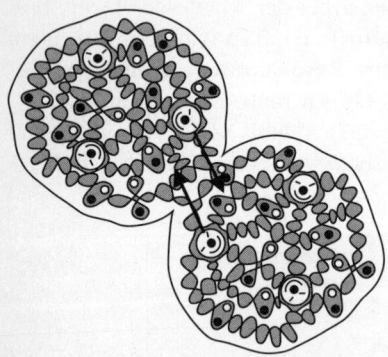

An der Kontaktstelle gibt es
einen Austausch von Gluonen,
Quarks und eventuell sogar Antiquarks. Daraus kann eine anziehende Kraft entstehen – die berühmte Kernkraft, durch die sich
Protonen und Neutronen zu
Atomkernen zusammenschließen. Die Kernkraft ist also eine
Art Resteffekt der viel stärkeren
Farbkraft zwischen Quarks und
Gluonen. Es gibt sie natürlich
nur in einem Umkreis von etwa einem Femtometer. Bei größerer
Entfernung wirkt sie nicht, weil sich die farbgeladenen Teilchen gar
nicht so weit von ihren Nukleonen entfernen können. Diese Kernkraft ist aber immer noch sehr viel stärker als die elektrische Abstoßung, zum Beispiel zwischen den elektrisch positiv geladenen Protonen.

Es gibt bestimmte Gruppierungen von Neutronen und Protonen,

die stabile Kerne bilden und daneben auch noch eine Reihe weniger stabile.

«Wie der Kern des Elements 111, von dem wir schon einmal gesprochen haben. Der war ja sehr instabil», erinnert sich Barbara.

Der einfachste zusammengesetzte Atomkern ist der des schweren Wasserstoffs oder Deuteriums. Er besteht aus einem Proton und einem Neutron. Etwas weiter auf unserem Weg entdecken wir einen Heliumkern. Hier sind zwei Protonen mit zwei Neutronen engstens verbunden. Es ist der stabilste aller Kerne.

« Und was bedeutet das letztlich?» möchte Barbara wissen. *«Zerfallen denn die anderen alle?»*

«Nein! Hier versteht man unter Stabilität so etwas wie die Stärke der Verbindung. Man braucht sehr viel Energie, um einen Heliumkern in seine vier Bausteine zu zertrümmern oder um wenigstens einen Baustein herauszuschlagen. Hier ist vielleicht eine anschauliche Analogie ganz nützlich: Es ist, als wären die Nukleonen in einem tiefen Topf, aus dem man sie herausholen muß. Ein tieferer Topf stellt einen stabileren Kern dar.

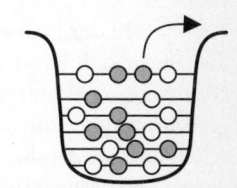

Der Aufbau des Atomkerns, als Topf dargestellt

Dieser Stabilität entsprechend bleibt beim Heliumkern auch recht viel Energie übrig, wenn es gelingt, aus zwei Protonen und zwei Neutronen einen Heliumkern herzustellen. Das ist eines der Geheimnisse der Energieerzeugung im Zentrum der Sonne. Andere Kerne kann man mit weniger Energie zertrümmern (oder aus ihnen ein Nukleon herausschlagen), und deshalb betrachtet man sie als weniger stabil.»

«…und den Topf als weniger tief…

Aber für die Nukleonen gelten doch sicher auch die Regeln der Quantenwelt. Es handelt sich um Fermi-Teilchen, da sie Spin ½ haben, wie du schon kurz erwähnt hast. So sollte also jeder aus solchen Nukleonen zusammengesetzte Kern einen Grundzustand haben und wohl mehrere angeregte Zustände.

Des weiteren sollte man aus der Heisenberg-Unschärfe die durchschnittlichen Impulse der Nukleonen im Kern auch berechnen können. Dazu brauche ich nur die Größe des Kerns und wiederum die Planck-

Konstante. Und schließlich müßte für die Nukleonen auch das Pauli-Prinzip gelten, damit der Kern nicht in sich zusammenfällt. Die Nukleonen sollten sich ordentlich auf so etwas wie Bahnen mit unterschiedlichen Quantenzahlen bewegen, wie es bei den Elektronen im Atom der Fall war...»

«Das hast du sehr gut verstanden, es stimmt alles. Angeregte Kerne gibt es auch, und ein sogenanntes Schalenmodell der Atomkerne, in dem die Bahnen der Nukleonen genau spezifiziert werden. Deshalb habe ich die Nukleonen in unserem Topfmodell in wohldefinierten Schichten skizziert und nicht alle auf einem Haufen ganz unten.»

Wir kommen an einigen schon vertrauten Gold- und Urankernen vorbei. Größere Kerne sehen meist wie leicht verformte Kugeln aus.

Die Zahl der Protonen im Kern bestimmt ja das chemische Element, um das es sich handelt, und dazu kommt immer eine ähnliche Anzahl Neutronen. Aus der unterschiedlichen Neutronenzahl ergeben sich die verschiedenen Isotope eines Elements, die chemisch nicht zu unterscheiden sind. Deshalb sind hier von jedem Kern gleich mehrere Exemplare vorhanden, eben die verschiedenen Isotope.

«Mit denen wir es ja schon zu tun hatten.»

Die Nukleonen bewegen sich im Kern längst nicht so schnell hin und her wie etwa die rasenden Quarks im Nukleon. Sie erreichen nur einige Hundertstel der Lichtgeschwindigkeit, so ähnlich wie es bei den Elektronen der Atome der Fall war. Das hat Barbara in der Zwischenzeit aus der Heisenberg-Beziehung zwischen Größe und Impuls abgeleitet, wobei sie auch die relativ hohe Masse der Nukleonen berücksichtigen muß.

«Und wenn ich es weiterhin richtig verstanden habe, sind ja von all den vielen aus u- und d-Quarks aufgebauten Teilchen nur die Protonen und Neutronen stabil, und entsprechend auch die Atomkerne, aus denen die stabile Materie besteht.»

«Jein, nicht ganz!»

«O Schreck, wir fallen nun doch irgendwann auseinander!»

«So weit geht es nicht. Das Proton und sehr viele der Atomkerne sind nach unserem heutigen Wissen so stabil, daß sie wohl unser Planetensystem überdauern werden. Die Neutronen allerdings sind, wenn sie allein gelassen werden, gar nicht stabil.»

«Wo oder wie kann man denn Neutronen allein lassen?»

«Man kann freie Neutronen, ja sogar sehr intensive Neutronen-strahlen, in Kernreaktoren erzeugen. Und es gibt Neutronenquellen für Laborversuche, die aus einem radioaktiven Präparat und aus einer ge-eigneten Substanz bestehen, die dann bestrahlt wird und daraufhin Neutronen abgibt.

Die so erzeugten Neutronen können in Luft recht weit fliegen, und man kann sie untersuchen – oder mit ihnen andere Reaktionen herbei-führen. So wurden sie auch entdeckt.

Nach zirka einer Viertelstunde sind im Durchschnitt die Hälfte der vorhandenen Neutronen zerfallen, und zwar in ein Proton, ein Elek-tron und in noch ein neutrales und sehr leichtes Teilchen, das Neutrino, das überschüssige Energie mitnimmt. Darüber werde ich dir später noch Genaueres erzählen.»

Barbara beharrt auf ihrer Folgerung: *«Wir zerfallen also doch!»*

«Nein, keineswegs. Die Neutronen in den stabilen Atomkernen zer-fallen nämlich trotzdem nicht! Der Grund ist einfach zu verstehen: In einem stabilen Kern sind so gut wie alle möglichen Nukleonenbahnen besetzt. Denk nur an das Schalenmodell im Topf.»

«Jetzt kann ich mir die Sache selbst zurechtrücken», unterbricht Barbara. *«Das Proton, in das ein Neutron zerfallen möchte, hat wohl nicht genug Energie, um aus dem Kern auszubrechen, und es findet keinen freien Platz im Kern, den es einnehmen könnte, ohne das Pauli-Prinzip zu verletzen. Entsprechend ist der ganze Vorgang tabu! Raffi-niert hat die Natur das eingerichtet! Aber wenn es nicht so wäre, dann gäbe es uns nicht – also muß es wohl so sein!»*

«Das war sehr gut und logisch, gratuliere!» läßt Herr Gell-Mann verlauten. Und ich fahre nun fort mit meiner Erklärung.

«Wenn der Topf aber ein Loch hat… wenn also im Kern noch ein freier Platz für ein Proton vorhanden ist, dann kann das Neutron doch zerfallen: Es verwandelt sich in ein Proton, und der Kern hat somit seine Ordnungszahl verändert, er hat sich in ein anderes Element umge-wandelt! Es handelt sich dabei um einen radioaktiven Zerfall, der ‹Beta› genannt wird. Der Zerfall des freien Neutrons wird entspre-chend genauso als Betazerfall bezeichnet. In der Radioaktivität spricht man von Alpha-, Beta- und Gammazerfall, wobei man bei Alpha die Abstrahlung eines Heliumkerns meint, bei Beta die eines Elektrons und bei Gamma die eines meist hochenergetischen Photons.»

«Die Bezeichnungen stammen wohl alle von Lord Rutherford!»

Nun erkläre ich Barbara, daß die Kernkraft schon seit ihrer Entdek-kung ein Sorgenkind der Physiker war. Sie mußte eingeführt werden, um zu erklären, warum die Abstoßung der elektrisch positiv geladenen Protonen den Kern nicht auseinandersprengt. Viele Theoretiker haben sich damit beschäftigt, darunter Werner Heisenberg und der Japaner Hideki Yukawa.

Für die Kernkraft gab es trotz aller Anstren-gungen vor der Quarktheorie keine Formel oder genauere mathematische Beschreibung. Man hatte verschiedene Modelle oder Analo-gien dafür entwickelt, mit denen man in der Kerntechnik und auch in der Kernphysik recht erfolgreich arbeiten konnte. Aus der geringen Reichweite der Kernkräfte hatte zum Beispiel Yukawa 1935 abgeleitet, daß zwischen den Nukleonen Teilchen ausgetauscht werden, die etwa zweihundertmal schwerer als Elektronen

Yukawa

sein müßten. Die 1947 entdeckten Pi-Mesonen entsprachen dieser Vor-aussage, und Yukawa bekam 1949 dafür sogar den Nobelpreis. Mit dem Austausch von Quarks und Gluonen konnte dann allerdings ge-nau das gleiche wesentlich präziser verstanden werden. Die Ergebnisse und Erfolge der Pionentheorie der Kernkräfte und auch die weiterer Kernmodelle können im Prinzip mittels der Quarktheorie der Kern-kräfte erklärt und begründet werden. Mit der Theorie der Quarks und Gluonen, der QCD, versucht man jetzt die Kernkräfte, die Atomkerne und sogar Kernreaktionen genauer zu beschreiben und zu berechnen, was allerdings sehr mühsam ist und nur mit den größten heute verfüg-baren Computern durchgeführt werden kann, wie es bei den Berech-nungen der QCD übrigens meist der Fall ist.

«Dann kann man also – wenigstens im Prinzip – die Kernkräfte mit Hilfe der Farbtheorie und der Quarks berechnen! Ich hatte schon im-mer den Verdacht, daß ihr an neuen und schlimmeren Bomben bastelt oder vielleicht an noch größeren und gefährlicheren Kernkraftwerken, die noch mehr Atommüll hinterlassen!»

«Ich sehe das gerade umgekehrt!» antworte ich. «Vergleichen wir es einmal mit der Entwicklung der Chemie. Dort kann man heute Reaktionen und Verbindungen (also Moleküle) systematisch nach den Methoden der QED berechnen. Man muß nicht erst alles ausprobieren. Ein guter Teil der modernen Chemie ist darauf aufgebaut. Man kann Substanzen mit gewissen Eigenschaften oft gezielt berechnen, bevor man sie erzeugt. Ein riesiger Fortschritt, von dem wir alle profitieren. Trotz der Möglichkeit, auch Giftgas zu produzieren, würden wir wohl kaum auf die heutige Chemie verzichten. So wie wir nicht auf den elektrischen Strom verzichten, weil es den elektrischen Stuhl gibt, und nicht auf das Eisen, weil daraus Schwerter geschmiedet werden.»

In der Kernphysik ist man noch lange nicht soweit wie in der Chemie. Es gab eben bis zu den Quarks keine genauere Theorie der Kernkräfte. Bis jetzt wurde die Kernphysik etwa so betrieben wie die Chemie, bevor man den Aufbau der Atome und die elektrischen Kräfte verstanden hatte. Man hat Kernreaktionen ausprobiert, wie Hahn und Straßmann 1938, und wenn sie nützlich erschienen, hat man sie industriell und militärisch genutzt. Das grundlegende Wissen fehlte.»

«*Und dabei wurden offensichtlich auch große Fehler gemacht*», bemerkt Barbara.

«Stimmt – darin sind wir uns einig. Als die Uranspaltung entdeckt wurde, fand man ja gleichzeitig heraus, welche Substanzen dabei entstehen. Es wäre also für Otto Hahn, Enrico Fermi oder Werner Heisen-

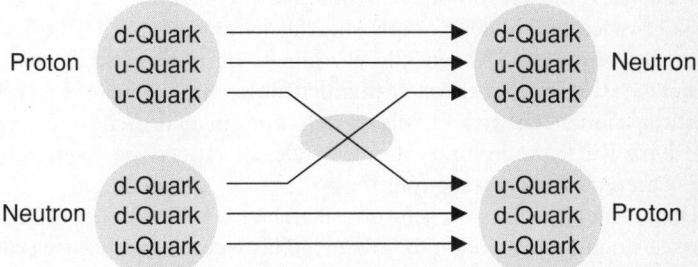

Eine der Austauschreaktionen zwischen Nukleonen, die für die Entstehung der Kernkräfte verantwortlich sind

berg – und vor allem für die Experten der Industrie und der staatlichen Forschungsstellen – relativ einfach gewesen, den bei einer großangelegten Energieerzeugung übrigbleibenden Atommüll im voraus zu berechnen.

Eine realistische Schätzung und sachkundige Warnung – genügend laut vorgetragen – hätten sicher zu einem vorsichtigeren Einsatz der Kerntechnik geführt. Profitdenken der Industrie (der Staat sollte sich wohl um den Atommüll kümmern), militärische Argumente und falschverstandene Wirtschaftlichkeit haben wahrscheinlich weltweit diese Überlegungen verdrängt.

Aus den Atommüll- und Sicherheitsproblemen entstand dann als Gegenreaktion eine übertriebene Furcht vor der Kernkraft. Denn die Energieerzeugung durch Verbrennung anderer Substanzen ist für die Menschen nicht weniger schädlich! Wachsender Energiebedarf ist eben mit großen Risiken verbunden! Hier muß auf jeden Fall nach neuen Wegen gesucht werden, wenn wir die Erde nicht in einen für Menschen unbewohnbaren Planeten verwandeln möchten. Solange die Wirtschaft nur Wachstum anstrebt, der Lebensstandard steigen muß und die Bevölkerung zunimmt, sehe ich keine vernünftige Lösung.»

«*Meinst du vielleicht, man sollte statt Kindergeld eine Strafsteuer für das Kinderkriegen einführen?*»

«Etwa wie in China… Da kommt die Politik ins Spiel: Die Energieproblematik interessiert unsere Wähler noch lange nicht genug!»

«*Schön zu wissen, daß ihr Physiker darüber nachdenkt.*»

«Ich habe die Hoffnung, daß durch die Quarktheorie eine ganz neue Entwicklung in der Kernphysik eingeleitet wird. Vielleicht findet man Entsorgungsmethoden, die wir uns heute noch nicht vorstellen können, selbst für den schon vorhandenen Atommüll; oder es werden Kernreaktionen entwickelt, die gezielt nur ungefährliche oder verwertbare Rückstände hinterlassen. Vielleicht taugen sie sogar selbst zur weiteren Energieerzeugung.

Dagegen halte ich es für sehr unwahrscheinlich, daß mit dem neuen Wissen noch verheerendere Bomben gebaut werden (zur Zeit werden die Arsenale ja abgebaut, weil sie zur Zerstörung der ganzen Menschheit sowieso mehr als ausreichen). Und wenn es doch möglich sein sollte, Böses damit anzustellen, dann wäre es gut, wenn wir darüber genau informiert sind, bevor es vielleicht kriminelle Kreise herausfinden.»

«Das war aber eine sehr idealistische, um nicht zu sagen utopische kleine Rede, Walo!»

Vertieft in unsere Diskussion sind wir an vielen Atomkernen und anderen Teilchen vorbeigegangen und nähern uns nun dem Eingang zu einem separaten Teil der riesigen Halle. Gell-Mann wird schon etwas ungeduldig. Er hakt sich bei Barbara ein und meint resolut:

«Wenn ihr mit eurer Kernpolitik fertig seid, möchte ich euch doch noch gern die Teilchen zeigen, die mich auf die Idee der Quarks gebracht haben.» Er drängt uns zum schnelleren Weitergehen.

«Ich glaube auch, wir haben das Wichtigste gesehen, was man mit u- und d-Quarks anstellen kann», füge ich hinzu. «Es ist immerhin der Hauptteil dessen, was um uns passiert. Die stabile Materie besteht eben zu einem großen Teil aus u-Quarks, d-Quarks und aus unseren braven Elektronen. Die interessante Welt der vielen Teilchen, die wir jetzt noch kennenlernen werden, hat wesentlich dazu beigetragen, den Aufbau der Materie zu verstehen, ohne selbst besonders stark daran beteiligt zu sein.»

Der Durchgang zum zweiten Teil des Quarkreviers ist schlicht und unscheinbar, die Trennungshecke niedrig und unauffällig. Aber Gell-Mann ist offensichtlich sehr daran interessiert, uns selbst hineinzuführen.

«Jetzt werden Sie endlich meine s-Quarks kennenlernen!» verkündet er Barbara mit vielversprechender Miene.

Seltsamkeit und ihre Folgen

«Eigentlich sieht hier alles so aus wie vorhin in der Halle der u- und d-Quarks», meint Barbara etwas enttäuscht.

Um uns liegen wieder weiße, graue und schwarze Kugeln, die man äußerlich von den Nukleonen, Deltas und Pionen wirklich nicht unterscheiden kann. Auch beulen sie sich auf die gleiche Weise aus, was auf ein ähnliches Innenleben hinweist. Nur sind es viel mehr.

«Und ich sehe gar keine Atomkerne, also Kugelhäufchen. Es sind alles Einzelkugeln.»

«Ja, alle Kugeln um uns herum stellen Teilchen dar, die in der Wirklichkeit nach sehr kurzer Zeit zerfallen. Sie haben also gar keine Zeit, sich miteinander zu verbinden.

Dieses Teilchen rechts von mir sieht aus wie ein Nukleon, ist aber keines, sondern ein sogenanntes Lambda-Teilchen. Es ist neutral wie das Neutron und wurde schon 1946 in der Höhenstrahlung beobachtet. Neben ihm liegt ein längliches Kaon oder K-Meson, das eher wie ein Pi-Meson aussieht und auch ähnlich aufgebaut ist – aber eben kein Pion ist. Es erscheint sowohl elektrisch neutral als auch geladen (bei den Pionen war das ja auch der Fall)», erkläre ich Barbara, während Gell-Mann zufrieden zuhört.

Das Sonderbare an diesen Teilchen ist, daß sie nie einzeln, sondern immer in bestimmten Paaren erzeugt werden, auch dann, wenn es sich nicht um Fermionen handelt. Außerdem leben sie relativ lange, jedenfalls länger, als man es von Quarkverbindungen erwartet hätte. So ein «schweres Neutron» zum Beispiel müßte ja blitzschnell (schon wegen seiner großen Masse), etwa wie ein Delta-Teilchen, in ein Proton und ein Pion zerfallen. Es lebt dann aber doch viel länger. Und bei den Kaonen sieht es ähnlich aus: Sie sollten viel schneller in Pionen zerfallen, als sie es tatsächlich tun.

Diese Teilchen wurden deshalb «sonderbar» oder «seltsam» genannt, auf englisch «strange», worüber sich Gell-Mann und einige Kollegen schon etwa 1953 Gedanken machten. Den sonderbaren Teilchen wurden Seltsamkeitszahlen zugeordnet, etwa $+1$ oder -1. Die normale Materie aus u- und d-Quarks bekam dagegen Seltsamkeit null.

Die Gesamtsumme der Seltsamkeiten sollte bei der Erzeugung neuer Teilchen immer gleich bleiben, etwa wie die Summe der elektrischen Ladungen. So kann man ein Lambda mit Seltsamkeit -1 nur zusammen mit einem Teilchen der Seltsamkeit $+1$ erzeugen, etwa einem

Kaon. Man hatte also erkannt, daß bei schnellen Vorgängen die Seltsamkeit erhalten bleibt, und deshalb können seltsame Teilchen nur relativ langsam in nicht seltsame zerfallen.

Die ersten Experimente an Teilchenbeschleunigern von genügend hoher Energie haben diese Höhenstrahlen-Beobachtungen voll bestätigt, und es galt nun, eine Erklärung dafür zu finden.

«Man hatte damals schon einige Teilchen als ‹Mesonen› klassifiziert, wobei man, wie schon erwähnt, an Teilchen dachte, die schwerer als Elektronen und leichter als Protonen sind.»

«Von der Quarkstruktur der Mesonen wußte man aber damals noch nichts.»

«Stimmt. Außerdem hatte man bei einigen den Spin bestimmt, und der war ganzzahlig, was die Mesonen zum Beispiel von den Nukleonen und Deltas (mit halbzahligem Spin) klar unterscheidet.»

Als Mesonen wurden nun das Kaon und außer den Pionen noch einige ähnliche Teilchen oder kurzlebige Zustände klassifiziert. Diese Teilchen konnte man in ein merkwürdiges Schema nach ihrer elektrischen Ladung und ihrer Seltsamkeit einordnen, das Gell-Mann mit recht raffinierten formellen mathematischen Kriterien untersucht hat. Ein ähnliches Schema ergab sich aus den verschiedenen Baryonen, die man damals kannte.

«Es wäre ja schön, die dabei benutzten Gedankengänge in all ihrer Schönheit darzustellen...», meint Gell-Mann.

«Eine relativ einfache Art, diese Ordnungen zu erklären und zu verstehen, bestand in der Einführung von drei Subteilchen, den Quarks.» Ich hole ein Schema aus einer meiner Westentaschen. «Alle ganzzahligen Verbindungen von drei Quarks habe ich zusammengestellt. Zwei der Quarks würden in der normalen Materie vorkommen, das dritte sollte die sonderbaren Eigenschaften der neuen Teilchen erklären und, wie das d-Quark, elektrische Ladung $-\frac{1}{3}$ haben.

So wurde 1964 die Existenz der u- und d-Quarks und auch gleich die des dritten, des s-Quarks oder strange-Quarks, zum erstenmal vorgeschlagen. Der berühmte israelische Physiker Yuval Ne'eman, der an dieser Entwicklung auch beteiligt war, meinte dazu: ‹Das Quarkmodell erklärt wie durch einen Zauber viele Tatsachen, die vorher rätselhaft geblieben waren.› So konnte man fast allen Quarkverbindungen echte, beobachtete Teilchen zuordnen und auch erklären, warum es

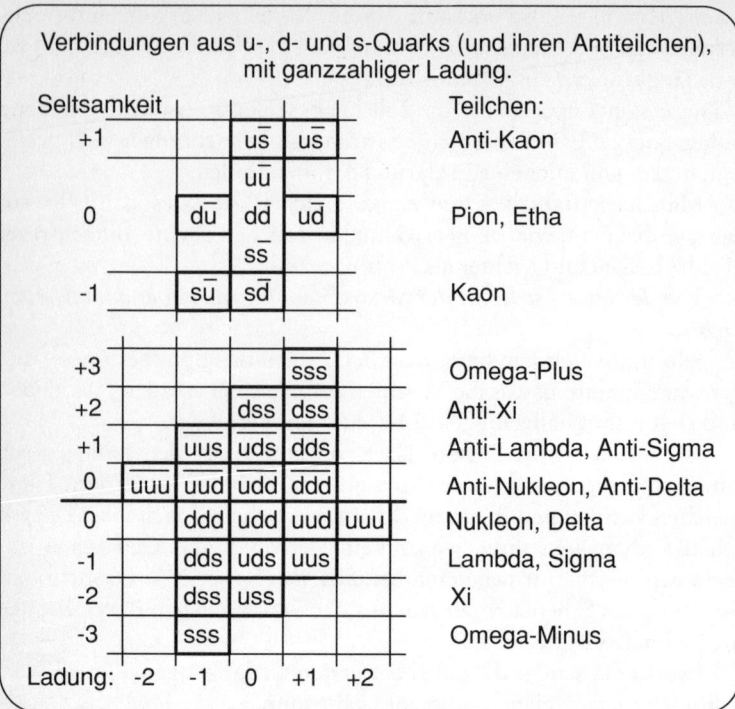

zum Beispiel keine Mesonen mit Seltsamkeit −1 und Ladung +1 in der Natur gibt.»

«Wie hat man damit die Paarerzeugung der sonderbaren Teilchen erklärt?» möchte Barbara genauer wissen.

«Bei Kollisionen sehr hoher Energie sollte ein s-Quark (mit Seltsamkeit −1) immer mit einem Anti-s-Quark (mit Seltsamkeit +1) erzeugt werden.»

«Die s-Quarks sind doch sicher auch Fermionen und haben Spin ½. Sagtest du nicht einmal, daß alle Urteilchen Spin ½ haben? Somit können sie also nur in Paaren erzeugt werden», rekapituliert Barbara.

«Stimmt! Das Lambda-Teilchen zum Beispiel enthält ein s-Quark, und es wird immer zusammen mit einem Teilchen erzeugt, in dem ein

Anti-s-Quark vorhanden ist, wie etwa das Kaon. Auch Kaon-Paare entstehen auf diese Art. Und von diesen s- und Anti-s-Quarks wurde nun angenommen, daß sie zwar etwas schwerer als die u- und d-Quarks sind, aber doch nicht ganz einfach in sie zerfallen können und entsprechend etwas länger dafür bräuchten. Eine neue Regel wurde eingeführt: Die Seltsamkeit kann sich durch Photon- oder Gluon-Austausch nicht ändern, sie bleibt erhalten.»

«Also ein s-Quark kann sich nicht einfach durch Abstrahlung eines Photons oder Gluons in ein d-Quark, das ja die gleiche elektrische Ladung hat, verwandeln! Ich nehme aber an, daß du mir die Einzelheiten dieser dann irgendwie ja doch stattfindenden Umwandlungen oder Zerfälle später, auf der Wiese aller Wechselwirkungen, erklären wirst, du hast es mir ja schon angekündigt.»

«Eben. Aber bleiben wir bei den Anfängen der Quarktheorie, die ja durch die halbwegs brauchbare Erklärung der Teilchenordnung schon recht erfolgreich war.»

Gell-Mann ergreift wieder das Wort: «Diese Tatsachen hatten damals die Fachwelt noch lange nicht von der Existenz der Quarks überzeugt. Es gab auch noch ein Problem: Das Schema der Verbindungen aus u-, d- und s-Quarks enthielt ganz oben (und natürlich auch ganz unten) ein Teilchen, das bei seiner Aufstellung noch hypothetisch war.

Dieses fehlende Teilchen, Omega genannt (es besteht aus drei s-Quarks), wurde kurz nach dem Bekanntwerden meines Schemas in Blasenkammerbildern in Brookhaven (USA) entdeckt! Das war damals eine große Sensation! Doch selbst dies hat nur wenige Physiker von der Realität der Quarks überzeugt. Dazu mußte noch etwas sehr Wichtiges passieren, das wir heute als Novemberrevolution der Teilchenphysik bezeichnen: die Entdeckung des J/psi-Teilchens.»

«Das war aber sicher kein politischer Akt!»

«Sie fand am 11. November 1974 statt.»

Charme, Schönheit und Wahrheit

Ich schlage vor, essen zu gehen, und zwar im Restaurant der QCD-Burg, die in einiger Entfernung schon zu sehen ist. Barbara und Gell-Mann sind einverstanden.

«*Gewaltig, dieses Gebäude aus großen Steinen*», meint Barbara. «*Es scheint tatsächlich zum Teil noch im Rohbau zu sein. An den Seitentürmen stehen Gerüste, und es wird ja noch kräftig gearbeitet. Soll das etwas bedeuten?*»

«Ja. Die Quantenchromodynamik QCD ist noch lange nicht soweit wie die Quantenelektrodynamik QED. Darüber haben wir ja schon einmal gesprochen. Die Berechnungen sind viel komplizierter, besonders wenn man Probleme der Kernphysik behandeln möchte. Aber auch die Teilchenphysiker sitzen monatelang an den größten Computern der Welt, um ihre Fragen zu lösen. Und trotzdem stimmen die Ergebnisse oft nur grob mit der beobachteten Wirklichkeit überein. Man ist schon sehr stolz, auf einige Prozent heranzukommen, wenn ich noch richtig informiert bin.»

«*Nun aber zum Essen.*»

Wir gehen in einen stilvollen Speisesaal und werden sofort bedient. Wir entscheiden uns für gegrillte Lammrippchen und eine Flasche guten Bordeaux. An den Wänden hängen Bilder der alten QCD-Prominenz.

«Leider haben wir nicht alle in unserer Sammlung», meint Gell-Mann und zeigt auf die Porträts. «Mein Kollege Abraham Pais, mit dem ich 1955 das Problem der neutralen Kaonen untersucht habe, fehlt zum Beispiel. Er hatte 1952 die paarweise Erzeugung von seltsamen Teilchen vorgeschlagen. Hier hängt aber das Bild von Yuval Ne'eman, der 1961 auch die mathematischen Zusammenhänge bei der Einordnung der Teilchen erkannt hat. Und der japanische Theoretiker Kazuhiko Nishijima fehlt hier. Er hat unabhängig von mir die Seltsamkeit eingeführt. Dann sehe ich da noch Yoichiro Nambu und Harald Fritzsch. Ich würde sie gern alle nennen, doch das wäre eine lange Geschichte.»

Während Barbara in ihrem Block zeichnet, berichte ich nun weiter: «Es gab damals (also vor 1974) Theoretiker, die auf sehr raffinierte Art herausgefunden hatten, daß es auch noch ein viertes Quark geben

Ne'eman

Nambu

müßte, mit dem man bestimmte beobachtete Vorgänge sehr elegant erklären könnte.

Die Theoretiker nannten das gesuchte Quark ‹Charm-› oder ‹c-Quark›, vielleicht um die Experimentatoren zu animieren, danach zu suchen.

1974 fahndeten zwei Gruppen (neben vielen anderen) nach neuen Teilchen. Die eine war vom MIT, unter der Leitung von Samuel Chao Chung Ting, einem amerikanischen Physiker chinesischen Ursprungs, und die zweite arbeitete bei SLAC an einem Elektron-Positron-Speicherring namens SPEAR; ihr Sprecher war der Amerikaner Burton Richter. Beide Gruppen hatten sehr eindrucksvolle Apparaturen aufgebaut.»

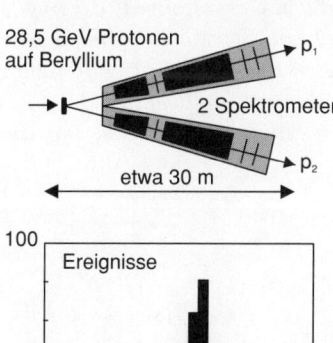

28,5 GeV Protonen
auf Beryllium

p_1

2 Spektrometer

p_2

etwa 30 m

100

Ereignisse

2,7   3,0 3,1   3,4
Ruhemasse des Paares in GeV

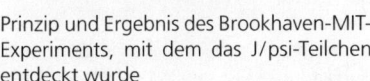

Prinzip und Ergebnis des Brookhaven-MIT-Experiments, mit dem das J/psi-Teilchen entdeckt wurde

«*Würde mich schon interessieren, wie so etwas funktioniert*», bemerkt Barbara, während sie genüßlich an einem Lammkarree knabbert und Gell-Mann offensichtlich über ein weltbewegendes Problem nachdenkt.

«Wie du meinst – mit etwas Geduld und Courage!»

Die Ting-Gruppe suchte nach damals noch unbekannten Teilchen, die in ein Elektron und ein Positron zerfallen. Sie sollten in einem Target (einem Block aus dem Leichtmetall Beryllium) von einem Strahl Protonen hoher Energie (28,5 GeV) erzeugt werden. In zwei langen Spektrometern wurden die Elektronen und Positronen aus einer großen Zahl anderer Teilchenpaare ausgesucht und mit besonderen Zählern genau identifiziert. Für jedes Elektron und Positron wurden (jeweils mit Hilfe eines großen Magneten) die Impulse der Teilchen gemessen und somit auch die Summe der Impulse bestimmt.

«Die Beziehung zwischen der Stärke des Magnetfeldes und der in ihm stattfindenden Ablenkung eines geladenen Teilchens mit einem bestimmten Impuls steht ja auf deinem T-Shirt, gleich unter den Maxwell-Formeln.»

Ting

«Dann versuch ich mal, meine Kenntnisse anzuwenden!» kündigt Barbara an. *«Wenn man die Impulse der beiden Teilchen kennt, wird ihre Summe durch Pfeilchenaddition ermittelt. Da ich auch ihre Ruhemasse kenne (sie ist sehr klein und kann vernachlässigt werden), kann ich ihre jeweilige Energie mit dem Einstein-Pythagoras-Dreieck ausrechnen – und dann natürlich auch ihre Summe, also die Gesamtenergie.*

Nun habe ich die Gesamtenergie und den Gesamtimpuls des hypothetischen Teilchens, das da zerfallen sein soll. Bei der Erkennung sehr kurzlebiger Teilchen (Resonanzen) hatten wir diese Prozedur schon kurz besprochen – nur jetzt habe ich es akkurat durchgeführt...

Ich benutze noch mal das Einstein-Pythagoras-Dreieck, um die

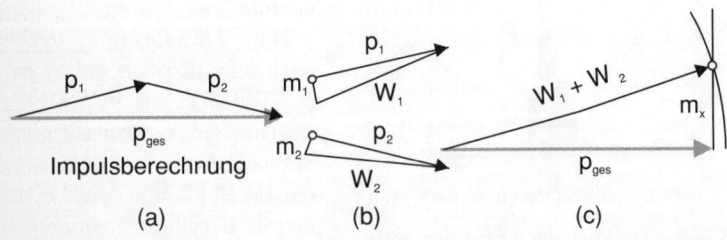

Berechnung der Ruhemasse (m_x) des unbekannten Teilchens, das noch im Berylliumblock in ein Elektron und ein Positron zerfallen ist

Ruhemasse (m_x) *des gesuchten Teilchens zu bestimmen. Hier muß ich allerdings ein bißchen herumfummeln, um das rechtwinklige Dreieck zu konstruieren…»*

Ich habe für solche Zwecke immer einen kleinen Zirkel in einer meiner vielen Taschen und reiche ihn Barbara, die sofort versteht, wozu er hier dienen kann. Sie schlägt einen Kreisbogen mit dem Radius $W_1 + W_2$ und zieht eine Vertikale, genau beim Wert des Gesamtimpulses (p_{ges}). Der Schnittpunkt ergibt das gesuchte Dreieck.

Richter

«Eine leichte Übung. Aber sehr genau kann ich die Ruhemasse nicht bestimmen», meint sie alsbald.

«Wenn ich viele Paare finde, deren Ruhemassen sehr nahe beieinander liegen, dann würde ich behaupten, ein Teilchen (oder eine kurzlebige Resonanz) gefunden zu haben, das noch im Berylliumblock in ein Elektron und ein Positron zerfallen ist. Richtig?»

«Goldrichtig. So hat es die Ting-Gruppe vom MIT auch gemacht und eine Anhäufung von Ruhemassen bei etwa 3,1 GeV entdeckt.

Die Richter-Gruppe dagegen untersuchte die umgekehrte Reaktion: Sie jagten Elektronen gegen Positronen, um herauszufinden, bei welcher Gesamtenergie sich eventuell eine höhere Zusammenstoßrate beobachten ließe. Genau dort würde man dann nämlich als Zwischenzustand das hypothetische Teilchen vermuten. Die Ruhemasse entspricht der Gesamtenergie der symmetrisch zusammenstoßenden Teilchen. Ihr Zahlenwert wird vom Beschleuniger-Kontrollraum aufgrund der Stärke der Ablenkungsmagnete des Speicherrings (Lorentz-Kraft) mit sehr großer Genauigkeit errechnet.»

Die Richter-Gruppe hat bei einer Gesamtenergie der zusammenstoßenden Elektronen und Positronen von 3,1 GeV eine hundertmal höhere Ereignisrate beobachtet als bei den knapp danebenliegenden Beschleunigerenergien. Dabei war es gar nicht nötig, die einzelnen Reaktionen genau auszumessen oder die dabei erzeugten Teilchen zu identifizieren. Es hat genügt, die Verteilung der Gesamtenergien der beobachteten Reaktionen in einem Diagramm aufzutragen.

«Ich glaube, ich habe die Sache verstanden!» betont Barbara. *«Aber die Breite der Häufchen würde es jetzt vielleicht erlauben, die Lebens-*

dauer der Teilchen mit Heisenbergs Hilfe zu bestimmen. Die beiden Ergebnisse sind jedoch sehr unterschiedlich!»

«Beim Ting-Experiment handelt es sich hinsichtlich der Breite der Verteilung offensichtlich um die bei der Messung unumgänglichen Fehler. Die Schwierigkeit hast du beim Zeichnen mit Zirkel und Lineal schon erkannt. Diese Ungenauigkeit hat natürlich nichts mit Heisenbergs Unbestimmtheit zu tun.

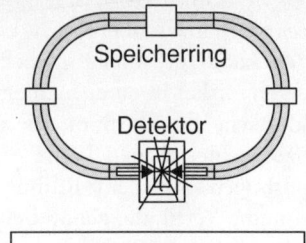

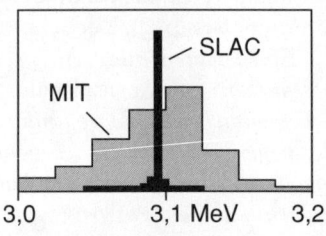

Bei Richters Daten schien dies nicht so klar, denn die Breite war ja viel kleiner. Man konnte jedoch behaupten, die wirkliche Breite des Häufchens würde auf jeden Fall geringer sein müssen. Entsprechend konnte man eine minimale Lebensdauer abschätzen, die wiederum erstaunlich lang war; zu lang für ein Teilchen, das eigentlich sofort in Hadronen zerplatzen sollte.»

Prinzip und Ergebnis des SLAC-Experiments zur Entdeckung des J/psi-Teilchens; darunter der Vergleich mit den Ergebnissen der MIT-Gruppe

Beide Gruppen haben ihre Ergebnisse gleichzeitig bekanntgegeben und publiziert. Von einem c-Quark ist allerdings in den Veröffentlichungen der beiden Gruppen noch keine Rede.

Die Ting-Gruppe hat das neue Teilchen J genannt, ein Zeichen, das dem chinesischen Schriftzug «Ting» halbwegs entsprechen sollte, während ihm die Richter-Leute den Namen Psi geben wollten, ein Buchstabe des griechi-

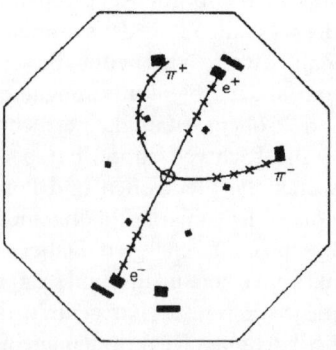

Eines der ersten J/psi-Ereignisse, das im SLAC-Detektor gefunden wurde

schen Alphabets, der einem der ersten von ihnen beobachteten Ereignisse sehr ähnlich sah. Traditionsgemäß dürfen Teilchenentdecker die Namen bestimmen. Da hier keine Einigung zustande kam, wurde das Teilchen J/Psi genannt, und beide Gruppenleiter erhielten dafür 1976 gemeinsam den Nobelpreis für Physik.

Nach nur einigen Tagen Rätselraten wurde klar, daß man das entdeckte Teilchen am einfachsten als Verbindung eines noch unbekannten Quarks mit seinem Anti-Quark erklären konnte. Diese wurden mit den gesuchten c- und Anti-c-Quarks identifiziert und das J/Psi als elektrisch neutrales Meson eingestuft. Genau wie beim s-Quark ergibt sich eine relativ lange Lebensdauer. Die elektrische Ladung des c-Quarks wurde später bestimmt. Sie beträgt $+ \frac{2}{3}$, ist also identisch mit der des u-Quarks, was auch die Theoretiker, die es vorausgesagt hatten, zufriedenstellte.

Das i-Tüpfelchen kam wenige Wochen später, als die Richter-Gruppe auch angeregte Zustände des J/Psi-Mesons mit etwas höherer Ruhemasse fand, genau wie man es von der Theorie her erwartete und sogar schon recht genau berechnet hatte. Sie werden «angeregte Psis» oder Psi-Strich genannt (die Ting-Gruppe war ja hier nicht mehr beteiligt). Diese Ergebnisse wurden übrigens sehr bald an den Elektron-Positron-Speicherringen ADONE in Italien und bei DORIS in Hamburg bestätigt. DORIS war ja schon seit Anfang 1974 in der Erprobung.

Gell-Mann unterbricht seine Grübeleien: «Durch die Entdeckung der angeregten Zustände des J/Psi-Teilchens war natürlich bei mir und bei fast allen meinen Kollegen der Groschen gefallen: Es handelt sich bei den Quarks um echte Teilchen, die auch um sich herum schwirren können, wie etwa die Elektronen in einem Atom. Niemand konnte an ihrer Realität noch zweifeln, selbst die Philosophen und Theologen nicht!» bemerkt er stolz und sieht Barbara herausfordernd an. Dies also war die Novemberrevolution!

«War wohl eine dramatische Zeit.»

«Gekrönt wurde das alles durch die Entdeckung von Mesonen, in denen das neue Quark eingebettet war.»

Neben den u- und d-Quarks gibt es also eine zweite Gruppe, die c- und s-Quarks. Aus all diesen Quarks und ihren Antiteilchen kann man Verbindungen bilden mit ganzzahliger elektrischer Ladung, von denen bald sehr viele in Experimenten beobachtet wurden. Man fand sogar einige bei neuen Auswertungen älterer Meßdaten.

« Also wie gehabt, die Regel der ganzzahligen Ladungen – es ist ja schon fast langweilig.»

Lederman

1978 entdeckte dann eine Gruppe, die am Fermilab bei Chicago arbeitete, eine damals noch nicht bekannte Resonanz. Sie wurde mit dem griechischen Buchstaben Ypsilon bezeichnet und sollte aus Quarks noch höherer Masse bestehen, die man schon b-Quarks nannte, nach ‹beauty› oder ‹bottom›. Das Experiment war dem von Sam Ting durchgeführten ähnlich und wurde von dem Amerikaner Leon Lederman geleitet: Man untersuchte diesmal Myonenpaare (anstelle von Elektron-Positron-Paaren), die 400-GeV-Protonen in einem Target erzeugten.

«Wobei wohl wieder die Masse des unsichtbaren Zwischenzustandes aus den Daten der beiden Myonen berechnet wurde, wie bei Ting.»

Auch hier wurden angeregte Zustände entdeckt. Sie konnten zusammen mit dem Grundzustand erstmals bei DESY, am Elektron-Positron-Speicherring DORIS, erzeugt und genau untersucht werden. Dieser Ring wurde umgebaut, um die erforderliche Gesamtenergie von 9,46 GeV zu erreichen: Er war dann weltweit der einzige, an dem man diese Untersuchungen durchführen konnte. Auch Mesonen, an denen die b-Quarks beteiligt waren, konnten identifiziert werden, und später noch andere Quarkverbindungen.

Und wiederum gab es Beobachtungen, die nun auf ein sechstes Quark hinwiesen. Die ersten Anzeichen seiner Existenz wurden 1994 am Proton-Antiproton-Speicherring TEVATRON gefunden und im Mai 1995 endgültig bestätigt. Es heißt t-Quark, von top (oben) oder truth (Wahrheit), und seine Masse entspricht etwa der eines Goldatoms (175 GeV). b-Quark und t-Quark bilden eine dritte Gruppe, wiederum mit Ladungen + ⅔ und − ⅓. Man nennt diese Gruppen eigentlich Generationen.

« Über die Entdeckung der t-Quarks wurde ja in den Medien ausführlich berichtet – anfangs mit einigen Zweifeln. Ist das nun alles geklärt?»

«Ich glaube schon. Etwas bedenklich scheint mir allerdings, daß hier Ergebnisse in Pressekonferenzen an die Öffentlichkeit geleitet wurden, die noch lange nicht genügend gesichert waren, einfach nur um eine Art Werbeeffekt zu erreichen. Eine wissenschaftliche Veröffentlichung in einer Fachzeitschrift wäre das richtige gewesen – aber dazu reichten die Daten zuerst noch nicht aus! Das hängt mit dem Druck zusammen, der von den Geldgebern auf die Grundlagenforschung ausgeübt wird, und mit dem dadurch verursachten Konkurrenzkampf. Aber lassen wir uns nicht von unseren Quarks ablenken!»

«Nun haben wir also drei Quarkgenerationen: Wozu soll das Ganze gut sein?» fragt Barbara neugierig.

«Das würden wir selbst gerne wissen», antworte ich. «Es gibt nun diese drei Generationen von Quarks, und damit müssen wir leben, obwohl uns die erste Generation genügt hätte. Die höheren Generationen haben aber sehr wahrscheinlich eine wichtige Rolle bei der Entstehung des Universums gespielt.»

Jeder Quarkart wird eine besondere Eigenschaft zugeordnet, die man neben u und d als Seltsamkeit (s), Charme (c), Schönheit (b) und Top (t) bezeichnet. Sie werden als Quantenzahlen betrachtet, die man zusammengenommen «Aroma-Quantenzahlen» nennt (flavour auf englisch). Jedes Quark hat also ein charakteristisches Aroma und natürlich auch eine Farbladung.

Alle Teilchen, die Quarks höherer Generationen enthalten, zerfallen übrigens mehr oder weniger schnell in Teilchen der ersten Generation. Es handelt sich also um eine recht kurzlebige Welt! Im Energiebereich, in dem wir bis jetzt Experimente durchführen konnten, scheint es immerhin keine weiteren Generationen zu geben.

«Ein schwacher Trost!» seufzt Barbara, die inzwischen alle ihre Rippchen aufgegessen hat. Wir bestellen frisches Obst als Nachtisch und legen dabei eine kleine Gedankenpause ein. Schließlich verlassen wir mit Gell-Mann die QCD-Burg.

Die dreihundert Hadronen

Beim Anblick der vielen großen Kugeln kommen wir wieder ins Gespräch.

«Jetzt werden wir uns in Ruhe überlegen, welche Teilchen aus den Quarks der drei Generationen gebildet werden können. Wir wiederholen einfach die gleiche Prozedur, die du schon langweilig genannt hast und die wir bei den u- und d-Quarks erfolgreich angewandt haben. Die erste Regel ist ja recht einfach: Frei in der Natur gibt es nur Teilchen mit ganzzahliger elektrischer Ladung. Und wir können uns jetzt Quarks und Antiquarks beliebig aus den drei Generationen aussuchen», schlage ich vor.

«Da gibt es aber viele Möglichkeiten... Einige hundert kommen sicher zustande. Baryonen, Antibaryonen, Mesonen... alles schon dagewesen», brummt Barbara.

«Es sind etwa dreihundert, und nur sehr wenige sind aus quantenmechanischen Gründen verboten, wie etwa das doppelt geladene Proton. Alle anderen gibt es wirklich! Dies ist genau der riesige Teilchenzoo, der in der zweiten Hälfte des 20. Jahrhunderts entdeckt wurde. Und, wie schon erwähnt, alle beobachteten Teilchen passen in dieses Schema, außer den Leptonen, also den Elektronen und ihren Partnern. Lange Listen dieser Teilchen wurden zum Schreck der Schüler in Lehrbücher aufgenommen, oft mit einer völlig veralteten Klassifikation.»

«Jetzt scheint das aber alles recht übersichtlich!»

«Die vielen um uns verteilten Kugeln sind also genau die Vorzeigeexemplare dieses riesigen Zoos. Nach außen haben sie keine Farbladung, sind also alle farbneutral (weiß, schwarz oder grau), und in ihrem Inneren kocht es wie in dem Feuerwerk der Protonen, das wir ja schon besucht haben.

Unter den dreihundert sind viele recht kurzlebige Zustände (Resonanzen). Einige unterscheiden sich durch ihren inneren Drehimpuls oder Spin. Es gibt eben Eigenschaften, die in der normalen Welt gar nicht vorkommen, hier aber eine wichtige Rolle spielen.»

Gell-Mann nickt zustimmend.

Somit haben wir das Panorama der aus farbigen Quarkteilchen bestehenden Verbindungen komplett. Ich ziehe ein Diagramm hervor.

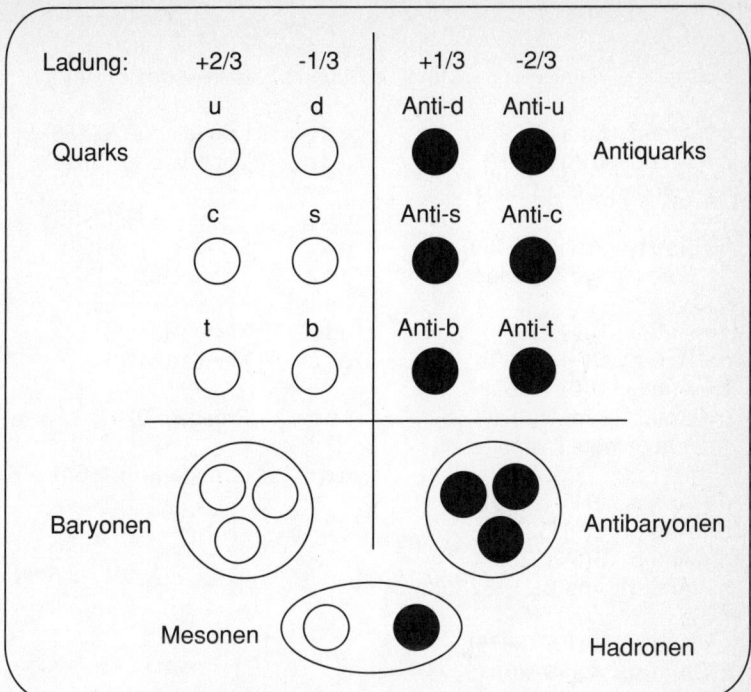

Alle möglichen Quarkverbindungen

«*Sieht ja sogar elegant aus!*» spöttelt Barbara.

«Obwohl es wiederum recht langweilig erscheint, kann ich dir doch eine Liste mit Namen heute bekannter Teilchen und ihrer Zusammensetzung aus Quarks anbieten. Man weiß ja nie, wann man dazu mal befragt wird. So eine Aufstellung in Form eines recht dicken Buches wird alle zwei Jahre für Wissenschaftler aktualisiert und verteilt.»

Ich hole meinen Notizblock heraus und trenne eine Seite für Barbara ab. Es ist eine Liste beobachteter Hadronen mit höherem Aroma.

«*All diese Teilchen gibt es, aber nur sehr wenige bilden unsere stabile Materie. Sehr seltsam…*» murmelt Barbara vor sich hin, während wir uns langsam auf den Rückweg begeben, an den vielen bebenden Kugeln

Mesonen:		Baryonen:	
Quarks	Name (Masse, MeV)	Quarks	Name (Masse, MeV)
c + Anti-c	Etha-c (2980)	u d c	Lambda-c(+) (2285)
c + Anti-c	J/Psi (3097)	u d c	Lambda-c(+) (2625)
	+ angeregte Zustände		
		u u c	Sigma-c(++) (2455)
b + Anti b	Ypsilon (9460)	u d c	Sigma-c(+) (2454)
	+ angeregte Zustände	d d c	Sigma-c(0) (2452)
c + Anti-d	D(+) (1869)	u s c	Xi-c(+) (2465)
d + Anti-c	D(−) (1869)	d s c	Xi-c(0) (2470)
c + Anti-u	D(0) (1865)		
u + Anti-c	Anti-D(0) (1865)	s s c	Omega-c(0) (?)
	+ angeregte Zustände		
		u d b	Lambda-b(0) (5641)
u + Anti-b	B(+) (5279)		
b + Anti-u	B(−)(5279)		
d + Anti-b	B(0) (5280)		
b + Anti-d	Anti-B(0) (5280)		
s + Anti-b	B-s(0) (5375)		
b + Anti-s	Anti-B-s(0) (5375)		

Einige beobachtete Hadronen mit c- und b-Quarks

der höheren Generationen vorbei und durch die bescheidene Pforte in die riesige u-d-Halle.

«Da ich nun weiß, was in den Kugeln steckt, sieht das doch alles etwas freundlicher aus», meint Barbara. «Aber daß ihr fast den ganzen Zoo mit nur sechs Quarks und ihren Antiquarks auf eine so verblüffend einfache Art erklären könnt, ist doch sehr erstaunlich. Ich hätte gedacht, dies würde der komplizierteste Teil deines Zoos sein. Es hat sich aber als der einfachste erwiesen. Es genügt die Regel der ganzzahligen elektrischen Ladungen, um fast alle Teilchen des Zoos selbst zusammenbauen zu können.»

«Und was vielleicht noch wichtiger ist: Es wurden bis heute nur einige wenige Teilchen in der Natur gefunden oder beobachtet, die in dieses Schema nicht hineinpassen – und das sind die Leptonen.»

«Du hast schon erwähnt, daß dazu auch die Elektronen und ihre zwei schwereren Partner gehören, denen wir im Elektromagnetischen Garten begegnet sind und für deren Existenz ihr keinen guten Grund kennt.»

«Ich werde dir gleich noch einige Partner dazu vorstellen. Aber erst wenn wir das Quarkrevier verlassen haben, denn die haben mit den Quarks nur relativ wenig zu tun!»

«Wird sich wohl um die unheimlichen Neutrinos handeln…»

Diesmal können wir auf unserem Weg die Atomkerne und die aus u- und d-Quarks bestehenden Teilchen mit etwas mehr Aufmerksamkeit bewundern und vermeiden eine weitere Diskussion über die Kernkraft. Schließlich erreichen wir das Proton, in dem wir Gell-Mann am Morgen angetroffen hatten, und hier verabschieden wir uns auch wieder von ihm.

«War wirklich nett mit euch beiden», meint er noch, bevor er seine kleine Leiter erklimmt, die Klappe öffnet und in seinem Hausproton verschwindet.

Wir müssen nun zurück zum Hügel mit dem seltsamen Schornstein, der weit in die Höhe ragt. Durch die kleine Tür steigen wir ins Innere und befinden uns nun im düsteren Brunnenschacht. Unsere Schutzhelme mit Lampe sind noch da, und vorschriftsmäßig angeseilt klettern wir die lange Sprossenleiter hoch. Diesmal legen wir mehrere Erholungspausen ein, in denen wir buchstäblich am Seil hängen. Oben, in der Sonne des Elektromagnetischen Gartens, erwartet uns schon Freund Hofstadter mit einer heißen Tasse Tee. Er begleitet uns dann noch bis zum Ausgang, zum Tor mit den zwei Fulleren-Fußball-Molekülen auf den flankierenden Säulen.

«Und grüßt mir bitte Enrico recht herzlich», gibt er uns noch mit auf den Weg.

5
Auf der Wiese aller Wechselwirkungen

Wehmütig sieht Barbara noch einmal zurück in den paradiesischen Elektromagnetischen Garten, als wir wieder vor dem prunkvollen Tor mit den beiden Fulleren-Molekülen stehen. Ich klopfe kräftig an, und wir hören bald darauf Schritte und Schlüsselgeräusche. Es öffnet uns ein recht modern gekleideter Herr.

«Ciao Pedro – bene arrivati? Hallo Pedro, seid ihr gut angekommen?» Wir umarmen uns nach italienischem Brauch, und ich bestelle ihm die Grüße von Robert Hofstadter, während Barbara die weniger attraktive Wiese aller Wechselwirkungen begutachtet, die sich nun vor uns ausbreitet. Es blitzt und donnert im Hintergrund, wie wir es schon bei unserer Ankunft erlebt hatten.

Fermi

«Das ist Enrico Fermi, dem unser Besuch schon von Robert angekündigt wurde. Ganze Generationen von Physikern sind von ihm geprägt worden, besonders in Italien und in den Vereinigten Staaten, durch seine einzigartigen Forschungs- und Entwicklungsarbeiten und durch seine hervorragenden Vorlesungen. Deshalb spricht man oft von einer ‹scuola di Fermi›, einer Fermi-Schule. Seine anschauliche Denkweise und sein effektiver Stil, Probleme zu lösen, werden sehr bewundert.»

«Und nach ihm wurden offenbar die Fermionen benannt, mit denen wir schon öfter zu tun hatten, und auch das Längenmaß, das laut Gesetz jetzt Femtometer heißt.»

«Viele Teilchenphysiker benutzen die Bezeichnung Fermi auch heute noch.»

«Es ist doch ein Buch mit dem Titel ‹Fermis Weg› erschienen. Geht es da um diesen Stil?»

«Ja, es ist von Hans Christian von Baeyer, und du solltest es lesen! Selbst die abstraktesten Berechnungen werden bei Fermi verständlich und plausibel, in gewissem Sinne sogar lebendig. Strenge Theoretiker betrachteten ihn allerdings eher als einen Ingenieur oder einen Techniker der Physik. Fermi brauchen solche Kommentare nicht zu stören: Sein Erfolg und seine vielen Schüler haben ihm recht gegeben. Eine gewisse Anschaulichkeit hilft selbst bei den abstraktesten Überlegungen, weil der Mensch eben meist nach der Logik denkt, die er durch seine Erfahrungen erworben hat. Nur sehr wenige Menschen können rein mathematisch denken.

Wir werden uns mit Fermi über viele interessante Aspekte unseres Zoos unterhalten können. Er hat übrigens 1942 in Chicago den ersten Kernreaktor in Gang gebracht (was ja Heisenberg in Deutschland nicht gelungen ist) und so die praktische Anwendungsmöglichkeit der Kernspaltung bewiesen.»

«Und damit den Bau der ersten Atombomben eingeleitet!»

«Und die Energiegewinnung aus Uran! Aber tatsächlich hat Fermi dann auch am Manhattan-Projekt mitgearbeitet. Neben vielen anderen hervorragenden Leistungen ist Fermi Vater der ersten Theorie der schwachen Wechselwirkungen. Leider starb er schon 1954 im Alter von 52 Jahren. Den Nobelpreis erhielt er 1938 in dem jungen Alter von 37 Jahren; bei der Preisverleihung setzte er sich in die USA ab. Er wollte mit seiner jüdischen Frau nicht mehr im faschistischen Italien leben.»

«Ich glaube, du hast schon mal eine ‹schwache Wechselwirkung› erwähnt, mir dann aber nie mehr etwas darüber erzählt», bemängelt Barbara nun.

«Si, signorina», unterbricht uns Fermi, «ich mußte auch viel nachdenken, bis ich erkannte, daß es neben der Gravitation, der Elektrizität und der Kernkraft (von der Quarkkraft wußten wir ja nichts) eine weitere wichtige Wechselwirkung oder Kraft in der Natur geben müßte – weil sonst so gut wie gar nichts auf unserer Welt funktionieren würde. Nicht einmal die Sonne würde scheinen, wenn es diese Wechselwirkung nicht gäbe. Entsprechend wäre auch das Leben auf der Erde nie entstanden, und wir könnten Sie jetzt hier nicht bewundern!»

«Danke», antwortet Barbara schüchtern.

Fermi führt uns in sein Häuschen am Rande des Weges. Wir setzen uns ins Wohnzimmer, während er die Espressomaschine einschaltet und, wie er uns erklärt, die eigens dafür doppelt gerösteten Kaffeebohnen frisch mahlt. «Meine Lieblingsmarke lasse ich mir immer aus Italien schicken.»

Dann erzählt er Barbara, daß die Geschichte der schwachen Kräfte eigentlich mit der Radioaktivität angefangen hat, die ja Henri Becquerel schon 1896 entdeckt hatte.

«Sein Bild habe ich deshalb hier an der Wand – und einen extra Pavillon haben wir ihm auch gewidmet.»

Barbara erinnert sich: «*Rutherford hat uns doch Becquerels Radioaktivität als die erste bekannte Kernumwandlung angepriesen.*»

«So war es auch. Beim radioaktiven Betazerfall verwandelt sich ein Atomkern spontan in einen anderen. Durch Abstrahlung eines negativ geladenen Elektrons (das auch Betateilchen genannt wird) erhöht sich die Ladung des Kerns um eine Einheit: Es entsteht also ein anderes Element, wobei sich ein Neutron in ein Proton verwandelt hat.»

«*Merkwürdig! Damit ein Neutron in ein Proton übergeht, muß sich doch ein d-Quark in ein u-Quark umwandeln. Hier fehlt mir offenbar etwas Wichtiges!*»

Paulis Neutrino

«So ist es», fügt Fermi hinzu. «Obwohl wir noch nichts von den Quarks und von den Austauschteilchen wußten, hatten wir bei diesen in der Natur ja tatsächlich beobachteten Vorgängen des Betazerfalls mehrere schwerwiegende Probleme: Die Gesetze der Erhaltung der Energie, des Impulses und des Drehimpulses wurden anscheinend gleich alle drei verletzt!»

«*Die drei heiligen Kühe! Aber kann uns da nicht Heisenberg aus der Patsche helfen?*»

«Hier leider nicht. Es handelt sich ja um die Werte von Energie, Impuls und Drall, die relativ lange vor und nach dem Vorgang (also dem radioaktiven Zerfall) bestimmt werden. Hier gilt also die genaue Erhaltung ihrer Gesamtwerte im klassischen Sinn!»

Wenn man beispielsweise die Energie (oder den Impuls) des abge-

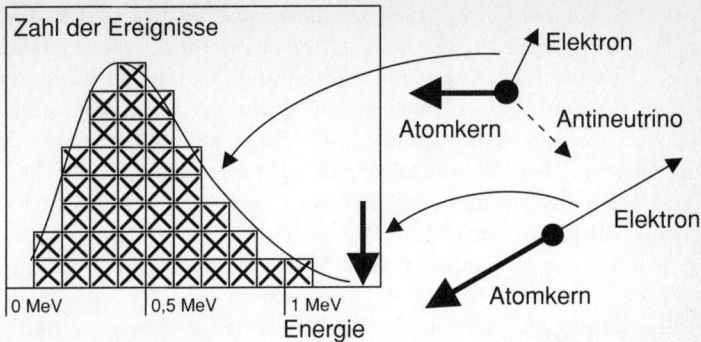

Verteilung der Energiewerte der Elektronen beim Betazerfall eines Atomkerns. Der dickere Pfeil zeigt die Energie, die alle Elektronen haben müßten, wenn kein weiteres Teilchen abgestrahlt würde. Rechts die entsprechenden Impulsdiagramme.

strahlten Elektrons bei sehr vielen Zerfällen einer bestimmten Substanz mißt, erhält man unterschiedliche Werte, also eine Verteilung. Ich hole wieder meinen Notizblock zur Hilfe.

Wenn der (ruhende) Kern nur das Elektron abstrahlen würde, müßte letzteres immer den gleichen Impuls (also auch gleiche Energie) haben, weil nach dem Zerfall Kern und Elektron immer den gleichen, entgegengesetzten Impuls haben müssen!

«Klar: Der Impuls des ruhenden Kerns war null, also muß die Summe der Impulse der Zerfallsprodukte auch null ergeben – vorausgesetzt, es wirken keine Kräfte von außen ein. Ich denke an die Newton-Formel auf meinem Rücken!»

Die beim Betazerfall gemessenen Energien der Elektronen sind jedoch immer kleiner als die (immer gleichen), die man bei einem Zerfall in nur zwei Körper erwarten würde!

Kernphysiker konnten zeigen, daß auch das Gesetz der Erhaltung des Drehimpulses grob verletzt wird. Man kannte schon damals die Spins der betroffenen Kerne recht genau, und natürlich den des Elektrons.

Fermi ergreift das Wort: «Zur Lösung dieser Probleme hat der berühmte Theoretiker Wolfgang Pauli 1930 die Existenz eines neuen Teilchens vorgeschlagen, das ich dann später Neutrino genannt habe.

Ich dachte wohl an ein sehr leichtes neutrales Teilchen, das sich klar vom Neutron unterscheiden sollte. Weil man von den Neutrinos bis dahin keine direkten Anzeichen oder Spuren beobachtet hatte, nahmen wir alle an, daß sie mit Materie kaum wechselwirken, daß sie also weder auf die Kernkraft noch auf elektrische Kraft reagieren. Mit Hilfe meiner Theorie konnte ich die Verteilung der beobachteten Energiewerte der zusammen mit einem Neutrino abgestrahlten Elektronen recht genau berechnen. Die verschiedenen Energiewerte ergeben sich aus den unterschiedlichen Winkeln zwischen den drei Teilchen.»

«Nun ist mir klar, warum das Elektron weniger Energie erhält! Es fehlt beim Zerfall die Energie, die das Neutrino mitnimmt. Und außerdem: Wenn ich mich richtig erinnere, kann ein Fermion (wie das Elektron) bei eurem Betazerfall gar nicht einzeln erzeugt werden – es muß ihm also ein Partner zugeordnet sein!»

«Stimmt», antworte ich. «Aber das hat man erst später so klar erkannt. Genauer muß man hier allerdings von einem Antineutrino sprechen und nicht von einem Neutrino.»

Neutrino und Elektron haben eine gemeinsame Eigenschaft: Sie «fühlen» nichts von den Farbkräften der Quarks, sie tragen keine Farbladung und gehören deshalb beide zu den «Leptonen». Das Neutrino wird als der neutrale Partner des Elektrons betrachtet und muß in die Liste der Urteilchen aufgenommen werden. Es bildet keinerlei Verbindungen. Allerdings wissen wir heute, daß es im Universum milliardenmal mehr Neutrinos gibt als alle anderen Teilchen zusammen. Und Milliarden Neutrinos durchqueren jede Sekunde unseren Kopf, ohne daß wir etwas davon merken.

«Ob ich deshalb manchmal Ohrensausen habe?»

«Nein, ganz sicher nicht!»

Dann erkläre ich Barbara, daß u-Quark, d-Quark, Elektron, Neutrino und ihre vier Antiteilchen als «erste Generation» von Urteilchen bezeichnet werden, insgesamt also acht Teilchen. Wie wir schon aus dem Quarkrevier wissen, gibt es noch zwei weitere Generationen, die ähnlich aufgebaut sind.

«Wobei wohl jedes Quark auch noch in drei Farben auftauchen kann und jedes Antiquark in drei Antifarben. Das ergibt eine ganz schöne Zahl von Urteilchen – ich komme auf sechzehn pro Genera-

tion, wenn ich mich nicht verrechnet habe! Aber jetzt haben wir hoffentlich die erste Generation komplett», meint Barbara und fügt nachdenklich hinzu: *«Müßte es dann nicht bei den anderen Generationen auch noch Neutrinos geben?»*

«So ist es tatsächlich!»

«Über diese Neutrinos würde ich gern etwas mehr wissen. Hat man sie denn überhaupt je beobachten können?»

Das Neutrino (oder besser: Antineutrino) des Betazerfalls wurde erst 1956, 26 Jahre nach Paulis Vorschlag, direkt nachgewiesen, und zwar am Savannah-Reaktor in South Carolina, USA. Hier wurden Antineutrinos in großer Zahl erzeugt.

«Das war ein sehr schwieriges Experiment, dessen Ausgang ich nicht mehr erlebt habe», fügt Fermi hinzu.

Es wurde «Poltergeist» genannt, und dabei konnte nach mehrjährigen Vorbereitungen die Reaktion

$$\text{Antineutrino} + \text{Proton} \rightarrow \text{Positron} + \text{Neutron}$$

nachgewiesen werden. Das Positron verbindet sich sehr schnell mit einem Elektron und zerfällt dann in zwei Photonen. Diese geben eine Art Startsignal. In der Zwischenzeit wird das Neutron in besonderen Substanzen abgebremst (verlangsamt) und in Cadmium eingefangen, wobei wiederum ein Photon abgestrahlt wird, jedoch mit einer Verzögerung von fünf Mikrosekunden. Somit wurden die Antineutrinos mit großer Sicherheit identifiziert. Erst 1995 erhielt einer der Leiter des Experiments, Frederick Reines (zusammen mit Martin Perl, der ja die Tau-Leptonen aufgespürt hatte), den Nobelpreis für Physik. Der zweite, Clyde Cowan, hat diese verdiente Ehrung nicht mehr erlebt.

Cowan

Beim Zerfall von Pionen, Kaonen und Myonen entstehen ebenfalls Neutrinos, die später auch an Beschleunigern erzeugt werden konnten. So wurde es sogar möglich, Neutrinostrahlen für Experimente bereitzustellen. Neu-

Reines

trinos sind ja die einzigen Teilchen, die riesige Materialblocks (bei Experimenten meist Eisen) ungehindert durchqueren.

«Dann gehen sie doch genauso ungehindert durch eure Nachweisapparaturen oder Detektoren! Wie könnt ihr sie also beobachten?»

«Man muß dem Neutrinostrahl sehr viel Materie ‹anbieten› und dann auch sehr lange alles beobachten. Die Experimente dauern Jahre, und bei manchen werden mehrere tausend Tonnen Material eingesetzt, um zum Beispiel einige Wechselwirkungen der Neutrinos aus dem All zu registrieren. An Beschleunigern kommt man mit weniger Material aus, aber es bleibt allemal sehr langwierig.»

Bei solchen Experimenten wurde auch entdeckt, daß es (mindestens) zwei Arten von Neutrinos geben muß: diejenigen, die zum Elektron passen, und andere, die zum Myon gehören; es handelt sich somit um Neutrinos aus zwei verschiedenen Generationen. Im Jahr 1962 haben die amerikanischen Physiker Melvin Schwartz, Leon Lederman und Jack Steinberger in einem aufwendigen Experiment an einem Neutrinostrahl festgestellt, daß die vom Pionenzerfall stammenden Neutrinos (die zum Myon gehören sollten) in ihren seltenen Wechselwirkungen tatsächlich nur Myonen erzeugen und nie Elektronen. Somit wurde bewiesen, daß diese Neutrinos nicht mit denen des Betazerfalls identisch sind, daß es also mindestens zwei Arten von Neutrinos gibt. Die drei Physiker haben dafür 1988 den Nobelpreis erhalten.

Weniger spektakulär verlief dann die Entdeckung des dritten Neutrinos. Es wurde beim Tau-Zerfall, wiederum durch fehlende Energie und fehlenden Impuls, identifiziert, aber noch nie direkt beobachtet.

Man geht davon aus, daß in der Natur (bei den uns zugänglichen Energien) nur drei unterschiedliche Arten von Neutrinos auftauchen – und natürlich auch ihre Antineutrinos. Ihre Massen konnten bis heute noch nicht bestimmt werden. Man kennt dafür nur obere Grenzen.

«Könntest du nicht mal die Massen und Ladungen aller Urteilchen zusammenstellen? Das wäre nützlich!»

«Habe ich parat! Da man Quarks nicht frei beobachtet, ist ihre Masse im Prinzip gar nicht definierbar. Sie sind ja immer an Partner gebunden. Man kann also nur gewisse Näherungswerte angeben. Die Massen der Leptonen entsprechen den letzten Daten, die mir zugänglich waren.»

Quarks:		
u-Quark	+2/3	etwa 5 MeV (ohne Gluonenwolke)*
d-Quark	-1/3	etwa 7 MeV (ohne Gluonenwolke)*
c-Quark	+2/3	etwa 1500 MeV
s-Quark	-1/3	etwa 400 MeV
t-Quark	+2/3	etwa 175 GeV
b-Quark	-1/3	etwa 5 GeV
Leptonen:		
Elektron	-1	0,510999 MeV
Neutrino-e	0	kleiner als 7 eV
Myon	-1	105,6584 MeV
Neutrino-My	0	kleiner als 270 keV
Tau	-1	1771,1 MeV
Neutrino-Tau	0	kleiner als 24 MeV

* Wenn man die Gluonen berücksichtigt, die um jedes Quark schwirren, ergeben sich Massen von etwa 200 bis 300 MeV.

Die elektrischen Ladungen und Massen aller Urteilchen

Mit den verschiedenen Neutrinos haben wir nun endlich die drei Generationen von Urteilchen komplett.

«Es wäre schön gewesen, wenn ich zu meiner Zeit all dies hätte wissen können!» meint Fermi nachdenklich.

Jetzt wünscht sich Barbara einen kleinen Überblick.

Unsere materielle Welt besteht also aus den sechs Quarks und den sechs Leptonen (und natürlich ihren Antiteilchen), die wir ja schon kennen. Zwischen ihnen wirken Kräfte, von denen wir bis jetzt nur drei beschrieben haben: die starke Farbkraft zwischen den Quarks, die elektromagnetische Kraft und, wenn man es sehr genau nimmt, auch die Gravitation. Jede Kraft wirkt natürlich nur zwischen Teilchen, die jeweils die entsprechende Ladung besitzen. Die Träger oder Austauschteilchen dieser drei Kräfte sind die Gluonen, die Photonen und die noch nie beobachteten Gravitonen. Sie sind alle elektrisch neutral. Der Austausch findet meist im Rahmen der von Werner Heisenberg eingeführten Unschärferelation statt. Dementsprechend sind bei diesen Vorgängen weder die Bahnen noch die Energien der teilnehmenden Teilchen (einschließlich der Austauschteilchen selbst) im Sinne der klassischen Physik definierbar.

Aber Achtung: Bei all diesen Vorgängen bleibt die Summe der elektrischen Ladungen der beteiligten Partner immer exakt erhalten, selbst bei kürzesten Zeiten oder kleinsten Abständen. Heisenbergs Unschärfe hat nämlich mit der elektrischen Ladung nichts zu tun! Auch an der elektrischen Neutralität der Austauschteilchen ändert sich nie etwas.

«Das ist sehr wichtig! Diese einfachen Zusammenhänge haben nämlich sehr interessante Konsequenzen.

Betrachten wir zum Beispiel alle Urteilchen der ersten und für uns wichtigsten Generation. Wir können sie nach ihrer elektrischen Ladung ordnen. Das gilt natürlich auch für die beiden höheren Generationen.»

+1	Positron	Antimyon		Antitau	
+2/3	u-Quark	c-Quark		t-Quark	
+1/3	Anti-u-Quark	Anti-s-Quark		Anti-b-Quark	
0	Neutrino (e)	Neutrino (My)		Neutrino (Tau)	
0	Antineutrino (e)	Antineutrino (My)		Antineutrino (Tau)	
-1/3	d-Quark	s-Quark		b-Quark	
-2/3	Anti-u-Quark	Anti-c-Quark		Anti-t-Quark	
-1	Elektron	Myon		Tau	

Die Urteilchen, nach ihrer elektrischen Ladung geordnet

«Daß mir das noch gar nicht aufgefallen ist: Jede Ladung kommt hier nur einmal pro Generation vor, mit Ausnahme des Neutrinos und Antineutrinos, die beide neutral sind», meint Barbara. *«Und sie liegen immer genau eine Drittelladung auseinander, ohne Lücken dazwischen zu lassen. Man könnte eigentlich die Drittelladungen als Einheit einführen. Dann hätten alle Teilchen ganzzahlige Ladungen!»*

«Bei den Neutrinos ist es noch nicht klar, ob sie vielleicht sogar ihre eigenen Antiteilchen sind. So etwas ist nämlich auch möglich.»

«*Aus dieser Liste wird klar ersichtlich, daß die Namen der geladenen Urteilchen vollkommen überflüssig sind: Es würde genügen, ihre elektrische Ladung anzugeben, um sie jeweils exakt zu identifizieren! Das Urteilchen mit Ladung + ⅔ der ersten Generation kann ja nur das u-Quark sein! Nummern statt Namen – es leben die Pythagoreer!*»

«Nun kommt aber eine sehr wichtige Überlegung: Durch Abstrahlung oder Absorption elektrisch neutraler Austauschteilchen kann sich keines dieser Teilchen in ein anderes der gleichen Generation umwandeln (ausgenommen der Sonderfall Neutrino-Antineutrino). Dies kann man also direkt aus dem Erhaltungssatz der elektrischen Ladung ableiten, und sonst steckt auch nichts Weiteres dahinter. Die Folgen sind jedoch erstaunlich, wie wir gleich sehen werden.

Ein d-Quark zum Beispiel kann sich durch Abstrahlung oder Absorption eines Photons, Gluons oder Gravitons (oder irgendeines anderen neutralen Austauschteilchens) nie in ein u-Quark verwandeln. Diese Aussage gilt immer, vorausgesetzt, daß alle Kräfte der Natur durch Austauschteilchen (die Quanten ihrer Kraftfelder) dargestellt werden können – wovon wir ja heute fest überzeugt sind.»

«*Dann kann ja das Neutron überhaupt nicht in ein Proton zerfallen, wie du mir früher einmal erklärt hast! Denn dabei muß sich doch irgendwie ein d-Quark in ein u-Quark verwandeln. Das sollte doch der schon so lange bekannte radioaktive Betazerfall sein!*» protestiert Barbara.

«Das ist ja gerade das Unangenehme an der Sache», antworte ich. «Ein d-Quark kann sich nur in ein u-Quark verwandeln, wenn es ein elektrisch geladenes Austauschteilchen abstrahlt oder einfängt! Solange es so etwas nicht gibt, bleiben alle unsere Urteilchen genau das, was sie sind. Umwandlungen gibt es nicht.»

«*Dann bleiben in dieser mangelhaften Welt doch praktisch alle Protonen und Neutronen auf alle Ewigkeit erhalten und gleich…*»

«Alles bis hierher also recht elegant, aber leider nicht ganz richtig, weil es den Betazerfall ja doch gibt, und, was noch viel schlimmer ist, weil die Sonne scheint. Denn auch im Zentrum der Sonne finden Quarkumwandlungen statt, die wir mit neutralen Austauschteilchen nicht erklären können!»

Fermis schwache Kraft

Fermi fand den Ausweg: Es existiert eine vierte Kraft in der Natur, die, wie wir heute wissen, elektrisch geladene Austauschteilchen haben muß. Sie ist für bestimmte Umwandlungen von Teilchen verantwortlich. Fermi selbst hat solche Austauschteilchen nicht direkt erwähnt, sondern nur einen nicht beobachtbaren geladenen Zwischenzustand, der extrem kurzlebig sein müßte, und zwar so kurzlebig, daß er annahm, die Vorgänge liefen an einem Punkt ab. Es wurde jedoch schon damals ein Austauschteilchen dafür vorgeschlagen, das so kurzlebig sein könnte, wenn es eine genügend hohe Masse hätte.

«Heisenbergs Unschärfe entsprechend!

Wenn es elektrisch geladene Austauschteilchen etwa mit Ladung + 1 oder − 1 wirklich gibt, dann kann ich mir ja sehr viele Übergänge zwischen unseren Urteilchen vorstellen!»

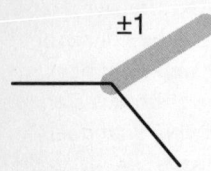

Barbara malt den entsprechenden Feynman-Vertex und dann Verbindungspfeile in die Liste der Urteilchen, überall dort, wo sich ein Ladungsunterschied eins ergibt.

«Tatsächlich existieren im Rahmen der schwachen Kräfte all diese Umwandlungen. Leptonen müssen allerdings immer in ihrer Generation bleiben, was bei den Quarks nicht der Fall ist.»

Barbara betrachtet ihre Pfeile: *«Dadurch kann man also offensicht-*

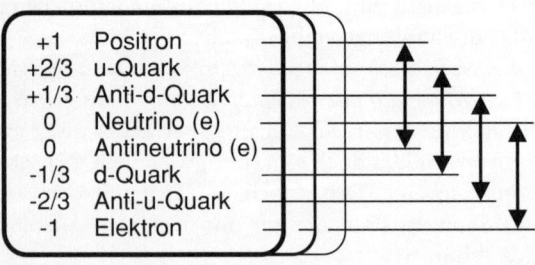

Die möglichen Umwandlungen der Urteilchen, wenn ein Austauschteilchen mit elektrischer Ladung ± 1 abgestrahlt oder eingefangen wird

lich Quarks in Quarks und Leptonen in Leptonen umwandeln. Merkwürdig: dabei entsteht aus einem Teilchen nie ein Antiteilchen!»

«Das alles folgt hier aus der Erhaltung der elektrischen Ladung! Aber wir müssen natürlich auch an die Regeln der Quantentheorie denken, wie wir sie etwa für Fermionen kennen.»

«Aber es kann auch nie ein Quark (Drittelladung) in ein Lepton (ganzzahlige Ladung) umgewandelt werden – oder umgekehrt! Dazu müßte man noch eine weitere Kraft erfinden, deren Austauschteilchen Drittelladungen haben.»

«Da hast du ganz recht. Es wird angenommen, daß solch eine Kraft eine wichtige Rolle bei der Entwicklung des Universums spielte, gleich nach dem Urknall. Damals gab es wahrscheinlich solche Umwandlungen. Nur haben wir bis heute noch keine Anzeichen davon entdeckt. Die Tatsache, daß unsere Austauschteilchen nur ganzzahlige Ladungen haben, schränkt uns sehr ein.

Diese Austauschteilchen der schwachen Kraft werden mit dem Großbuchstaben W bezeichnet und manchmal Weakonen genannt, von ‹weak›, dem englischen Wort für schwach. Man bezeichnet diese Kräfte als schwach aus Gründen, die dir bald klar sein werden. Es gibt also ein W^+- und ein W^--Teilchen. Die W-Teilchen haben eine verhältnismäßig große Masse: sie sind etwa so schwer wie Eisenatome. Ihr kurzfristiges Erscheinen wird in unserem Teilchenzoo durch Blitz und dumpfes Donnern dargestellt.»

«Nun weiß ich endlich, um was es da geht!»

«Man kann sich die Umwandlung des d-Quarks jetzt folgendermaßen vorstellen:

$$d\text{-Quark} \rightarrow u\text{-Quark} + W^-\text{-Teilchen}$$

und ebenso andere Vorgänge ähnlicher Art.»

Abstrahlung und Absorption eines geladenen W-Teilchens

«*Ich glaube, einmal die Bezeichnung ‹schwache Kernkraft› irgendwo gelesen zu haben*», meint Barbara. «*Stimmt das? Ist das die Kraft, über die wir hier sprechen?*»

«Ja, genau, aber diese ältere Bezeichnung ist vollkommen überholt, da die schwache Kraft zwischen allen Teilchen der Natur wirkt und nicht nur in den Atomkernen. Der irreführende Name entstand, weil man die schwache Kraft beim Betazerfall der Atomkerne entdeckt hatte.»

«So schön einfach, wie ihr das heute mit den W-Teilchen erklärt, konnte ich das leider nicht», seufzt Fermi.

Kurz danach serviert er uns erneut Kaffee, den wir genüßlich schlürfen – ich mit einem Schuß Milch, einen sogenannten «macchiato», einen «befleckten», wie man ihn in Italien nennt.

Barbara hat eine Idee: «*Photonen und Gluonen konnten sich doch in Teilchenpaare verwandeln. Wenn es nun bei den Weakonen so ähnlich aussieht, können sie sich dann auch in Paare verwandeln?*»

«Ja, das ist der nächste Schritt in meiner Erklärung. Wir müssen den Begriff Teilchenpaar nun erweitern, denn die Paare, die jetzt entstehen können, haben insgesamt eine elektrische Ladung, nämlich die des Weakons, die sie ja übernehmen müssen. Aus den elektrischen Ladungen der Teilchen ersieht man sofort, welche Paare sich bilden können, und natürlich auch, welche Paare sich zu einem Weakon verbinden können.»

«*Bleistift her!*» ruft Barbara und malt zu einer neuen Teilchenliste die nun entstandenen Paarungen ein.

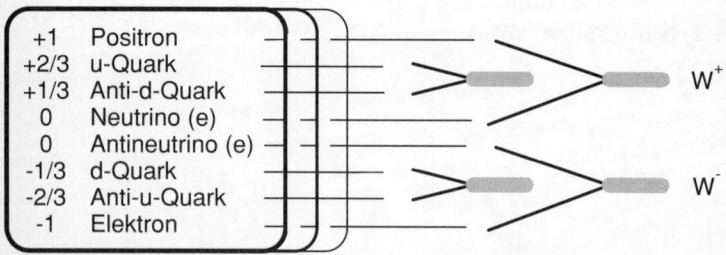

+1	Positron
+2/3	u-Quark
+1/3	Anti-d-Quark
0	Neutrino (e)
0	Antineutrino (e)
-1/3	d-Quark
-2/3	Anti-u-Quark
-1	Elektron

W^+

W^-

Urteilchenpaare, die aus W-Teilchen entstehen können oder sich in W-Teilchen verwandeln können

«Einmal mehr ergibt sich hier aus der Erhaltung der elektrischen Ladung, daß man nur Paare aus einem Quark und einem Antiquark oder aus einem Lepton und einem Antilepton bilden kann. Und es ist nun auch einfach, eine Liste der möglichen Reaktionen aufzuschreiben. Sie können in beiden Richtungen ablaufen. Solche Reaktionen finden tatsächlich statt, so zum Beispiel in der ersten Generation:

$$W^+ <\longrightarrow> e^+ + \text{Neutrino}$$
$$W^+ <\longrightarrow> \text{u-Quark} + \text{Anti-d-Quark}$$
$$W^- <\longrightarrow> e^- + \text{Anti-Neutrino}$$
$$W^- <\longrightarrow> \text{d-Quark} + \text{Anti-u-Quark}$$

«Diese Paare entsprechen aber nicht der Definition von Teilchen und Antiteilchen, wie wir sie von Dirac gelernt haben, und auch nicht der Paare, die wir bei der Paarerzeugung durch neutrale Austauschteilchen gefunden haben», beanstandet Barbara. *«Die jetzt gepaarten Teilchen haben ja unterschiedliche Masse und gar keine entgegengesetzte Ladung! Es handelt sich zwar immer um ein Teilchen und ein Antiteilchen, aber nicht gerade um das eigene Antiteilchen...»*

«Stimmt! Und dadurch wird eine große Anzahl von Reaktionen möglich, an die wir bisher gar nicht zu denken wagten», antworte ich.

«Und jetzt können wir endlich den Zerfall eines Neutrons vollständig verstehen! Das W^--Teilchen, das bei der Umwandlung des d-Quarks in ein u-Quark entstand, wird sofort in ein Elektron und ein Antineutrino zerfallen.» Ich zücke meinen Notizblock.

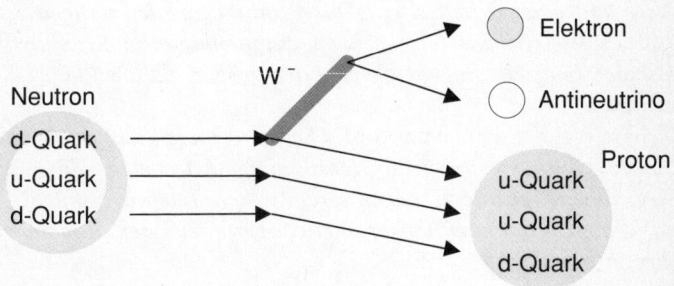

Der Zerfall des Neutrons in ein Proton, ein Elektron und ein Antineutrino

«Für einen anderen W-Zerfall haben wir ja nicht genügend Energie zur Verfügung. Das Neutron hat doch nur 1,293 MeV mehr Ruhemasse als das Proton, und die Energiebalance muß am Ende stimmen!»

«*Dann sind also auch alle meine vielen W-Pfeile und Paarungen korrekt. Und jetzt kann so gut wie alles zerfallen! Warum zerfällt zum Beispiel ein Elektron nicht gleich in ein Neutrino?*»

«Das hättest du eigentlich selbst herausfinden können: Das Elektron kann zwar ein W-Teilchen abstrahlen, der Vorgang muß aber sehr schnell rückgängig gemacht werden, weil das W-Teilchen danach gar keinen Zerfallsweg, zum Beispiel in ein Teilchenpaar, findet. Und daß es von einem anderen Teilchen eingefangen wird, ist in diesem Fall denkbar unwahrscheinlich. Nachdem die von Heisenberg erlaubte Unschärfe verstrichen ist, muß ja der Energieerhaltungssatz wieder erfüllt werden und dann...»

«*Du hast recht: Das W-Teilchen kann eigentlich nur zurück zu seinem Elektron, weil es gar kein leichteres elektrisch geladenes Teilchen gibt, in das es zerfallen könnte – und seine elektrische Ladung muß auf jeden Fall irgendwo bleiben!*

Das Elektron hat also hin und wieder ein nicht beobachtbares W-Teilchen um sich, kann jedoch im Endeffekt nicht zerfallen. Ein Trost – ich hatte mir schon Sorgen gemacht. Die treuen Elektronen bleiben uns also auf ewig erhalten!»

«Bei den Quarks ist es etwas komplizierter, aber die Gedankengänge sind die gleichen.»

«*Aha! Jetzt kann ich mir sogar ausrechnen, wie weit so ein W-Teilchen fliegen kann, bevor es zurückgerufen wird. Die Heisenberg-Beziehung muß wieder herhalten: Das Produkt aus der riesigen Ruhemasse des W-Teilchens (also seine Gesamtenergie im Ruhezustand) und seiner Flugzeit muß ja gleich oder größer als die Planck-Konstante sein.*»

Barbara rechnet schnell im Kopf. «*Selbst wenn es Lichtgeschwindigkeit hätte, käme es nicht viel weiter als einige Attometer – die winzige Längeneinheit, um die es bei unserem ersten Telefongespräch ging! Das W muß bis dahin entweder in etwas zerfallen oder zu seinem Ursprung zurück.*»

Fermi fühlt sich nun als Lehrer in seinem Element: «Bravo: Somit haben Sie die Reichweite der schwachen Kräfte berechnet. Sie können dies mit der Reichweite der Quarkkräfte vergleichen: Während die Gluonen aufgrund der Gummibandkräfte nur einige Femtometer weit fliegen können, sind es bei den Weakonen nur einige Attometer. Ein guter Faktor tausend Unterschied!

Außerdem ist die Abstrahlung von Weakonen wesentlich seltener als die von Gluonen, sie ist etwa so häufig wie die Abstrahlung von Photonen. Durch diese Häufigkeit unterscheidet man die Stärke einer Kraft. Aber jetzt wollen wir noch etwas mehr über die schwachen Kräfte hören.»

«Okay», erwidere ich. «Die Ursprünge oder Quellen dieser schwachen Kräfte sind auch wieder gewisse Ladungen – die schwachen Ladungen. Für sie gibt es keinen Erhaltungssatz. Sie haben mit dem Spin der Teilchen zu tun und mit seiner Ausrichtung. Diese etwas komplizierten Zusammenhänge brauchen wir für das weitere Verständnis nicht.»

Jedenfalls sind die schwachen Ladungen ungefähr so stark wie die elektrischen, wie es soeben Professor Fermi angedeutet hat. Daß die schwachen Kräfte so schwach sind, liegt hauptsächlich an der geringen Reichweite der Weakonen, was wiederum durch ihre hohe Masse bedingt ist.

Fermi füllt indessen frisches Kaffeepulver in seinen Filter und setzt einen weiteren Espresso-Gang an, während ich Barbara an einem Beispiel die Schwäche der schwachen Kraft erkläre:

Neutrinos haben nur schwache Ladung. Sie spüren also nichts von den elektrischen Kräften und von den Farbkräften. Wenn ein Neutrino Materie durchquert, ist es, als ob es die Quarks und die Elektronen nur wegen ihrer schwachen Ladung «sehen» würde, also wegen der hin und wieder abgestrahlten W-Teilchen, die aber eine sehr begrenzte Reichweite haben. Jedes Quark oder Elektron bietet dem Neutrino auf seinem Weg maximal eine kleine Fläche als Zielscheibe (das nennen Physiker einen «Wirkungsquerschnitt»), die durch die Reichweite der Weakonen gegeben ist. Und schon dies ergibt eine sehr kleine Wahrscheinlichkeit für einen Treffer.

Wenn man noch die relativ seltene Abstrahlung eines Weakons berücksichtigt (der Stärke der schwachen Kraft entsprechend), dann kommt man zu dem Schluß, daß Neutrinos zum Beispiel die Erde, und sogar die ganze Sonne, recht ungestört durchqueren können. Nur sehr wenige würden dabei mit einem Quark oder einem Elektron zusammenstoßen.

«Die genaue Berechnung können wir uns hoffentlich ersparen! – Dazu müßten wir allerdings berücksichtigen, wie dicht die Materie in der Sonne zusammengedrückt ist.»

Warum die Sonne scheint

«Du hast schon angedeutet, daß wir nur leben, weil wir von der Sonne Energie bekommen – was mir klar ist – und daß dies nur dank der schwachen Kräfte funktioniert. Jetzt möchte ich aber doch wissen, was du damit meinst», moniert Barbara.

«Also gut», antworte ich. «Zuerst müssen wir den Aussagen der Astrophysiker glauben, wonach der zentrale Teil der Sonne im wesentlichen aus Wasserstoff besteht, also aus Protonen, die bei sehr hoher Temperatur mit hohem Druck aneinandergepreßt sind. Dann stellen wir fest, daß es auf der Sonne auch Helium gibt. Die Farben des Sonnenlichts, also die für Helium charakteristische Strahlung, wies schließlich darauf hin. Das Wort Sonne heißt übrigens im Griechischen Helios.»

Das Helium müßte eigentlich aus dem üppig vorhandenen Wasserstoff stammen oder sogar kontinuierlich aus ihm entstehen. Dabei würde die Energie übrigbleiben, die ins Weltall ausgestrahlt wird und

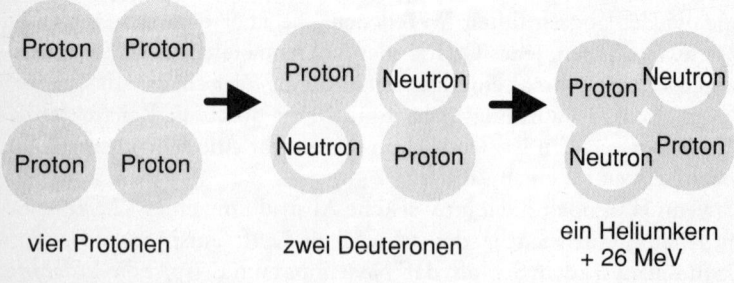

vier Protonen   zwei Deuteronen   ein Heliumkern
+ 26 MeV

Kernverschmelzung (Fusion) im Zentrum der Sonne

die zu einem winzigen Teil auch unsere Erde erreicht und erwärmt. Der Atomkern des Heliums besteht allerdings aus zwei Protonen und zwei Neutronen, wie wir es im Quarkrevier schon gesehen haben.

«Nun die Preisfrage: Wo kommen die Neutronen des Heliums her? Irgendwie müssen im Zentrum der Sonne aus Protonen Neutronen entstehen. Kernphysiker können sich dann leicht eine Reaktionskette ausdenken, durch die, zum Beispiel auf dem Umweg über das Deuterium (ein Proton und ein Neutron) und über andere leichte Elemente, schließlich Helium entsteht. Nur, damit gleich zu Beginn dieser Kette aus einem Proton ein Neutron wird, muß sich eines der u-Quarks des Protons in ein d-Quark verwandeln.»

«Diese Umwandlung könnte doch im Prinzip durch Abstrahlung eines W-Teilchens zustande kommen», meint Barbara und schreibt es auch gleich auf:

$$\text{u-Quark} \,(+\tfrac{2}{3}) \rightarrow \text{d-Quark} \,(-\tfrac{1}{3}) + \text{W}^+\text{-Teilchen} \,(+1).$$

«Jetzt muß man für das entstandene W^+ ein Teilchenpaar finden, in das es zerfallen kann. Meine Tabelle hilft dabei:

$$\text{W}^+\text{-Teilchen} \rightarrow \text{Positron} + \text{Neutrino},$$

also schließlich doch:

$$\text{Proton} \rightarrow \text{Neutron} + \text{Positron} + \text{Neutrino}.$$

Ist das okay?»

«Nein! Die Ruhemasse, also auch die Gesamtenergie des Protons, ist doch kleiner als die des Neutrons. Somit hätte der Endzustand auf jeden Fall mehr Gesamtenergie als der Anfangszustand, und das würde dem Erhaltungssatz der Energie widersprechen! Für diese Reaktion ist schlicht und ergreifend nicht genügend Energie vorhanden.»

«Aber sie findet anscheinend doch statt!» kontert Barbara.

«Die Lösung liegt in den besonderen Bedingungen im Zentrum der Sonne. Der Druck und die Temperatur sind im zentralen Bereich der Sonne so hoch (etwa 20 milliardenmal höher als unser normaler Luftdruck und 15 Millionen Grad), daß sich zwei Protonen oft sehr nahe beieinander befinden. Ein Liter dieser Sonnenmaterie wiegt etwa 200 Kilogramm!

Wenn dann ein u-Quark eines Protons ein W-Teilchen abstrahlt, kann gelegentlich das entstandene Neutron mit einem Nachbarproton einen Deuteriumkern (auch Deuteron genannt) bilden. Und dabei bleibt nun doch Energie übrig! Es ist die sogenannte Bindungsenergie

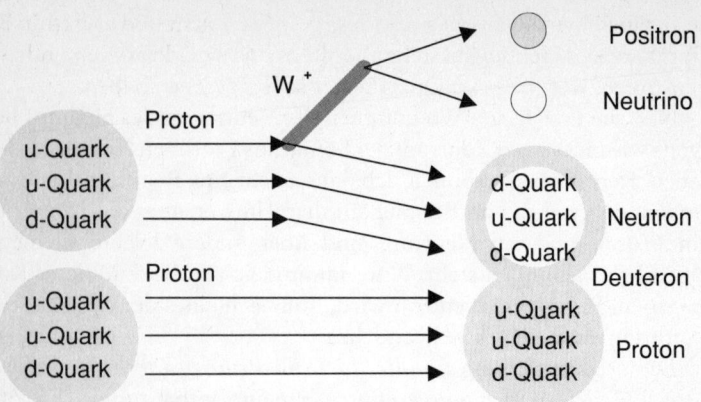

Die Umwandlung von zwei Protonen (je 938,272 MeV) in einen Deuteriumkern (1875,613 MeV), ein Positron (0,511 MeV) und ein Neutrino, mit einem Energieüberschuß von 0,420 MeV

des Deuterons, die man ja auch bräuchte, um das Deuteron wieder in ein Proton und ein Neutron aufzutrennen.

Die Summe der Ruhemassen der Endprodukte, also des Deuteriumkerns und des aus dem Zerfall des W-Teilchens entstandenen Positrons und Neutrinos, beträgt nun zusammen weniger als die Ruhemasse der ursprünglichen zwei Protonen. Es bleibt dabei Energie übrig (wie man aus den Massen der beteiligten Teilchen leicht berechnen kann), und die drei Reaktionsprodukte werden kräftig auseinandergeschleudert. Während das Neutrino im Weltall verschwindet, ohne sich um die Materie der Sonne viel zu kümmern, übertragen die beiden anderen Teilchen ihre Energie an die umliegende Sonnenmaterie. Sie sind ja elektrisch geladen und können diese Übertragung auf verschiedene Art (zum Beispiel durch den Zusammenstoß mit Atomen) vollbringen.»

«Raffiniert, unsere Sonne! Jetzt möchte ich die fundamentale Umwandlung doch noch mal aufschreiben:

Proton + Proton → Deuteron + Positron + Neutrino.

Und das Ganze nennt man also eine Kernfusion, wenn ich nicht irre.»

«Genau. Und durch weitere Kernreaktionen entsteht daraus schließlich Helium, wobei noch wesentlich mehr Energie übrigbleibt.»

«Dafür müssen aber keine Protonen in Neutronen mehr umgewandelt werden: Das Helium besteht ja aus zwei Protonen und zwei Neutronen, was genau zwei Deuteriumkernen entspricht.»

«Die Neutrinos sind sehr leicht (vielleicht sogar masselos) und fliegen also praktisch mit Lichtgeschwindigkeit. Sie sind nach etwa acht Minuten auch bei uns, so schnell wie das Sonnenlicht.

Unvorstellbar oft findet diese Reaktion im Zentrum der Sonne statt! Einige Milliarden Sonnenneutrinos durchdringen jede Sekunde unseren Körper, ohne daß wir das Geringste davon spüren. Es werden jede Sekunde etwa 657 Millionen Tonnen Wasserstoff in 653 Millionen Tonnen Helium umgewandelt, wobei sich also nach Einsteins berühmter Formel vier Millionen Tonnen Sonnenmasse in Energie verwandeln.»

«Unter vier Millionen Tonnen kann ich mir nichts vorstellen!» moniert Barbara und denkt nach. *«Das müßte etwa zwanzig Öltankern entsprechen, die vielleicht je 200000 Tonnen fassen.»*

«Aber keine Sorge: Die Sonne ist so groß, daß es noch für einige Milliarden Jahre Betrieb ausreicht: In einem Jahr wird nur etwa ein Zehnmilliardstel des Brennstoffvorrats der Sonne abgebrannt (10^{-10}).

Der Teil der so erzeugten Energie, der nicht durch die Neutrinos verlorengeht, wird relativ langsam an die Oberfläche der Sonne weitergeleitet. Es dauert etwa 30 Millionen Jahre, bis sie dann unsere Erde bestrahlt.»

«Die Energie der Strahlen, die uns jetzt von der Sonnenoberfläche erreicht, wurde also vor vielen Millionen Jahren im Zentrum der Sonne erzeugt?» fragt Barbara ungläubig nach.

«Ja, so ist es, auch wenn es sehr seltsam klingt.»

«Wir befinden uns wohl in einem Rausch der großen Zahlen, deren Bedeutung man gar nicht erfassen kann», bemängelt sie nun.

«Aber jetzt haben wir hoffentlich die bis heute bekannten Kräfte der Natur voll erfaßt und könnten vielleicht mal so etwas wie einen Kassensturz machen, damit ich einen vernünftigen Überblick mit nach Hause nehme!»

«Leider sind wir noch nicht soweit. Was ich dir jetzt noch erzählen muß, ist allerdings mehr eine Schönheitskorrektur als eine Änderung.

Es klingt vielleicht wie ein Märchen zum Lob der theoretischen Physiker, ist aber ernsthafte Realität.»

Fermi gibt zu, die Sache sei so wichtig, daß wir sein bescheidenes Häuschen verlassen sollten, um uns ihr im luxuriösen Schloß der elektroschwachen Meister zu nähern. «Ich hatte damit nicht mehr viel zu tun und werde mich sehr zurückhalten. Aber ich komme gern mit und genieße immer wieder die wunderbaren Errungenschaften – als wäre ich selbst dabei gewesen.»

Elektroschwache Kräfte und Weakonen

Fermi zeigt uns den Weg zu einem schneeweißen Schloß, das an einem Steilhang der Adria stehen könnte. Es fehlt natürlich das Meer. Wir werden von einem Diener empfangen, der uns in den Festsaal führt. Hier sitzen an einem Tisch drei modern gekleidete Herren, die offensichtlich in eine heftige Diskussion verstrickt sind. Fermi übernimmt die Einführung:

«Dürfen wir einen Moment stören: Dies ist Barbara, unsere erste Besucherin.» Die drei Herren stehen auf, und wir schütteln die Hände. Fermi unterrichtet Barbara davon, daß Sheldon Glashow Professor in Boston ist, wie auch Steven Weinberg, der sich außerdem besonders für mittelalterliche Geschichte interessiert. Der dritte ist der Pakistani Abdus Salam, der sich verstärkt um Probleme der Dritten Welt kümmert, auch hinsichtlich der Forschung.

«Drei recht interessante Typen!» flüstert er abschließend.

Der amerikanische Theoretiker Sheldon Glashow hatte Anfang der sechziger Jahre eine Idee, die man mit den fabelhaften Vorschlägen von Maxwell im 19. Jahrhundert vergleichen kann. Maxwell war es ja gelungen, alle Vorgänge der Elektrizität, des Magnetismus und der Optik unter dem Dach seiner elektromagnetischen Theorie zu vereinigen.

Glashow nickt verständnisvoll: «Ich wollte 1962 etwas ähnliches mit dem Elektromagnetismus und den schwachen Kräften erreichen. Sie sollten durch eine einzige Theorie beschrieben werden, was ich allerdings nicht ganz hinbekam. Einige Jahre später (1967/68) konnten jedoch meine beiden Kollegen Steven Weinberg und Abdus Salam unabhängig voneinander die Ungereimtheiten meines Entwurfes beseitigen. Daraus entstand schließlich eine vereinte Theorie der ‹elektroschwachen Kräfte›.»

Glashow

«Und 1979 sind dafür alle drei mit dem Nobelpreis geehrt worden», füge ich noch hinzu.

«Womit wohl gesagt ist, daß die ganze Sache erfolgreich war!»

«Und deshalb muß ich dir auch etwas mehr darüber erzählen.» Wir setzen uns an einen Nebentisch.

«Also, die elektroschwache Theorie von Glashow, Salam und Weinberg enthielt Voraussagen, die so sensationell bestätigt wurden, daß heute kein Physiker mehr an der Gültigkeit der Theorie zweifelt. Allerdings bereitet sie uns noch einige Probleme

Weinberg

Die elektroschwache Kraft wird von vier Austauschteilchen übertragen: Das sind einerseits die uns schon bekannten schweren W-Teilchen sowie die masselosen Photonen, und andererseits noch dazu ein neutrales schweres Teilchen, dem der Name Z_0 gegeben wurde. Von diesem war zur Zeit der Entstehung der Theorie keinerlei

Salam

Hinweis oder Nachweis bekannt. Es erschien von seiten der Experimente sogar recht überflüssig und existierte in der Fermi-Theorie der schwachen Kräfte überhaupt nicht. Trotzdem fing man an, danach zu suchen.

Glashow ruft nun laut herüber: «Ich habe damals oft behauptet, ich würde meinen Hut essen, wenn es das Z_0 nicht geben sollte – so sicher fühlten wir uns mit unserer Theorie!»

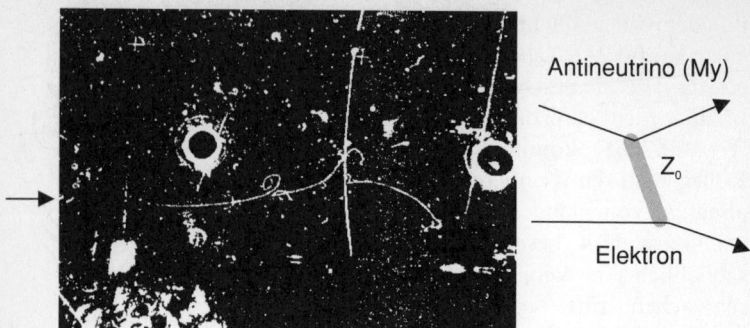

Erste Beobachtung eines Antineutrino-Elektron-Stoßes, der nur durch den Austausch eines neutralen Trägers der schwachen Kräfte verursacht werden kann. Der Neutrinostrahl trifft von links auf die Blasenkammer.

«Sehr mutig, Herr Glashow – ich nehme an, Sie mußten Ihren Hut nicht essen!»

Anfang der siebziger Jahre suchte man in 1,4 Millionen Fotos einer Blasenkammer namens Gargamelle, die am CERN einem Neutrinostrahl ausgesetzt wurde, nach Spuren von Ereignissen, die man nur durch den Austausch eines neutralen Bindeteilchens der schwachen Kraft (des Z_0) erklären konnte. Es handelte sich vor allem um ganz harmlose Zusammenstöße eines Neutrinos mit einem Elektron, wie sie nur durch schwache Wechselwirkung stattfinden können, weil doch das Neutrino auf keine anderen Kräfte reagiert. Eine erste dieser Reaktionen wurde 1973 in Aachen (in den CERN-Filmen) entdeckt und bald durch weitere bestätigt. Somit war die Existenz eines neutralen Trägers der schwachen Kräfte bewiesen: das Z_0 gibt es! Heute werden diese Z_0-Teilchen in Millionenzahl am Speicherring LEP in Elektron-Positron-Kollisionen erzeugt und untersucht.

Ich bemerke noch, daß sich das Z_0-Teilchen nur durch seine große Masse von einem Photon unterscheidet. Es hat auch den gleichen Spin 1 und gehört demzufolge zu den Bosonen.

«Kann man es dann vielleicht als eine Art schweres Licht betrachten?» fragt Barbara.

«Eigentlich schon. Der Austausch eines Photons und der eines Z_0

können sich bei bestimmten Reaktionen sogar miteinander mixen, allerdings nach den etwas sonderbaren Regeln der Quantentheorie. Es gibt dann sogenannte Interferenzerscheinungen, wie man sie auch vom Licht her kennt.»

«Bei der Paarerzeugung und -vernichtung muß ich wohl dieses neue Teilchen nun berücksichtigen und in meine Diagramme eintragen, was aber keine Schwierigkeiten macht, denn es ist neutral und sollte sich wie ein Photon benehmen.»

Aus der Theorie der elektroschwachen Kräfte konnte man die Massen der W- und Z-Teilchen recht genau berechnen: Die entsprachen etwa 80 beziehungsweise 90 GeV Energie (Proton: 0,939 GeV). Im Jahr 1976 machte der italienische Physiker Carlo Rubbia, Professor an der berühmten Harvard University bei Boston und späterer Generaldirektor des CERN, mit einigen Kollegen den Vorschlag, diese Austauschteilchen als reelle Teilchen zu erzeugen, und zwar durch die Vernichtung von Quarks und Antiquarks bei genügend hoher Energie. Es gab zwei Beschleuniger auf der Welt, den TEVATRON in den USA und den SPS am CERN, die man dafür hätte einsetzen können.

Barbara holt ihre Teilchenlisten hervor und schreibt die Quark-Paarvernichtungen auf, die man beim Stoß eines Protons mit einem Antiproton erwartet:

$$u + \text{Anti-u} \rightarrow Z_0$$
$$d + \text{Anti-d} \rightarrow Z_0$$
$$u + \text{Anti-d} \rightarrow W^+$$
$$d + \text{Anti-u} \rightarrow W^-$$

Ich mache eine kleine Zeichnung dazu.

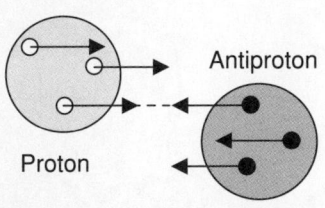

«Wenn man die Ruhemassen der zu erzeugenden Teilchen kennt, kann man sicher die Energie der zusammenstoßenden Protonen und Antiprotonen abschätzen, die nötig ist, damit beim Quark-Antiquark-Stoß auch noch genügend Energie übrigbleibt. Jedes Quark hat ja nur einen gewissen Bruchteil der Energie des Protons – und das gleiche gilt für die Antiteilchen. Die Gluonensuppe mit ihren Quarkpaaren lassen wir hier beiseite.»

«Bravo signorina! Genau so hat es Rubbia berechnet!» ergänzt Fermi, und ich erkläre weiter:

Rubbia hat schließlich mit einer Gruppe von 170 Physikern ein 2000-Tonnen-Experiment beim CERN aufgebaut – etwa von den gleichen Ausmaßen wie die Experimente, die wir in den HERA-Hallen gesehen haben –, was für damalige Verhältnisse sehr groß war. In der Mitte wurden Protonen und Antiprotonen mit je 270 GeV zum Zusammenstoß gebracht, in dem schon erwähnten SPS-Beschleuniger (einem Synchrotron), der extra zu diesem Zweck in einen Doppelspeicherring für Protonen und Antiprotonen umgebaut worden war – eine technische Spitzenleistung. Das amerikanische Konkurrenzprojekt kam übrigens erst viel später zum Zuge.

Die Daten wurden auf Magnetbändern gespeichert. Dann suchte man aus den Millionen von Reaktionen solche heraus, bei denen der Zerfall eines Z_0 oder eines W halbwegs klar zu erkennen war. Dies ist zum Beispiel der Fall, wenn unter den Reaktionsprodukten (hundert Teilchenspuren bei einer einzelnen Reaktion sind dabei nicht selten) ein Elektron oder ein Myon mit sehr hoher Energie seitlich abgestrahlt wird (man nennt dies auch «mit hohem Transversalimpuls»), so daß man es in der Meßapparatur klar identifizieren kann. Solch hohe Transversalimpulse treten mit hoher Wahrscheinlichkeit beim Zerfall eines Teilchens mit großer Ruhemasse auf.

Barbara sucht gleich in ihrer Tabelle nach geeigneten Zerfällen. *«Die Übergänge in Quark-Antiquark-Paare werden meist nicht viel taugen, weil dabei wohl kaum Elektronen oder Myonen entstehen, die Zerfälle in Leptonenpaare sind wohl hier gefragt. Die Tau-Leptonen vergessen wir erst mal:*

W+	→	Positron + Neutrino
W+	→	Antimyon + Neutrino
W^-	→	Elektron + Antineutrino
W^-	→	Myon + Antineutrino
Z_0	→	Elektron + Positron
Z_0	→	Myon + Antimyon

Die W-Zerfälle erscheinen mir recht problematisch, denn die Neutrinos und Antineutrinos kann man ja nicht beobachten.»

Rubbia

«Man hat Reaktionen gefunden, in denen die fehlende Energie und der fehlende Impuls genügend Hinweise auf das Neutrino lieferten. Anfang 1983 wurden die ersten W- und Z_0-Zerfälle beobachtet, was ein zweites Experiment bestätigte, das damals schon am selben Beschleuniger (dem erweiterten SPS) Daten aufnahm.

Die gemessenen Ruhemassen der W- und Z-Teilchen stimmten mit denen von der Theorie der elektroschwachen Kräfte vorausgesagten überein. Carlo Rubbia und der Beschleunigerspezialist Simon van der Meer, dem die Speicherung von genügend Antiprotonen für dieses Experiment gelungen war, haben dafür 1984 den Nobelpreis erhalten.

Es gab wohl schon vor Bekanntgabe der Ergebnisse der Rubbia-Gruppe kaum mehr Zweifel an der elektroschwachen Theorie, aber es wäre ein großer Rückschlag gewesen, wenn man in Rubbias Experiment die vorausgesagten W- und Z-Teilchen nicht gefunden hätte.»

Fermi bemerkt dazu: «All diese neuen Erkenntnisse beschreiben nun die Natur viel besser als meine bescheidene erste Theorie des Betazerfalls. Die jetzige Theorie der elektroschwachen Kräfte geht übrigens bei niedrigen Energien genau in meine Theorie über.»

«Und was für Probleme bereitet euch die elektroschwache Theorie noch heute?» will Barbara nun von mir wissen.

«Es handelt sich um die Beiträge von Weinberg und Salam zur Entwicklung der elektroschwachen Theorie. Daraus ergab sich nämlich, daß es nicht nur die W- und Z_0-Teilchen geben muß, sondern auch noch eine ganz neue Art von Teilchen, deren Existenz die Entstehung der Massen aller anderen Teilchen verständlich macht.

Weinberg und Salam starten nämlich mit einer Theorie, in der die Massen aller Teilchen als gleich null angenommen werden. Diese Theorie ist mathematisch sehr vernünftig, kann aber natürlich nicht korrekt sein. Nun wird eine Ungereimtheit eingeführt, die man ‹Symmetriebrechung› nennt. Sie wird durch die Existenz der vier Austauschteilchen W^+, W^-, Z_0 und Photon und von vier sogenannten Higgs-Feldern verursacht, die ihnen zugeordnet werden müssen. Drei der erforderlichen Higgs-Felder verschwinden dann bei der Weiterentwicklung der Theorie, während das vierte Feld ein Austauschteilchen hat, das beobachtbar sein müßte, das berühmt-berüchtigte Higgs-Teilchen. Der Name stammt von dem Theoretiker Peter Higgs, der den Mechanismus der Symmetriebrechung eingeführt hat.»

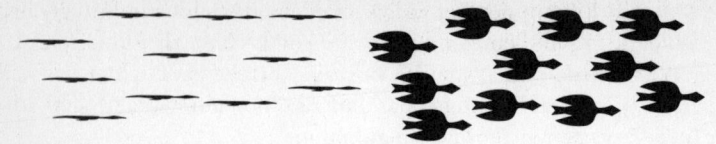

«*Ich glaube nicht, daß ich das je verstehen werde, besonders deine Symmetriebrechung*», meint Barbara traurig.

«Mit einer einfachen Analogie kann ich dir zeigen, was ich mir darunter vorstelle: Enten fliegen waagerecht, weil ihre Flügel gleich schwer sind, also symmetrisch. Die Enten eines Schwarms sind von der Seite nur als relativ dünne Striche sichtbar. Wenn ich nun die Symmetrie breche und jeder Ente ein winziges Sandkorn auf einen der Flügel lege, dann neigen sie sich merkbar beim Flug, die einzelnen Enten erhalten eine von der Seite gut erkennbare Form, und es erscheint plötzlich der ganze Pulk als dunkle Fläche am Himmel. Das könnte mit einiger Phantasie der Entstehung der Massen der Teilchen entsprechen...» Ich zeichne auf meinem Block, was ich mit den Enten meine.

«Nun, wie dem auch sei, von dem Higgs-Teilchen haben wir bis heute nur sehr vage Spuren, und somit bleibt die Entstehung der Massen im Rahmen der elektroschwachen Theorie eine wahrscheinlich vernünftige Annahme, für die wir jedoch noch keine experimentelle Bestätigung haben.»

«*Auch Galileo wäre damit nicht glücklich*», fügt Barbara hinzu.

«Und wir eigentlich auch nicht! Aber das Hauptziel der nächsten großen Beschleunigeranlage LHC, der ‹Large Hadron Collider› am CERN, ist genau die Entdeckung der Higgs-Teilchen. Es handelt sich um zwei Speicherringe für Protonen, die in den 27 Kilometer langen Tunnel des schon laufenden Elektron-Positron-Speicherrings LEP eingebaut werden.

«*Mir ist schon klar, warum man das W^+-Teilchen braucht: Sonst gäbe es keine Energie von der Sonne; entsprechend gibt es auch sein Antiteilchen, das W^-. Aber das Z_0 und das Higgs scheinen mir nur da zu sein, um die Herren Weinberg und Salam zu befriedigen. Könnte man nicht ohne sie auskommen?*» fragt Barbara etwas ungeduldig.

«Die Natur macht es eben nicht gerade so, wie wir es uns am einfachsten vorstellen. Auch die beiden höheren Generationen von Urteilchen erscheinen uns ziemlich überflüssig. Aber vielleicht hat all das bei der Entstehung des Universums eine wichtige Rolle gespielt. Auch unser Leben besteht nicht nur aus dem unbedingt Notwendigen, sondern auch aus Schönem, Angenehmem oder anscheinend Sinnlosem.»

Wir lassen nun die drei berühmten Herren allein. Sie haben sicher noch vieles zu besprechen, was wir wahrscheinlich nicht verstehen würden. Mit Fermi gehen wir in einen Nebenraum und setzen uns gemütlich zu einem weiteren Plausch zusammen.

Der Zerfall der instabilen Welt

«Dann solltest du mir jetzt genauer erklären, wie der mehr oder weniger überflüssige Teil des Zoos relativ schnell verschwindet oder zerfällt. Das müßte doch recht einfach sein, mit all den vielen Austauschteilchen, die uns jetzt zur Verfügung stehen!»

Zusätzlich zu den Erhaltungssätzen (besonders der elektrischen Ladung) muß man dabei noch einige einfache Regeln beachten, die durch viele experimentelle Ergebnisse belegt wurden. So können zum Beispiel die Übergänge eines Quarks von einer Generation in eine andere nur durch Abstrahlung oder Absorption von W-Teilchen stattfinden. Bei den Leptonen geht so ein Übergang «zwischen Generationen» überhaupt nicht. Dies wird durch eine «Leptonenzahl» ausgedrückt, die innerhalb jeder Generation erhalten bleibt. Die Zahl der Leptonen minus der Zahl der Antileptonen bleibt also für jede Generation immer genau gleich.

«Schon wieder haben also die W-Teilchen eine entscheidend wichtige Rolle, während die Z-Teilchen untätig bleiben! Aber das macht die Sache ja nur leichter, wenn ich jetzt selbst herausfinden möchte, in was unsere Teilchen zerfallen können.»

«Du mußt dabei berücksichtigen, daß ein Vorgang, der sich durch Gluonenaustausch vollziehen kann, also mittels starker Quarkkräfte, dies auch normalerweise sehr schnell tut. Erst wenn das aus irgendeinem Grund (etwa wegen eines Erhaltungssatzes) nicht geht, ist das System darauf angewiesen, sich durch Photonen- oder Weakonenaustausch umzuwandeln – was dann allerdings viel langsamer passiert.

Aber es gilt ganz allgemein: Alle Übergänge, die nicht aus einem besonderen Grund (zum Beispiel wegen eines Erhaltungssatzes) verboten sind, finden auch tatsächlich statt.

Das Gesetz der Energieerhaltung wird zum Beispiel die Möglichkeiten stark einschränken. Ein Teilchen kann im Endeffekt (also nach Heisenbergs Unbestimmtheitszeit) immer nur in andere zerfallen, die insgesamt weniger Masse haben. Eine kleine Liste der Massen einiger Teilchen (und ihrer Quarkzusammensetzung) habe ich mitgebracht, alle in MeV ausgedrückt. Die Massen der Urteilchen hatten wir ja schon gesehen. Die eckigen Klammern weisen auf besondere, nur in der Quantenwelt auftretende Mischungen hin. Alles klar?»

«Schönes Spielchen! Ich versuche jetzt erst mal einen einfachen Fall: In was kann ein positives Pion zerfallen? Es ist doch das Teilchen, das du als Jüngling in den Anden eingefangen hast.» Barbara ist von ihrer selbstgestellten Aufgabe voll begeistert.

«Das positive Pion besteht doch aus einem u- und einem Anti-d-Quark. Sie würden sich gern in ein Gluon vernichten, aber das geht nicht, weil die Gluonen elektrisch neutral sind. Aus dem gleichen

Teilchen:	Quarkverbindung	Masse in MeV:
Proton	u-u-d	938,272
Neutron	d-d-u	939,566
Delta	u-u-u, u-u-d, u-d-d-, d-d-d	1232
Lambda Null	u-d-s	1115,684
Sigma Plus	u-u-s	1189,37
Sigma Minus	d-d-s	1197,44
neutrales Sigma	u-d-s	1192,55
geladenes Pion	u-Anti-d, d-Anti-u	139,570
neutrales Pion	[u-Anti-u + d-Anti-d]	134,976
geladenes Kaon	u-Anti-s, s-Anti-u	493,68
neutrales Kaon Long	[s-Anti-u + d-Anti-s]	497,67
neutrales Kaon Short	[s-Anti-u + d-Anti-s]	497,14

Die genauen Massen einiger Quarkverbindungen

Grund kann das ganze Pion nicht in ein Photon oder ein Z_0 überge-hen.

Wenn eines der Quarks etwas Neutrales abstrahlt, hilft das auch nichts, weil es keine leichteren Quark-Antiquark-Systeme gibt.

Auch die Abstrahlung eines geladenen W durch das Quark oder das Antiquark ist unmöglich, denn dann würden zum Beispiel zwei u- oder zwei d-Quarks übrigbleiben, die zusammen keine ganzzahlige Ladung ergäben, also keinen frei existierenden Zustand.

Ich glaube, es bleibt mir nur die einfachste Lösung, die Vernichtung des Quarks und des Antiquarks in ein W^+-Teilchen, übrig. Dieses kann dann zum Beispiel in ein leichteres positives Elektron, also ein Posi-tron, und ein Neutrino oder in ein positives Myon (ein Antimyon) und ein Neutrino-My zerfallen, obwohl diese beiden Teilchen eine Genera-tion höher liegen. Die Masse des Pions reicht dafür ja aus. Die elektri-sche Ladung bleibt in beiden Fällen erhalten und die Leptonenzahl auch.» Barbara notiert:

positives Pion $\rightarrow W^+ \rightarrow$ Positron + Neutrino-e

positives Pion $\rightarrow W^+ \rightarrow$ Antimyon + Neutrino-My

«Bravo! Genau richtig!» gratuliert Fermi der verblüfften Barbara. «Und es wird einige Zeit dafür brauchen – weil ein W nicht so schnell oder so oft entstehen kann. Mit der von Dirac entwickelten Theorie für relativistische Fermionen kann man verstehen, daß der Zerfall in Posi-tronen grob zehntausendmal unwahrscheinlicher als der in Myonen ist.»

Ich ergänze: «Wenn das Pion im Ruhezustand war, dann kann man aus der Erhaltung des Impulses und der Energie ableiten, daß das Myon bei allen Pion-Zerfällen immer genau den gleichen Impuls, also auch die gleiche Energie hat.»

«Solche Überlegungen haben wir schon beim Betazerfall ange-stellt.»

«Positive Pionen aus der Höhenstrahlung, die in Materie stecken-bleiben, strahlen immer ein Myon von exakt gleicher Energie ab. Dies ist ein charakteristischer Zerfall, den man zum Beispiel in Kernemul-sionen sehr anschaulich beobachten kann.» Ich zeige ein Foto, das ich in meiner Studentenzeit gemacht habe. Das Myon hat immer etwa 0,6 Millimeter Reichweite, bevor es durch Zusammenstoß mit den Mole-külen der Fotoplatte (also meist durch Ionisation) so weit abgebremst

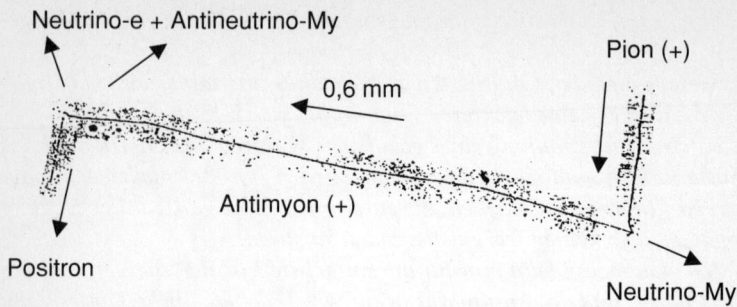

Ein positives Pi-Meson, das in einer Kernfotoplatte zur Ruhe gekommen ist, zerfällt in ein Antimyon (+) und ein Neutrino-My. Letzteres zerfällt am Ende seiner Bahn in ein Positron, ein Neutrino-e und ein Antineutrino-My.

wird, daß es zur Ruhe kommt. Das Neutrino verschwindet im Weltall. Aber könntest du jetzt vielleicht herausfinden, was dann mit dem positiven Myon passiert?»

«*Gute Frage!*» meint Barbara. «*Es hat eine Myon-Leptonenzahl eins, die erhalten bleibt, und entsprechend geht ein direkter Generationswechsel nicht; es kann sich also nicht durch Abstrahlung eines Photons oder Z_0 in ein Positron verwandeln.*» Pause.

«*Ich sehe doch einen Ausweg: Es kann ja ein W^+-Teilchen abstrahlen und sich somit in ein Neutrino-My verwandeln, das ja der gleichen Generation angehört und auch die gleiche Leptonenzahl hat. Und dem W^+ gelingt nun doch der Sprung zu den leichteren Teilchen der ersten Generation: Es zerfällt einfach in ein Positron und ein Neutrino-e, was keine Regel verletzt. Also:*

Anti-Myon $(+) \rightarrow$ Antineutrino-My $+ W^+$, und

$W^+ \rightarrow$ Positron + Neutrino-e,

Beobachten würde man im Endeffekt nur:

Anti-Myon $(+) \rightarrow$ Antineutrino-My + Positron + Neutrino-e.

«*Das ist ja fast so interessant wie Schachspielen!*» freut sich Barbara und erntet unser Lob. «*Geht das mit dem negativen Pion genauso?*» möchte sie nun wissen.

«Wenn keine oder wenig Materie anwesend ist, wie zum Beispiel

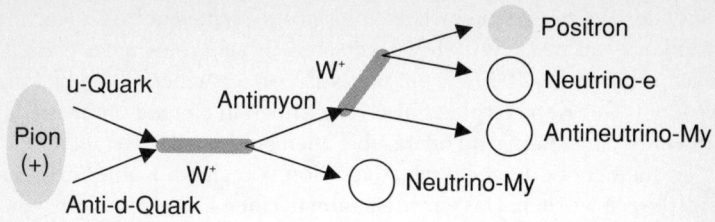

Der Zerfall des positiven Pions

beim Flug durch die höhere Atmosphäre, dann schon. Wenn es jedoch in Materie steckenbleibt, findet es sehr bald einen Atomkern, um den es kreisen kann.»

«Das kennen wir ja schon: Es bildet sich am Anfang ein angeregter Zustand, und dann gerät das Pion durch Abstrahlung von Photonen bald in seinen Grundzustand. Und was nun?»

«Man kann sich mit Hilfe der Quantentheorie die Größe der Bahn des Pions um den Kern ausrechnen, und das Ergebnis zeigt, daß sich das negative Pion im Grundzustand mit einer hohen Wahrscheinlichkeit schon innerhalb des Kerns befindet. Es handelt sich beim negativen Pion um ein d-Quark und ein Anti-u-Quark, die nun mit den Quarks des Kerns sofort heftig Gluonen austauschen. Es entsteht so ein Zu-

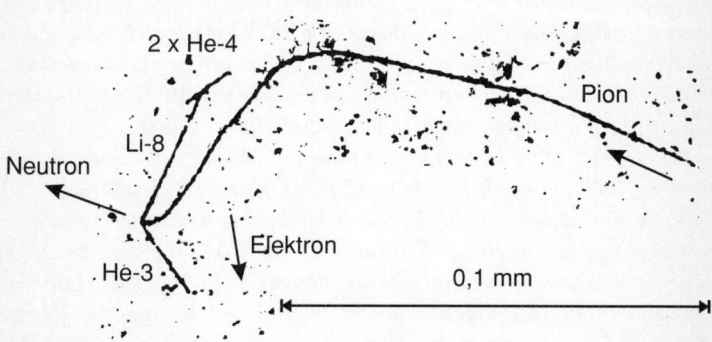

Absorption eines negativen Pions in einer Kernfotoplatte

stand, der viel zu energiereich ist, um stabil zu sein, eine Art kochender Atomkern mit etwa 140 MeV Überschußenergie. Normalerweise genügen schon 5 bis 10 MeV, um ein Nukleon aus einem Kern zu katapultieren. Der Kern zerplatzt also blitzschnell in einige Fragmente, die dann entweder stabil sind oder selbst auch bald wieder zerfallen.

Auf meinem Foto ist ein negatives Pion von einem Kohlenstoffkern eingefangen worden. Das ganze ist dann in einen Helium-3-Kern, einen Lithium-8-Kern und ein Neutron zerplatzt. Der Lithium-8-Kern strahlt ein Elektron ab (das auch in der Kernemulsion sichtbar ist), verwandelt sich dabei in einen Bor-8-Kern, der dann in zwei Alphateilchen zerfällt, welche in entgegengesetzter Richtung abgestrahlt werden, was als ‹Hammer-Spur› leicht erkennbar ist. Dies ist eines der negativen Pionen, die wir in Argentinien fanden. Aber in anderen Labors hatte man solche ‹Ereignisse› schon vorher beobachtet.»

«*Ein recht eindrucksvoller Vorgang!*» meint Barbara. «*Und nun ist es aus mit dem armen negativen Pion! Aber es gibt doch auch ein neutrales Pion, wenn ich mich richtig entsinne – wie verschwindet denn das?*»

«Tja. Dieses Teilchen macht es noch ganz anders. Es wählt einen rein elektromagnetischen Zerfall, und zwar in zwei Photonen, wobei ja die elektrische Ladung erhalten bleibt. Dies geschieht viel schneller als eine schwache Wechselwirkung über W-Teilchen, und die Lebensdauer ist etwa eine Milliarde mal kürzer als zum Beispiel die des positiven Pions.»

«*Jetzt laß mich mal selbst überlegen, wie ein Lambda-Teilchen zerfallen könnte. Es ist die leichteste Verbindung aus einem u-, einem d- und einem s-Quark und hat eine Masse, die 1115 MeV entspricht. Zuerst probiere ich, ob es sich durch die Farbkräfte in etwas anderes umwandeln läßt. Die Gluonen verwandeln sich ja in bestimmte Quarkpaare, die ich nutzen kann, um neue Teilchen zu bilden.*» Pause.

«*Was immer ich da versuche, enthält ein Meson mit dem aufdringlichen s-Quark, also ein Meson mit Seltsamkeit. Das Leichteste ist das K-Meson mit Masse 499 MeV. Dann bleibt mir nicht mehr genügend Energie, um dazu noch ein Proton oder Neutron zu erzeugen. Dafür reicht die Masse meines Lambdas nicht aus! Das s-Quark des Lambdas kann also nicht so einfach in leichtere Teilchen übergehen. Es muß wohl oder übel abwarten, bis es sich durch Abstrahlung eines W-Teilchens in ein u-Quark verwandeln kann, was zwar einen Generations-*

wechsel darstellt, aber nach den Übergangsregeln immerhin erlaubt ist. Somit bleibt ein Proton übrig, was ja schon ganz gut ist. Das W⁻ kann nun in ein d-Quark und ein Anti-u-Quark übergehen, die zusammen ein negatives Pion bilden können, was schließlich ergibt:

Lambda → Proton + W⁻, und

W⁻ → d-Quark + Anti-u-Quark = negatives Pion, also

Lambda → Proton + negatives Pion.

Aber da kann noch etwas anderes passieren: Es könnten sich die Quarks auch noch anders miteinander kombinieren, nämlich:

Lambda → Neutron + u-Quark + Anti u-Quark,

was dann schließlich

Lambda → Neutron + neutrales Pion

ergibt», folgert Barbara.

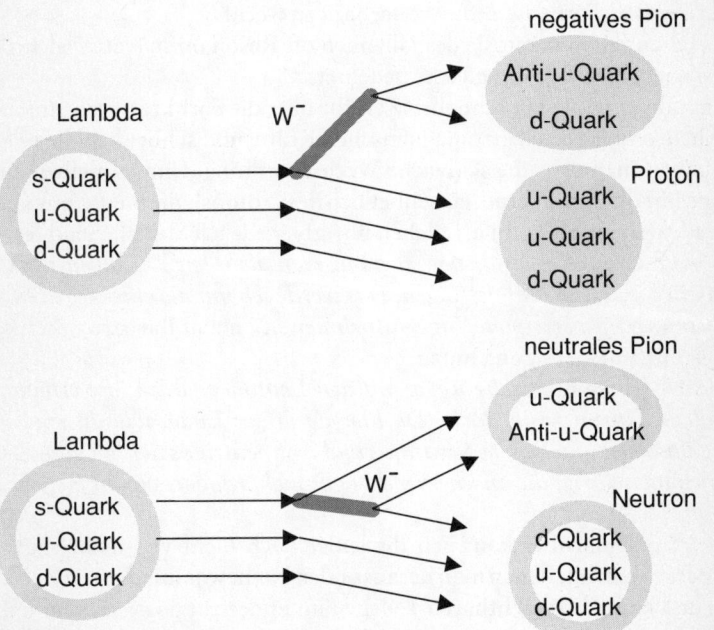

Zerfall des Lambda-Teilchens in ein Pion und ein Nukleon

«Etwas mehr als ein Drittel der Zerfälle findet tatsächlich auf diese Art statt. Man könnte sich außerdem vorstellen, daß das W⁻ in ein Elektron und ein Antineutrino zerfällt. Dies passiert auch, jedoch in weniger als einem Tausendstel der Fälle. Im Rahmen der heutigen Quarktheorie kann man das gut verstehen.»

Dagegen kann sich ein doppelt positiv geladenes Delta-Teilchen, das ja aus drei u-Quarks besteht und eine Masse von 1232 MeV hat, Quarks und Antiquarks aus der Gluonensuppe aussuchen, um sich blitzschnell in ein Proton (936 MeV) und ein Pion (140 MeV) zu verwandeln: Hier stimmt die Massenbilanz, und das Ganze geht in einem Bruchteil einer Attosekunde vor sich. Man nennt dies einen Zerfall über die starke Wechselwirkung. Die angeregten Zustände der Mesonen und Baryonen zerfallen meist auf diesem Weg.»

«Wenn diese Teilchen so schnell zerfallen, dann ist ihre Gesamtenergie (die ja ihrer Ruhemasse entspricht) recht unscharf definiert, nach Heisenbergs Formel», moniert Barbara zu Recht.

«Ja, und man nennt sie deshalb auch oft Resonanzen statt Teilchen, was aber eigentlich das gleiche bedeutet.

Es gibt also die sehr schnellen Zerfälle über die Farbkräfte, die mittelschnellen über die elektromagnetischen Kräfte und schließlich die relativ langsamen über die schwache Wechselwirkung. Und es bleiben am Ende nur die Atomkerne (einschließlich des Protons), die Neutrinos und die Elektronen als stabile Teilchen übrig!» stelle ich abschließend fest.

«Auf diese oder ähnliche Art kann man also den Zerfall fast aller Teilchen erklären und verfolgen. Das werde ich mir als eine Art Kreuzworträtsel für verregnete Tage mitnehmen…» meint Barbara und fügt nach kurzer Überlegung hinzu:

«Aber diese komische Regel mit den Leptonenzahlen, die erhalten bleiben, wurmt mich doch: Da bleiben ja am Ende, wie du soeben erwähnt hast, noch viele Neutrinos und Antineutrinos der höheren Generationen übrig, die anscheinend in gar nichts anderes mehr zerfallen können!?»

«Ja, und darüber kann ich dir leider auch nicht viel mehr sagen. Experimente, mit denen man herausfinden kann, was mit diesen neutralen und kaum beobachtbaren Teilchen im Endeffekt passiert, sind sehr schwierig – ich kann mir gar nicht vorstellen, wie man es machen könnte.»

«Haben wir denn jetzt eigentlich unsere Teilchen und alle ihre Wechselwirkungen komplett? Ich würde doch so gern eine Zusammenfassung sehen!»

«Ich hätte mich sehr gefreut», wiederholt sich Fermi, «wenn wir zu meinen Zeiten eine so elegante Darstellung gehabt hätten. Allerdings sollten wir Ihnen, bevor Sie unseren Zoo verlassen, noch kurz das Spiegelkabinett zeigen. Das ist nämlich eine einzigartige Sehenswürdigkeit!»

Das hatte ich befürchtet! Fermi wird uns nicht gehen lassen, ohne uns diesen Abschnitt gezeigt zu haben. Hoffentlich wird das alles Barbara nicht zuviel, denke ich.

«Erinnerst du dich an die Geheimoperationen, die man mit Feynman-Graphen machen konnte?»

«Waren das nicht Parität P, Charge C (die Ladung) und Time T (die Zeit), die sonderbaren Inversionen, die man durchführen kann, ohne daß sich in der Physik etwas ändert?»

«Darum geht es hier.»

Fermi zeigt uns den Weg zu einem kleinen Nebenzimmer, in dem alle Wände, der Fußboden und die Decke aus Spiegeln bestehen. In einer Ecke steht ein kleiner Tisch mit drei Stühlen, an den wir uns setzen. Barbara hält entsetzt die Hände vors Gesicht.

«Das darf nicht wahr sein! Mir wird ganz schwindlig.»

Steinberger

«Vergessen Sie das und hören Sie jetzt auf die Geschichte, die Ihnen Pedro erzählen wird», reagiert Fermi ernst.

«Es war 1957, ich habe damals an einem Experiment teilgenommen, in dem wir bestimmen wollten, ob die Zerfallspionen von Lambda-Teilchen gleichmäßig nach oben und nach unten abgestrahlt werden (bezogen auf die Ebene, in der das Lambda, zusammen mit einem K-Meson, erzeugt wurde). Die bis dahin gültige Physik behauptete nämlich, die Pionen müßten gleichmäßig nach oben und unten verteilt sein.»

Es handelte sich um ein Blasenkammerexperiment und wurde von dem späteren Nobelpreisträger Jack Steinberger organisiert. Dabei arbeiteten Physiker aus verschiedenen Universitäten an der Auswertung der Bilder.

Nach einigen Monaten Meßarbeit stellte sich heraus, daß die gültige Physik wohl recht behielt, obwohl dies von zwei jungen theoretischen Physikern chinesischer Abstammung, den in den USA tätigen Tsung Dao Lee und Cheng Ning Yang, auf ketzerische Art in Frage gestellt wurde. Ich hatte mich mit dem Problem schon vorher beschäftigt und fand es extrem faszinierend.

Yang

Bei einem Treffen unserer «Kollaboration» stellte sich heraus, daß wir etwa ein Dutzend Meßtische benutzten, um die vielen Tausende von Bildern auszuwerten. Dabei kam mir auf einmal die Frage, ob wir vielleicht unsere Bilder mit einer unterschiedlichen Anzahl von Spiegeln betrachteten; jede Gruppe hatte sich ja eine eigene Apparatur dafür gebaut.

Tatsächlich war dies der Fall, und nachdem wir es richtiggestellt hatten, war die von den beiden Chinesen vermutete Oben-Unten-Asymmetrie wirklich vorhanden. Wir freuten uns sehr, und Yang und Lee erhielten 1957 den Nobelpreis für Physik. Vor uns hatte Chien Shiung Wu, eine amerikanische Physikerin (auch chinesischer Herkunft), in den USA den Effekt bei einer anderen Reaktion (einem Betazerfall) ebenfalls bestätigt.

«*Und warum soviel Wirbel um dieses Oben und Unten?*» will nun Barbara wissen.

«Man glaubte bis dahin, daß alle physikalischen Gesetzmäßigkeiten genau gleich ausfallen würden, wenn man die Experimente in einem Spiegel betrachtet.»

«*Stimmt doch gar nicht! Im Spiegel schlägt mein Herz auf der rechten Seite, was ja physikalisch falsch ist! Mich im Spiegel gibt es also gar nicht!*»

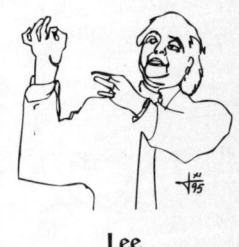

Lee

«So ist es nun auch in der Physik. Allerdings nur bei den Reaktionen, die durch die schwachen Kräfte verursacht werden. Alle anderen Kräfte unterscheiden rechtsrum von linksrum nicht! Deshalb kommen wir zu dieser Geschichte erst hier, bei der Beschreibung der schwachen

Kräfte. Es handelt sich um eine Spiegelung im Raum, also um die Parität P, die wir ja schon kennengelernt haben. Wir nennen den Effekt ‹Nichterhaltung der Parität bei schwachen Wechselwirkungen›.»

Wu

«*Und deshalb gehört die Parität nicht zu den ganz heiligen Kühen, die immer (oder fast immer) erhalten bleiben!*»

Eng damit verknüpft ist eine sehr sonderbare Tatsache: Wenn man den Spin der Neutrinos (er ist ja ½) entlang ihrer Flugrichtung bestimmt, stellt sich heraus, daß sie sich alle «linksrum» drehen. Noch nie wurde ein «rechtsrum»-Neutrino beobachtet. Die Antineutrinos dagegen drehen sich rechtsrum. Man nennt dies «Helizität».

«*Das ist doch wie bei den Schrauben, Schneckengehäusen oder DNS-Molekülen: Sie haben immer die gleiche Drehrichtung. Ich finde das eigentlich ganz normal.*»

«Aber die Physiker fanden es sehr sonderbar. Die Spiegelung im Raum sollte für die physikalischen Gesetze keine Rolle spielen.»

«*Nun spielt sie es doch! Wir müssen das also berücksichtigen, wenn wir Feynmans Diagramme zeichnen, wovor er uns ja schon warnte. Aber könnten wir nicht endlich aus diesem Spiegelkabinett heraus und die Operation Parität vergessen?*»

Fermi hat für Barbaras Wünsche Verständnis: «Wenn Sie möchten, werden wir Ihnen jetzt das Panorama unseres Zoos noch mal von oben zeigen!»

Das ganze Panorama

Fermi führt uns zum Eingang eines hohen Turms – noch auf dem Gelände des prunkvollen Schlosses der elektroschwachen Kräfte.

«*Die haben hier wohl ihren eigenen Sender? Sieht fast aus wie der Hamburger Fernsehturm – nur etwas kleiner!*»

Per Fahrstuhl – diesmal nach oben – werden wir in

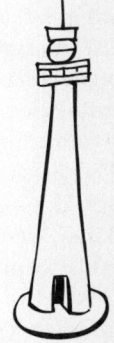

das Drehrestaurant gebracht, von dem aus wir den gesamten Zoo über-
blicken können. Jeder bestellt sich einen kleinen Leckerbissen – es ist ja
recht spät geworden –, und ich hole wieder meinen Notizblock aus der
Tasche, während Barbara eine Skizze des ganzen Geländes anfertigt.

«Also, noch mal von vorn!»

Die Materie besteht aus Urteilchen, sie haben alle Spin ½, gehören
dementsprechend zu den Fermionen und können deshalb nur in Paaren
erzeugt und vernichtet werden. Die Wechselwirkungen zwischen ihnen
werden durch zwei Urkräfte beschrieben: die elektroschwache Kraft
und die Farbkraft. Die Quanten der entsprechenden Kraftfelder (die
sogenannten Austauschteilchen) haben alle Spin 1, gehören also in die
Kategorie der Bosonen und können in beliebiger Zahl abgestrahlt oder
absorbiert werden.

«*Und warum fällt der Apfel vom Baum?*» fragt Barbara bissig und
zielt damit natürlich auf die Schwerkraft und Gravitation.

«Ja, es gibt vielleicht eine dritte Kraft in der Natur, die Gravitation,
die man allerdings laut Einsteins allgemeiner Relativitätstheorie als
eine Eigenschaft (Krümmung) der vierdimensionalen Raum-Zeit betrachtet, was sogar in der Astrophysik eindrucksvoll bestätigt wurde.

Die Vorstellungen der Teilchenphysiker, wonach die Masse eine Art
Ladung ist (in Anlehnung an die elektrische Ladung), konnte mit Einsteins Theorie noch nicht in Einklang gebracht werden. Man hofft jedoch, dieses Problem eines Tages zu lösen. Für die Vorgänge zwischen
Urteilchen können die Effekte der Gravitationskraft einstweilen vernachlässigt werden.

«*Sehr merkwürdig: Man weiß also noch nicht, ob es sich um eine
Kraft handelt oder um eine Eigenschaft der Raum-Zeit. Solange Teilchenphysiker und Astrophysiker in dieser Frage unterschiedliche Meinungen vertreten, brauche ich mich wohl nicht mit der krummen
Raum-Zeit zu beschäftigen!*»

«Und wir machen wohl oder übel ohne Gravitation weiter.»

Die Urteilchen werden in zwei Klassen unterteilt: Wenn zwischen
ihnen die extrem starken Farbkräfte wirken, dann nennt man sie
Quarks; wenn dies nicht der Fall ist, heißen sie Leptonen.

Außerdem ordnet man sie in drei sehr ähnliche Familien oder Generationen ein. Die stabile Materie um uns besteht im wesentlichen aus
Urteilchen der ersten Generation. Die Quarks der beiden höheren Ge-

Barbaras Panorama

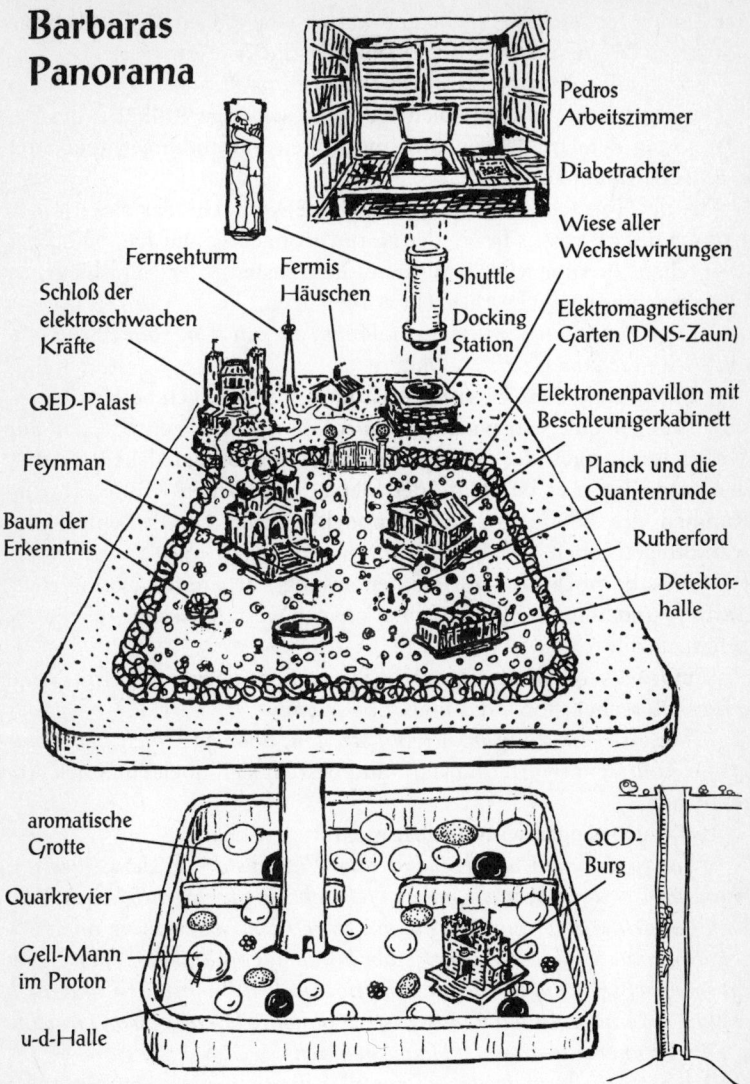

Pedros Arbeitszimmer

Diabetrachter

Wiese aller Wechselwirkungen

Fernsehturm

Fermis Häuschen

Shuttle

Schloß der elektroschwachen Kräfte

Docking Station

Elektromagnetischer Garten (DNS-Zaun)

QED-Palast

Elektronenpavillon mit Beschleunigerkabinett

Feynman

Planck und die Quantenrunde

Baum der Erkenntnis

Rutherford

Detektorhalle

aromatische Grotte

QCD-Burg

Quarkrevier

Gell-Mann im Proton

u-d-Halle

nerationen zerfallen in Teilchen der ersten Generation. Und außerdem schwirren überall unvorstellbar viele Neutrinos herum.»

«Klingt gut – das ist wohl euer Standardmodell!»

Die elektrische Ladung spielt eine sehr wichtige Rolle bei der Beschreibung der Urteilchen, ihrer möglichen Verbindungen und ihrer Wechselwirkungen.

Aus der Tatsache, daß nur ganzzahlige Vielfache der elektrischen Ladung des Elektrons frei in der Natur beobachtet wurden (Millikans Tröpfchenexperiment), kann man die Existenz der verschiedenen Quarkverbindungen fast korrekt vorhersagen.

«Da gab es ja nur wenige Ausnahmen, die mit dem Spin zu tun hatten – wenn ich mich richtig erinnere.»

Die Erhaltung der elektrischen Ladungen spielt auch bei den Wechselwirkungen eine sehr wichtige Rolle. Wenn man akzeptiert, daß alle Wechselwirkungen durch den Austausch von Bindteilchen stattfinden, dann kann es mit Hilfe der hier beschriebenen Kräfte (also im Rahmen des heutigen Standardmodells) keine Quark-Lepton-Umwandlungen geben.

«Ich habe noch eine Zusammenfassung vorbereitet», erkläre ich Barbara und hole ein Blatt aus einer meiner Westentaschen. «Vielleicht gefällt sie dir.»

«Eindrucksvoll, dieses komplexe Diagramm», bemerkt Fermi, «und eigentlich recht schön – das muß man sagen.»

«Über Ästhetik kann man wohl streiten, aber das spielt hier keine große Rolle», antwortet Barbara und bestellt sich noch ein Stück Apfelkuchen.

Andächtig beugen wir uns über mein Riesenschema.

«Hier findet man anscheinend das Wichtigste von dem, was wir heute und gestern besucht haben. Ich sehe sogar die möglichen Umwandlungen von Urteilchen, die nur durch die Abstrahlung oder Absorption von W-Teilchen stattfinden können, einschließlich der Generationswechsel. Und die benutzten griechischen Buchstaben sind auch erklärt – damit habe ich nämlich oft Probleme. Dieses Schema möchte ich als Erinnerung mit nach Hause nehmen!»

«Ich hätte noch ein größeres Exemplar für dich in meinem Zimmer.»

«Das ist also der Stand der Dinge. Über die Probleme der Gravitation haben wir ja schon gesprochen, und andere Schwierigkeiten des

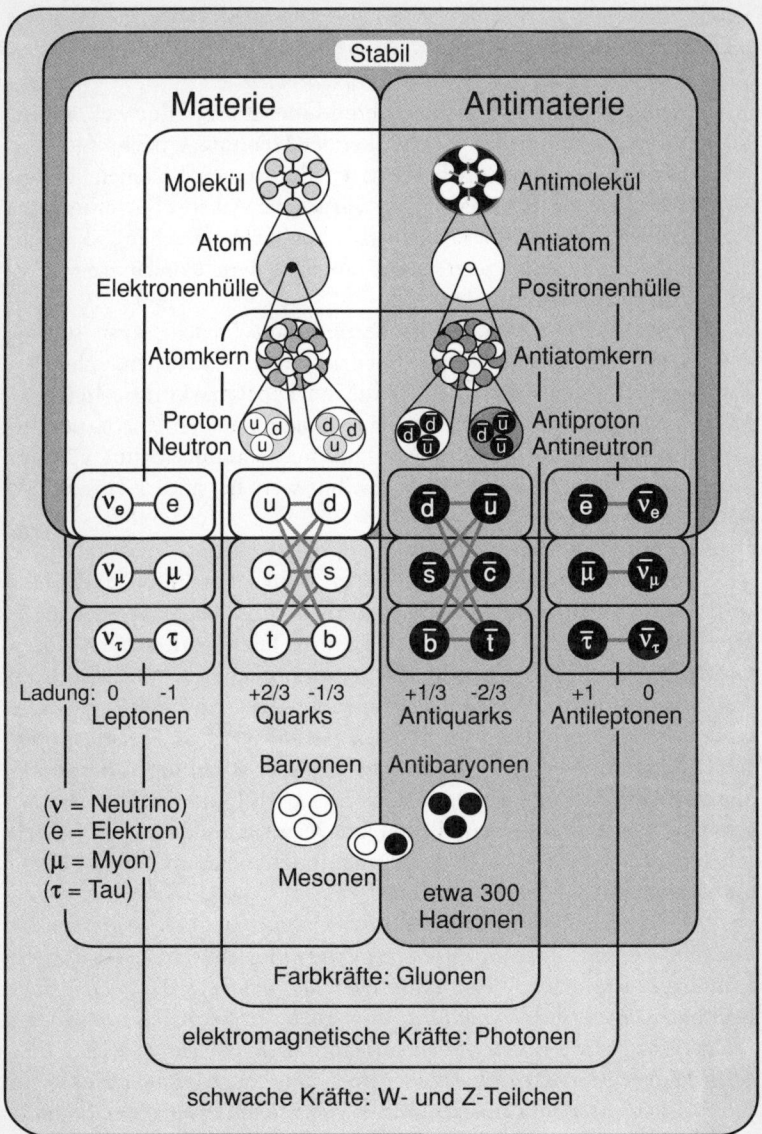

Alle Teilchen und Wechselwirkungen im Überblick

Standardmodells hattest du schon kurz erwähnt. Nun würde mich noch interessieren, in welcher Richtung nach einer noch universelleren Theorie aller Teilchen und Kräfte geforscht wird.»

«Da gibt es verschiedene Ansätze und interessante Entwicklungen. Eine Zeitlang waren einige Theoretiker der Meinung, Quarks und Leptonen müßten aus drei noch kleineren Bausteinen bestehen. Damit könnte man zum Beispiel erklären, warum die elektrische Ladung der Protonen und die der Elektronen (bis auf ihr Vorzeichen) so genau gleich sind. Es war (bis jetzt) nicht möglich, diese Vorschläge widerspruchsfrei zu erweitern.

Nachdem die elektromagnetische und die schwache Kraft so eindrucksvoll in eine gemeinsame Theorie integriert wurden, schien es naheliegend, als nächsten Schritt die starken Quarkkräfte hinzuzufügen und das Ganze später vielleicht sogar mit der Gravitation zu vervollständigen. Dies ist der Weg, der heute hauptsächlich verfolgt wird. Drei Namen, die dabei oft erwähnt werden, sind: GUT, SUSY und Superstrings.»

«Klingt nach Science-fiction!»

«Die bewährte elektroschwache Kraft sollte zuerst mit der ebenfalls so erfolgreichen Farbkraft vereint werden. Aus der mathematischen Struktur dieser beiden Theorien (sie gehören beide zu den sogenannten eichinvarianten Theorien oder Eichtheorien) konnte man mögliche Kandidaten für eine Vereinheitlichung halbwegs gut definieren. Die einfachsten solchen Theorien werden ‹Grand Unified Theories› oder GUTs genannt. Ein erster Vorschlag in dieser Richtung stammt von Sheldon Glashow und Howard Georgi (1973). In diesen Theorien erscheint ein neues Austauschteilchen, oft ‹X› genannt, das neben elektrischen Drittelladungen auch noch alle anderen Ladungsarten (Farbe und schwache Ladung) haben kann.»

«Hurra! Jetzt können wir doch Leptonen und Quarks ineinander umwandeln, was doch in unserem jetzigen System nicht möglich ist. Und wenn die elektrischen Ladungen der neuen X-Teilchen genau Drittelladungen sind, dann würde man auch verstehen, warum die drei Quarks im Proton genau der Ladung des Positrons entsprechen! Und mein Freund, der Astrophysiker, wäre sicher auch glücklich: Wie du schon angedeutet hast, müssen sich ja gleich nach dem Urknall Leptonen und Quarks ineinander verwandelt haben.»

«Ja, die X-Teilchen lösen eine Menge Probleme.»

«Und warum habt ihr sie noch nicht gefunden?» hakt Barbara nach.

«Man nimmt an, die Masse der X-Teilchen ist so hoch, daß ihre Effekte nur sehr selten auftreten. Ihre Reichweite wäre hundert billionenmal geringer als die der Weakonen! Man hat keine Hoffnung, je solche Teilchen oder ihre Wirkungen an Beschleunigern zu beobachten. Dagegen verursachen die X-Teilchen eine minimale Instabilität unserer normalen Materie. Quarks, von denen wir ja sehr viele um uns haben, können dann in Leptonen übergehen – auch wenn dies nur sehr selten ist. Ein Proton könnte sich zum Beispiel in ein Positron und ein neutrales Pion verwandeln.»

«Das würde ich gern etwas genauer nachvollziehen!»

Ich hole Block und Stift heraus. «Die wichtigsten Bausteine des Protons sind doch die zwei u-Quarks und ein d-Quark. Nur extrem selten werden zwei Quarks genügend nahe aneinanderkommen, um ein X-Teilchen auszutauschen. Wenn dies dann doch einmal passieren sollte, könnte zum Beispiel ein d-Quark (Ladung $-\frac{1}{3}$) ein X-Teilchen mit Ladung $-\frac{4}{3}$ abstrahlen und sich dadurch in ein Positron verwandeln. Ein u-Quark nimmt nun das X-Teilchen auf und verwandelt sich dadurch in ein Anti-u-Quark, das zusammen mit dem zweiten u-Quark ein neutrales Pion bildet.» Dabei ist gleich die entsprechende Skizze entstanden.

«Also zerfallen wir nun doch irgendwann!»

«Bis jetzt konnte noch nicht einwandfrei bewiesen werden, daß Ma-

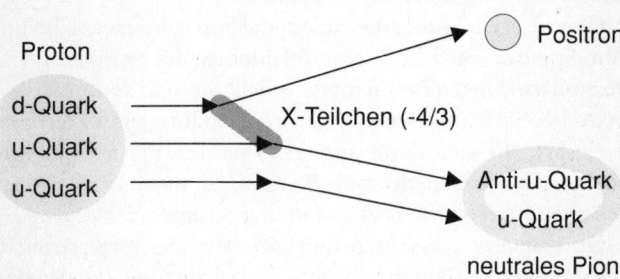

Ein möglicher Zerfall des Protons, wenn es ein Austauschteilchen mit elektrischer Ladung $-\frac{4}{3}$ gäbe

terie – also Protonen oder Neutronen – auf diese oder ähnliche Art irgendwie in Leptonen zerfällt. Aber es wird intensiv und mit riesigen Apparaturen danach geforscht. Man kann heute mit guten Gründen behaupten, daß die mittlere Lebensdauer eines Protons mehr als hundert Millionen Yottajahre (das sind ‹100 mit dreißig Nullen dahinter›) beträgt, was dir wohl ausreichen sollte.»

« Und was verbirgt sich hinter der süßen SUSY?»

«Nach der SUper SYmmetry müßte es eine Symmetrie zwischen allen Bosonen und Fermionen geben, die dafür sorgt, daß zu jedem ein supersymmetrisches Teilchen gehört, das tatsächlich existieren muß – wenn die Theorie stimmt. Ihre Namen wurden schon erfunden: Man setzt für die Boson-Partner der Fermionen einfach ein ‹s› vor die normale Bezeichnung. So sollte es zum Beispiel selektronen, squarks und sleptonen geben (alle klein geschrieben). Die Fermi-Partner der Bosonen werden durch eine ‹ino›-Endung gekennzeichnet: Gluino, Photino, Wino oder Zino. Die Symmetrie muß auch hier irgendwie gebrochen werden, man weiß allerdings noch nicht, bei welcher Energie dies vor sich gehen kann.

Bis heute gibt es trotz intensiver Suche noch keine einzige experimentelle Bestätigung eines SUSY-Teilchens. Es werden immer mehr Bereiche abgesteckt, in denen bestimmte Arten solcher Teilchen mit hoher Wahrscheinlichkeit nicht vorkommen. All dies hat jedoch den Optimismus der Theoretiker in dieser Richtung nicht gedämpft.»

«Sie werden schon wissen, warum!» meint Barbara.

«Die Massen dieser Teilchen könnten zum Beispiel außerhalb der Möglichkeiten heutiger Beschleuniger liegen.

Die nächste Entwicklung, die zudem die Supersymmetrie beinhaltet, heißt nun ‹Superstrings›. Strings sind Fädchen, die hier als Urelemente aller Wechselwirkungen betrachtet werden. Sie sind so kurz, daß man sie nie wird beobachten können. Hier wird ein Raum mit 26 Dimensionen eingeführt, die sich dann zum größten Teil ‹aufrollen› und verschwinden, bis auf unsere normale Raum-Zeit, die übrigbleibt.»

«Könntest du mich vielleicht von diesen Strings verschonen?»

«Zu den vielen interessanten Eigenschaften der Superstring-Theorien gehört, daß sie bestimmte Austauschteilchen liefern, die man mit den Gravitonen identifizieren kann (diese müßten nämlich Spin 2 haben). Dementsprechend hofft man, die Gravitation automatisch in die

Quantentheorie einzugliedern. Es sollen sich außerdem einige Probleme lösen, die alle früheren Quantentheorien plagten (etwa das Auftauchen unendlich großer Werte). Obwohl einige Voraussagen der Superstrings recht gut in den Teilchenzoo passen, gibt es auch hier noch keine experimentellen Beweise – und um so mehr Hoffnungen.»

Barbara hat ihren Apfelkuchen verzehrt. Fermi, der meine eher populären Darstellungen schweigend verfolgt hat, begleitet uns nun bis zum naheliegenden Empfangsgebäude, in dem Galileo Galilei und seine drei Freunde des Classic Club schon auf uns warten. Eine Flasche Champagner wird zum Abschied entkorkt – es ist fast elf Uhr abends geworden.

Die Rückkehr

«*Ob man mich in Hamburg schon als vermißt gemeldet hat?*»

Unsere Transportkabine steht bereit. Galileo hilft uns beim schwierigen Einstiegsmanöver und beim Zurechtrücken. Diesmal kennen wir ja schon die Probleme und streiten nicht mehr mit dem Bordcomputer.

«BITTE SCHLIESSEN – ERDE HOLEN!»

Wir verbringen den ersten Teil der Reise ohne zu sprechen.

«*Ich würde gern die Höhepunkte von all dem, was ich hier gelernt habe, nach ihrem Datum geordnet sehen. Es kommt mir so vor, als hätte es besonders produktive Perioden gegeben und hin und wieder auch so etwas wie wissenschaftliche Wartezeiten.*»

«Versuchen wir es einfach. Allerdings müssen wir es im Kopf machen, weil wir hier so eingekeilt sind.»

«BIETE DIENSTE AN», ertönt es in digitalem Computerdeutsch.

Schlagfertig reagiere ich: «Okay: ERSTELLE DATENBANK!»

«*Das darf doch nicht wahr sein*», meint Barbara.

«EINGABEN CHRONOLOGISCH ORDNEN», lautet mein nächster Befehl. «So, jetzt warten wir mal ab.»

Barbara hat anscheinend die Prozedur verstanden und denkt nun laut darüber nach: «*Als erster Anfang der Teilchenphysik wäre vielleicht Daltons Atomistik zu betrachten. Aber erst die Entdeckung der Röntgenstrahlen im Dezember 1895 rief ein öffentliches Interesse an den neuen Entwicklungen hervor.*»

«Und vom wissenschaftlichen Standpunkt waren es die wenige Wochen danach von Becquerel entdeckte Radioaktivität und die Identifizierung der Elektronen als Teilchen (J. J. Thomson 1897), die ich als Anfang sehen würde. Und danach ganz sicher die Entdeckung des Wirkungsquants von Max Planck, so um 1900, und der Vorschlag Einsteins zu den Photonen und der von de Broglie, alle Teilchen als Wellen zu betrachten... Dann kamen die Wellengleichung von Schrödinger, die abstrakte Theorie von Heisenberg und die relativistische Formulierung von Dirac. Einen besonderen Platz muß man noch den Unbestimmtheitsbeziehungen einräumen!»

«*Dabei hast du nun wohl die Entdeckung des Atomkerns von Rutherford unterschlagen und das Bohrsche Atommodell und den Millikan-Versuch mit den Öltröpfchen. Aber Big Brother wird das schon in Ordnung bringen.*»

«Er wird unsere ganze Reise durchforsten und eventuell fehlende Daten aus dem berühmten internationalen Informationsnetz WWW abfragen.»

«*Dann können wir ja etwas relaxen!*» meint Barbara und fügt nach einer Weile hinzu: «*Allerdings wurmt mich noch die Geschichte mit den heiligen Kühen. Da gab es doch die Energie, den Impuls und den Drall, die jeweils erhalten bleiben – es sei denn, Heisenberg erlaubt uns einen kleinen (aber sehr nützlichen) Ausreißer. Und dann gab es noch das goldene Kalb: die elektrische Ladung, für die selbst Heisenberg keine Ausnahmen gestattete. Und ich meine, wir hatten die Farbladung ähnlich eingestuft: also noch ein goldenes Kalb. Und schließlich gab es da noch die Geheimoperationen C, P und T, die man durchführen konnte, ohne daß sich die Physik ändert – bis auf Ausnahmen. Sie waren uns beim Verdrehen der Feynman-Graphen recht nützlich...*»

Die obligatorische halbe Stunde ist nun vorbei, und wir lauschen dem letzten Klick, was diesmal anders klingt, weil wir ja jedes Mal um einen Faktor zehn vergrößert werden.

Schließlich schielt Barbara nach oben und erblickt als erste durch das kleine Fenster die näherkommende Einstiegsluke, die uns nun zum Aussteigen dienen wird. Kaum haben wir angedockt, springt Barbara flink heraus, und ich folge ihr unter meinem üblichen Stöhnen.

Nun stehen wir wieder in meinem unordentlichen Arbeitszimmer.

Ich kurble die Jalousetten hoch und sperre die von innen verschlossene Tür auf. Ein Laserdrucker auf meinem Schreibtisch fängt an zu surren. Der verlangte Überblick der Höhepunkte und ein Fahrplan unseres Spaziergangs erscheinen sauber auf Papier.

«Gar nicht schlecht, was dein Computer da produziert hat», meint Barbara. *«Kann er noch Kopien für mich machen?»*

«Er sollte uns noch einen anderen Überblick verschaffen und dabei vielleicht etwas mehr über die Experimentiertechniken einfügen – die sind in der Liste doch zu kurz gekommen!» meine ich.

«PLOT DATA IN 5 YEARS BINS – ADD TECHNIQUES! Trage Daten in Gruppen von 5 Jahren auf – füge Techniken hinzu!» Kaum ausgesprochen, druckt der Computer eine Grafik aus.

«Ein Bild sagt offensichtlich mehr als tausend Worte!»

Barbara macht plötzlich große Augen und zeigt auf die Digitaluhr mit Kalender im Regal, die ja den Flachmann mit meinem stärkenden Geist verdeckt: Es ist genau 17:50 Uhr, und das Datum hat sich seit unserer Abreise nicht verändert.

«Wir waren also nur zwanzig Minuten unterwegs!» meint sie mit ungläubiger Miene. *«Oder ist deine Uhr stehengeblieben?»* Nach einer kleinen Denkpause fügt sie leise hinzu: *«Oder war hier vielleicht Einstein am Werk? Es war doch dein Büro, das sich von uns entfernte und dann zurückkam, genau wie der Zwilling bei Einstein, der jung geblieben ist. Wir haben uns ja nicht bewegt...»*

Es klopft. Vor der Tür steht Barbaras Freund.

«War wohl ein kurzer Ausflug», meint er beruhigt und lädt uns zu einem chinesischen Abendessen ein. Wir stellen ohne Kommentar unsere Uhren auf Erdzeit – und auf das korrekte Datum.

«Alles klar!»

Fahrplan (Besuch im Teilchenzoo)

Zeit: Ort der Handlung und ANWESENDE (außer Barbara und Pedro)

Tag 0:   (Teil 1: Begegnung und Empfang)
17:00   In **Pedros Arbeitszimmer** – bei DESY in Hamburg
Tag 1:
15:00   **Rundgang durch DESY und HERA**
16:30   Im **DESY-Foyer**
17:00   In **Pedros Arbeitszimmer**
17:30   Im **Space-Shuttle**
18:00   Im **Empfangssaal des Zoos:** GALILEO
18:15   Im **Konferenzraum,** mit NEWTON, HELMHOLTZ, MAXWELL
18:45   **Am Weg** zum Elektromagnetischen Garten: MAXWELL

            (Teil 2: Im Elektromagnetischen Garten)
19:00   Im **paradiesischen Garten**
19:45   Im **Pavillon der Elektronen:** THOMSON
20:10   Im **Beschleuniger-Kabinett:** WIDERÖE
20:20   Im **Pavillon der Elektronen:** THOMSON
20:30   Auf der **Lichtung des Goldatoms:** RUTHERFORD
21:00   In der **Detektorhalle:** CHARPAK

            (Teil 3: Von Quanten und anderen Teilchen)
21:20   Auf der **Lichtung des Goldatoms**
21:30   Im **Quanten-Rondell:** PLANCK, EINSTEIN, DE BROGLIE,
            BOHR, PAULI, HEISENBERG, SCHRÖDINGER, DIRAC
22:00   Auf der **Lichtung des Uranatoms:** FEYNMAN
22:30   Im **Festsaal des QED-Palastes,** mit der QUANTEN-ELITE
24:00   Am **Baum der Erkenntnis**

Tag 2:   (Teil 4: Das Revier der wilden Quarks)
09:00   **Am Weg** zum Quarkrevier: HOFSTADTER
09:30   Im **Inneren des Protons:** GELL-MANN
10:30   In der **u-d-Halle:** GELL-MANN
11:30   In der **aromatischen Grotte:** GELL-MANN
12.00   In der **Gaststätte der QCD-Burg,** mitQCD-EXPERTEN
14:30   Wieder in der **aromatischen Grotte:** GELL-MANN
15:55   Zurück zu HOFSTADTER

            (Teil 5: Auf der Wiese aller Wechselwirkungen)
15:00   In **Fermis Häuschen:** FERMI
17:00   Im **elektroschwachen Tempel,** mit GLASHOW, WEINBERG, SALAM
20:00   Im **Fernsehturm-Restaurant:** FERMI
21:30   Im **Space-Shuttle**
Tag 1:
17:50   In **Pedros Arbeitszimmer.**

1895   Die geheimnisvollen **X-Strahlen** (Röntgen)
1896   Entdeckung der **Radioaktivität** (Becquerel)
1897   **Elektronen** als Teilchen identifiziert (J. J. Thomson)
1900   Wärmestrahlen als **Wirkungsquanten** (Planck)
1905   Die **spezielle Relativitätstheorie** (Einstein)
1905   Licht als Quanten: **Photonen** (Einstein)
1911   Entdeckung des **Atomkerns** (Rutherford)
1913   Die **Elektronenladung,** Tröpfchenexperiment (Millikan)
1913   Das **Bohrsche Atommodell** (Bohr)
1915   Die **allgemeine Relativitätstheorie** (Einstein)
1920   **Proton** und **Neutron** werden vorgeschlagen (Rutherford)
1923   Vorschlag der **Wellennatur der Elektronen** (de Broglie)
1925   **Spin ½ der Elektronen** (Goudsmit, Uhlenbeck)
1925   **Paulis Exklusionsprinzip** (Pauli)
1926   Nichtrelativistische **Wellengleichung** (Schrödinger)
1927   **Wellennatur der Elektronen** bestätigt (Davisson, Germer)
1927   **Quantentheorie und Unbestimmtheit** (Heisenberg)
1928   Relativistische **Wellengleichung: Antielektronen** (Dirac)
1930   Vorschlag der **Neutrinos** (Pauli)
1932   Entdeckung der **Neutronen** (Chadwick)
1932   Entdeckung der **Positronen** (Anderson)
1934   Erste Theorie der **schwachen Kräfte** (Fermi)
1935   Theorie der **Kernkräfte** durch Pionenaustausch (Yukawa)
1936   Beobachtung der **Myonen** (Anderson, Neddermeyer)
1947   Identifizierung des **Pi-Mesons** (Powell, Bristol-Gruppe)
1948   Entwicklung der **QED** (Schwinger, Tomonaga, Feynman)
1948   Entdeckung **sonderbarer Teilchen** (Höhenstrahlung)
1954   Bestimmung der **Größe des Protons** (Hofstadter)
1956   Erste Beobachtung der **Neutrinos** (Cowan, Reines)
1957   Vorschlag zur **Nichterhaltung der Parität** (Yang, Lee)
1962   Existenz von **zwei Neutrinos** (Samios, Schwartz, Steinberger)
1964   Vorschlag der **Quarks** (Gell-Mann, Zweig)
1964   **Omega-Minus** entdeckt (Brookhaven)
1968   **Partonenstruktur** der Protonen (SLAC/MIT)
1968   Die **elektroschwachen Kräfte** (Glashow, Salam, Weinberg)
1970   Entwicklung der **QCD, Farbladungen** (Gell-Mann, Fritsch)
1973   Einführung der **Gluonen** (Gell-Mann, Fritzsch, Leutwyler)
1973   Beobachtung der ersten Z_0**-Wechselwirkung** (CERN/Aachen)
1974   Entdeckung des **J/Psi-Teilchens** (Richter, Ting)
1975   Entdeckung des **Tau-Leptons** (SLAC, Perl)
1978   Entdeckung des **Ypsilon-Teilchens** (TEVATRON, Lederman)
1979   Existenz der **Gluonen** bestätigt (PETRA)
1980   Identifizierung des **b-Quarks** (DORIS)
1983   Beobachtung reeller **W- und Z-Teilchen** (CERN, Rubbia)
1995   Entdeckung des **t-Quarks** (TEVATRON)

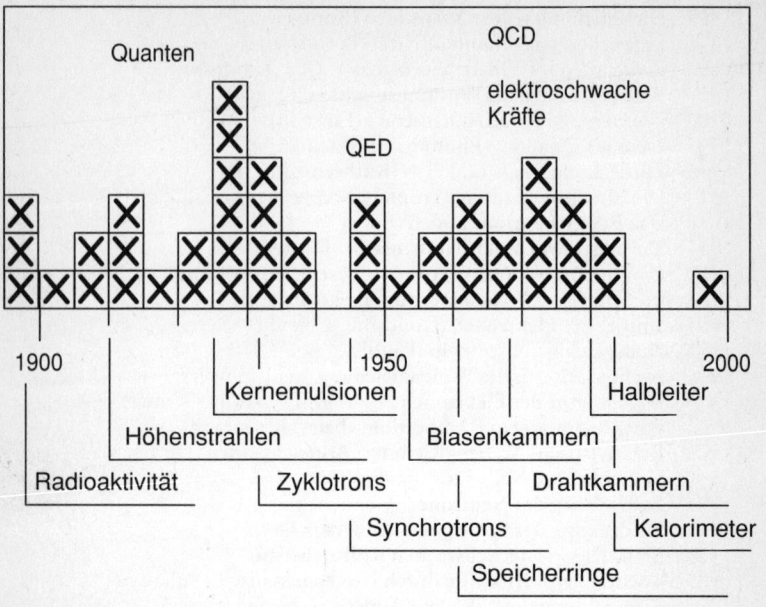

Geist verdeckt: Es ist genau 17:50 Uhr, und das Datum hat sich seit unserer Abreise nicht verändert.

«*Wir waren also nur zwanzig Minuten unterwegs!*» meint sie mit ungläubiger Miene. «*Oder ist deine Uhr stehengeblieben?*» Nach einer kleinen Denkpause fügt sie leise hinzu: «*Oder war hier vielleicht Einstein am Werk? Es war doch dein Büro, das sich von uns entfernte und dann zurückkam, genau wie der Zwilling bei Einstein, der jung geblieben ist. Wir haben uns ja nicht bewegt…*»

Es klopft. Vor der Tür steht Barbaras Freund.

«War wohl ein kurzer Ausflug», meint er beruhigt und lädt uns zu einem chinesischen Abendessen ein. Wir stellen ohne Kommentar unsere Uhren auf Erdzeit – und auf das korrekte Datum.

«*Alles klar!*»

Register

Die Reihe rororo «science» bietet Lesern, die sich für Naturwissenschaft und Technologien interessieren, aktuelle und verläßliche Informationen. Die Autoren sind Wissenschaftler und Wissenschaftsjournalisten, die ohne Formelhuberei und Fachkauderwelsch, dafür mit Sachverstand, Witz und farbiger Sprache über verschiedene Bereiche der Forschung und deren Auswirkungen auf unser Leben berichten.

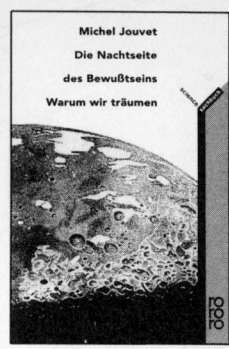

Michel Jouvet
Die Nachtseite
des Bewußtseins
Warum wir träumen

Bernhardt Borgeest
Ein Baum und sein Land
24 Symbiosen
(rororo science 9536)
Ein neuer, ungewohnter Blick auf unsere knorrigen Gesellen - der Baum ist nicht nur aus botanischer Sicht faszinierend, sondern auch als kulturhistorisches und ethnologisches Phänomen: als Symbol idealer menschlicher Eigenschaften, als Ort der Riten und des Richtens, als Nationalheiligtum und schnöder Holzlieferant ist er aus unserer Geschichte und Gesellschaft nicht wegzudenken.

Claus Emmeche
Das lebende Spiel
Wie die Natur Formen erzeugt
(rororo science 9618)

Christoph Drösser
Fuzzy Logic
Methodische Einführung in krauses Denken
(rororo science 9619)
Alle reden von Fuzzy Logic - und keiner weiß genau, was das ist.

Der Wissenschaftsjournalist Christoph Drösser lädt ein zu einer vergnüglichen Zickzackfahrt durch Fuzzyland: die Grauzonen der graduellen Übergänge, des Noch-nicht-und-nicht-Mehr.

Michel Jouvet
Die Nachtseite des Bewußtseins
Warum wir träumen
(rororo science 9621)

Robert Ornstein/Richard F.Thompson
Unser Gehirn: das lebendige Labyrinth
(rororo science 9571)
«Unter den Veröffentlichungen der letzten Jahre auf dem Gebiet der Hirnforschung erhält das Buch seinen besonderen Stellenwert durch die eindrucksvollen Zeichnungen von Macaulay, der mit ungewöhnlichen, perspektivischen Darstellungen der Gehirnstukturen auch den vorgebildeten Leser verblüfft.»
bild der wissenschaft

Angelika Anders-von Ahlften/
Jürgen Altheide
Laser - das andere Licht
(rororo science 9664)
Erhältlich ab August '94.
Laser - das andere Licht: Was
ist das? Wie funktioniert es?
Was kann man damit
machen? Immer mehr
Menschen haben mit dieser
wichtigen technischen
Neuerung zu tun: in der Meß-
und Informationstechnik, in
Labors und Fabrikhallen, in
medizinischen wie in
künstlerischen Berufen.

John D. Barrow
Theorien für Alles
*Die Suche nach der
Weltformel*
(rororo science 9534)
Erhältlich ab September '94.
«Alles» ist ein großes Wort.
Gibt es eine Theorie, in der
alle Naturkräfte und -gesetze
vereinigt sind und die das
Weltgeschehen vom Anfang
bis zum Ende erklären kann?
Das ist die zentrale Frage der
Naturwissenschaft. Schon
Sokrates geriet bei diesem
Gedanken ins Schwärmen -
und Ende des 20. Jahrhun-
derts zeigen sich Wissen-
schaftler wie Stephen W.
Hawking zuversichtlich: «Es
ist möglich, daß uns eines
Tages der Durchbruch zu
einer vollständigen Theorie
des Universums gelingt.»

Adrian Desmond/James
Moore
Darwin
(rororo science 9574)
Erhältlich ab Mai '94.
Als «erste wirkliche Darwin-
Biographie» würdigte die

Adrian Desmond /
James Moore
Darwin

britische Presse dieses Werk,
das in weiten Teilen erst seit
wenigen Jahren zugängliches
Material auswertet: die
umfangreichen geheimen
Tagebücher und die 14.000
Briefe umfassende Korrespon-
denz. «Desmond und Moore
haben aus dieser Fundgrube
ein Darwin-Bild von bislang
nicht denkbarer Lebensnähe
rekonstruiert», schreibt Peter
Brügge in seiner *Spiegel*-
Rezension.

Gaby Miketta
Netzwerk Mensch
*Den Verbindungen von
Körper und Seele auf der
Spur*
(Rororo science 9662)
Erhältlich ab Oktober '94.
Der Mensch als Netzwerk:
Wie wir uns fühlen, wie wir
mit Belastungen fertig
werden, wie anfällig wir für
Erkrankungen sind - all das
hängt mit der stetigen
Wechselwirkung von
Nerven-, Hormon- und
Immunsystem zusammen,
dem Forschungsfeld der
neuen Wissenschaft
«Psychoneuroimmunologie».

Kosmologie und Astrophysik

Peter W. Atkins
Schöpfung ohne Schöpfer *Was war vor dem Urknall?*
(rororo sachbuch 8391)

Reinhard Breuer (Hg.)
Immer Ärger mit dem Urknall
Das kosmologische Standardmodell in der Krise
(rororo science 9323)

Rudolf Diehl
Sonne, Mond und Sterne
Unser Sonnensystem - Ein Überblick
(rororo sachbuch 9305)

Hans Elsässer
Weltall im Wandel
Die neue Astronomie
(rororo sachbuch 8361)
Die Astronomie, zu deren führenden Vertretern Professor Hans Elsässer zählt, entwirft heute ein neues Bild vom Weltall. Durch das stark erweiterte Arsenal ihrer Beobachtungsmethoden hat sich die älteste Wissenschaft von der Natur in jüngster Zeit geradezu explosiv entwickelt. Werden und Vergehen im Kosmos ist eines ihrer zentralen Forschungsthemen. Hans Elsässers reich bebilderte Darstellung bilanziert umfassend und prägnant diese «neue Astronomie».

Tor Nørretranders
Der Anfang der Unendlichkeit
Essay über den Himmel
(rororo science 9528)

Reinhard Breuer (Hg.)
Immer Ärger mit dem Urknall
Das kosmologische Standardmodell in der Krise

James Trefil
Fünf Gründe, warum es die Welt nicht geben kann
Die Astrophysik der Dunklen Materie
(rororo science 9313)
«Trefils Buch ist eine faszinierende Chronik der geistreichen Versuche, mit den Problemen der heutigen Modelle des Universums zu Rande zu kommen - ohne technische Details, Formeln, komplizierte Diagramme und in einfacher, klarer Sprache.»
Wiener Zeitung

Ein Gesamtverzeichnis aller lieferbaren Bücher und Taschenbücher der Rowohlt Verlage und des Wunderlich Verlags finden Sie in der *Rowohlt Revue*. Jedes Vierteljahr neu. Kostenlos in Ihrer Buchhandlung.

Stephen W. Hawking

Ein «Jahrhundertgenie wie Albert Einstein»(*Der Spiegel*), ein Wissenschaftler, der der Weltformel auf der Spur ist, ein Mann, der entgegen allen Prognosen der Ärzte seit zwanzig Jahren mit einer unheilbaren tödlichen Nervenerkrankung lebt, kurz ein Mythos - **Stehen W. Hawking,**1942 geboren, Physiker und Mathematiker an der Universität Cambridge, seit 1979 Nachfolger Newtons auf dem berühmten «Lukasischen Lehrstuhl» und der wohl bekannteste Wissenschaftler unserer Zeit.

Über Stephen W.Hawking:

John Boslough
Jenseits des Ereignishorizonts
*Stephen Hawkings
Universum*
(176 Seiten. Gebunden)

Michael White/John Gribbin
Stephen Hawking *Die
Biographie*
(rororo science 9528)

Eine kurze Geschichte der Zeit
*Die Suche nach der Urkraft
des Universums*
(rororo science 8850 und als gebundene Ausgabe)
Der Bestseller, der Hawking weltberühmt machte.
«Eine rasante Geister-bahnfahrt durch das Labyrinth kosmologischer Denkmodelle.»
Der Spiegel

Einsteins Traum *Expeditionen
an die Grenzen der Raum-
zeit*
(192 Seiten. Gebunden)

Stephen W. Hawking (Hg.)
**Stephen Hawkings Kurze
Geschichte der Zeit**
*Ein Wissenschaftler
und sein Werk*
(224 Seiten mit zahlreichen Abbildungen. Gebunden)

rororo sachbuch

Ein Gesamtverzeichnis aller lieferbaren Bücher und Taschenbücher der Rowohlt Verlage und des Wunderlich Verlags finden Sie in der *Rowohlt Revue*. Jedes Vierteljahr neu. Kostenlos in Ihrer Buchhandlung.

rowohlts monographien
Begründet von Kurt Kusenberg, herausgegeben von Wolfgang Müller und Uwe Naumann.

Eine Auswahl:

Medizin / Psychologie

Alfred Adler
dargestellt von Josef Rattner
(189)

Anna Freud
dargestellt von
Wilhelm Salber
(343)

Sigmund Freud
dargestellt von
Octave Mannoni
(178)

Erich Fromm
dargestellt von Rainer Funk
(322)

C. G. Jung
dargestellt von Gerhard Wehr
(152)

Alexander Mitscherlich
dargestellt von
Hans-Martin Lohmann
(365)

Wilhelm Reich
dargestellt von
Bernd A. Laska
(298)

Naturwissenschaft

Charles Darwin
dargestellt von
Johannes Hemleben
(137)

Rudolf Virchow
HEINRICH SCHIPPERGES

Thomas Alva Edison
dargestellt von Fritz Vögtle
(305)

Albert Einstein
dargestellt von
Johannes Wickert
(162)

Galileo Galilei
dargestellt von
Johannes Hemleben
(156)

Johann Kepler
dargestellt von
Mechthild Lemcke
(529)

Isaac Newton
dargestellt von Johannes
Wickert.
(548)

Alfred Nobel
dargestellt von Fritz Vögtle
(319)

Max Planck
dargestellt von
Armin Hermann
(198)

rowohlts monographien

Muriel James/Dorothy Jongeward
Spontan leben
Übungen zur Selbstverwirklichung

rororo sachbuch

Streß mit dem Chef, Probleme in der Familie oder Angst vor der Zukunft - Probleme, die allein schwer zu meistern sind. Jetzt erscheint bei rororo das Psycho-Power-Programm zur Stärkung des Selbstbewußtseins, bekannt als **Neurolinguistisches Programmieren (NLP)**, das in den siebziger Jahren von den Amerikanern Richard Bandler und John Grinder entwickelt wurde. Knapp, praxisnah und verständlich geschrieben, bieten die Bücher konkrete Hilfe für Alltag und Beruf.

Barbara Schott
Gut drauf sein, wenn's schiefgeht
(rororo 9604)

Cool bleiben
(rororo 9603)

Andere Wege wagen
(rororo 9605)

Barbara Schott/ Klaus Birker
Freunde finden
(rororo 9668)

Prüfungsstreß ade
(rororo 9669)

Kompetent verhandeln
(rororo 9773)

Schüchternheit überwinden
(rororo 9774)

Dr. Barbara Schott ist seit 1984 Professorin für BWL und Marketing an der Fachhochschule Nürnberg. Ihre Ausbildung in NLP erhielt sie bei Reese, Grinder und Bandler in den USA und erwarb die «Certification in NLP» durch die «Society of Neuro-Linguistic - Programming». Seit langem unterhält sie ihr eigenes Institut «NLP-Praxis» in Nürnberg.

Klaus Birker ist Professor für Betriebswirtschaft (Führungslehre und Controlling) an der Fachhochschule Rheinland-Pfalz. Seit 1987 ist er zusammen mit seiner Frau tätig als Berater, Trainer und Coach, mit Zusatzausbildungen u.a. in NLP.